建筑材料

主 编 赵再琴 李建华 赵 红

副主编 印灵珏 吴远丁 肖亚军
　　　 邓 君

参 编 胡大庆

主 审 冷森林

北京理工大学出版社
BEIJING INSTITUTE OF TECHNOLOGY PRESS

内 容 提 要

　　本书重点介绍了建筑材料的定义及分类，对建筑材料的性能及其在建筑工程中的应用进行了细致讲解。全书除绪论外共13章，主要内容包括建筑材料的基本性质，气硬性胶凝材料，水泥，混凝土，建筑砂浆，墙体及屋面材料，建筑钢材，建筑木材，防水材料，建筑玻璃、陶瓷，绝热材料和吸声材料，合成高分子材料及建筑材料试验。

　　本书可作为高等院校土木工程类相关专业的教材，也可供建筑工程施工现场相关技术和管理人员工作时参考使用。

图书在版编目(CIP)数据

建筑材料 / 赵再琴，李建华，赵红主编.—北京：北京理工大学出版社，2020.10
ISBN 978-7-5682-9143-9

Ⅰ.①建… Ⅱ.①赵… ②李… ③赵… Ⅲ.①建筑材料 Ⅳ.①TU5

中国版本图书馆CIP数据核字（2020）第197655号

出版发行 / 北京理工大学出版社有限责任公司

社　　址 / 北京市海淀区中关村南大街5号

邮　　编 / 100081

电　　话 / （010）68914775（总编室）

　　　　　　（010）82562903（教材售后服务热线）

　　　　　　（010）68948351（其他图书服务热线）

网　　址 / http://www.bitpress.com.cn

经　　销 / 全国各地新华书店

印　　刷 / 北京紫瑞利印刷有限公司

开　　本 / 787毫米×1092毫米　1/16

印　　张 / 16.5　　　　　　　　　　　　　　　　　　　　　责任编辑 / 多海鹏

字　　数 / 401千字　　　　　　　　　　　　　　　　　　　文案编辑 / 多海鹏

版　　次 / 2020年10月第1版　2020年10月第1次印刷　　　责任校对 / 周瑞红

定　　价 / 68.00元　　　　　　　　　　　　　　　　　　　责任印制 / 边心超

前　言

　　建筑材料是指在建筑物中使用的材料，建筑材料决定着建筑形式，材料科学的进步决定了建筑技术的革新，而技术的发展决定了建筑形式的变化及其多样性的发展。随着材料科学的进步和诸多发明的发现，人们开始为住得更舒适而思考，进而衍生出宫殿、教堂等不同功能与风格的建筑类型，成就了人们丰富多彩的生活。

　　建筑材料的正确选择与运用是做好一个建筑设计的前提条件，材料贯穿整个建筑的始终。如果说建筑是有生命的，那么建筑材料就是这个生命体的血液。材料的发展经历了一个由简单到复杂、由通用到特殊、由单一性能到综合性能的长期发展历程。虽然选择性大幅度提高，但是传统的建筑材料也没有被抛弃，而是被建筑师的合理运用与选择重新赋予了新的生命。材料是个永远值得研究的范畴，因为人们总是在寻找新的材料与改造旧材料。

　　"建筑材料"课程是土木工程类专业必修的一门专业理论课程。本课程可以为学生学习建筑施工技术和建筑施工管理等专业课程提供建筑材料的基本知识，并为今后从事专业技术和管理工作打下基础。本课程的教学目的是使学生获得有关建筑材料的性质与应用的基本知识和必要的基本理论，并获得主要建筑材料试验的基本技能。

　　本书把教育的重点转向"能力培养"，要求课堂讲解与分组实践交叉进行，实现交互式教学；教师指导学生轮流发言讲述，实现启发式教学；充分利用现场教学、试验等接触实践的教学方式。

　　本书由铜仁职业技术学院赵再琴、贵州航天职业技术学院李建华、贵州工商职业学院赵红担任主编，贵州轻工职业技术学院印灵珏、铜仁市大型灌区建设管理局吴远丁、黑龙江建筑职业技术学院肖亚军、广西交通职业技术学院邓君担任副主编，中建中新建设工程有限公司胡大庆参与编写。全书由铜仁职业技术学院冷森林教授主审。

本书在编写过程中参阅了大量的文献，在此向这些文献的作者致以诚挚的谢意！由于编写时间仓促，且经验和水平有限，书中难免有不妥和错误之处，恳请读者和专家批评指正。

编　者

目 录

绪　　论

一、建筑材料的概念及分类

建筑材料是指建造建筑物或构筑物所使用的各种材料及制品的总称。建筑材料是一切建筑工程的物质基础。本课程讨论的建筑材料是构成建筑物本身的材料，包括地基基础、地面、墙、柱、梁、板、楼梯、屋盖、门窗和建筑装饰所需的材料，即狭义的建筑材料；广义的建筑材料指的是，除用于建筑物本身的各种材料外，还包括给水排水、供热、供电、供燃气、电信及楼宇控制等配套工程所需设备与器材。另外，施工过程中的暂设工程，如围墙、脚手架、板桩和模板等所涉及的器具与材料，也应囊括其中。

建筑材料的来源非常广泛，为便于区分和应用，工程中常从不同角度对其分类。

1. 按材料适用的工程分类

建筑材料按适用的工程可分为土建工程材料、装饰工程材料、水暖气工程材料和电气工程材料。本书即按此分类，这种分类方法有利于专业承包队伍的专业分包，也便于材料的采购与核算。此种分类，阶段性明确，有利于工程项目的分段管理，也便于按专业选修。

（1）土建工程材料，是指土建工程所使用的建筑材料，主要包括砖、瓦、灰、砂、石、钢材、水泥等。木材以前属三大材料之一，但现在我国明文规定建筑结构不允许使用木材。

（2）装饰工程材料，是指建筑装饰工程所使用的建筑材料。按使用部位又可分为外墙装饰材料、内墙装饰材料、地面装饰材料、吊顶与屋面装饰材料等。其主要包括板材（如石板、玻璃、陶瓷、金属板、人造板、塑料板等）、油漆和涂料等。

（3）水暖气工程材料，是指给水排水（含消防）、供热（含通风、空调）、供燃气等配套工程所需的设备与器材。

（4）电气工程材料，是指供电、电信及楼宇控制等配套工程所需的设备与器材。

2. 按材料的化学成分分类

（1）有机材料，是指以有机物构成的材料，主要包括天然有机材料（如木材等）和人工合成有机材料（如塑料等）。

（2）无机材料，是指以无机物构成的材料，主要包括金属材料（如钢材等）、非金属材料（如水泥等）。

（3）复合材料，是指有机－无机复合材料（如玻璃钢）、金属－非金属复合材料（如钢纤维混凝土）。复合材料得以发展及大量应用，其原因在于它能够克服单一材料的弱点，发挥复合后材料的综合优点，满足了当代建筑工程对材料的要求。

3. 按材料的功能分类

（1）结构材料，是指承受荷载作用的材料，如建筑物的基础、柱、梁所用的材料。

（2）功能材料，是指具有其他功能的材料，如起围护作用的材料、起防水作用的材料、起装饰作用的材料、起保温隔热作用的材料等。

4. 按材料在建筑物中的部位分类

材料按其在建筑物中的部位分为基础材料、墙体材料、屋面材料和地面材料等。

二、建筑材料在建筑工程中的作用

（1）建筑材料是建筑工程的物质基础。无论是高达 420.5 m 的上海金贸大厦，还是普通的住宅楼等民用建筑，都是由各种散体建筑材料经过合理的设计和复杂的施工最终构建而成的。建筑材料的物质性体现在其使用的巨量性，一幢单体建筑一般质量达几百至数千吨，甚至可达几万、几十万吨，这形成了建筑材料的生产、运输、使用等方面与其他门类材料的不同。

（2）建筑材料的发展赋予建筑物以时代的特性和风格。西方古典建筑的石材廊柱、中国古代以木架构为代表的宫廷建筑、当代以钢筋混凝土和型钢为主体材料的超高层建筑，都呈现出鲜明的时代性和不同的风格。

（3）建筑材料推动建筑设计理论的进步和施工技术的革新。建筑设计理论不断进步和施工技术的革新不但受到建筑材料发展的制约，同时受到其发展的推动。大跨度预应力结构、薄壳结构、悬索结构、空间网架结构、节能环保型建筑的出现都是与新材料的产生密切相关的。

（4）建筑材料正确、节约、合理的运用直接影响建筑工程造价和项目投资。在我国，一般建筑工程的材料费用要占到总投资的 50%～60%，特殊工程中这一比例会更高。对于我国这样一个发展中国家，对建筑材料特性的深入了解和认识，最大限度地发挥其效能，进而达到最大的经济效益，无疑具有非常重要的意义。

三、建筑材料的发展趋势

1. 根据建筑物的功能要求研发新的建筑材料

建筑物的使用功能是随着社会的发展，人民生活水平的不断提高而不断丰富的，从其最基本的安全（主要由结构设计和结构材料的性能来保证）、适用（主要由建筑设计和功能材料的性能来保证），发展到当今的轻质、高强、抗震、高耐久性、无毒环保、节能等诸多新的功能要求，使建筑材料的研究从被动以研究应用为主向开发新功能、多功能材料的方向转变。

2. 高分子建筑材料应用日益广泛

石油化工工业的发展和高分子材料本身优良的工程特性促进了高分子建筑材料的发展和应用。塑料上、下水管，塑钢，铝塑门窗，树脂砂浆，胶黏剂，蜂窝保温板，高分子有机涂料，新型高分子防水材料将广泛应用于建筑物，为建筑物提供了许多新的功能和更高的耐久性。

3. 用复合材料生产高性能的建材制品

单一材料的性能往往是有局限的，不足以满足现代建筑对材料提出的多方面的功能要求。如现代窗玻璃的功能要求应是采光、分隔、保温隔热、隔声、防结露、装饰等。但传统的单层窗玻璃除采光、分隔外，其他功能均不尽如人意。近年来广泛采用的中空玻璃，由玻璃、金属、橡胶、惰性气体等多种材料复合，发挥各种材料的性能优势，使其综合性能得到明显改善。据预测，低辐射玻璃、中空玻璃、钢木组合门窗、铝塑门窗和采用复合材料制作的建筑用梁、桁架及高性能混凝土的应用范围将不断扩大。

4. 充分利用工业废渣及低价原料生产建筑材料

建筑材料应用的巨量性，促使人们去探索和开发建筑材料原料的新来源，以保证经济与社会的可持续发展。粉煤灰、矿渣、煤矸石、页岩、磷石膏、热带木材和各种非金属矿都是很有应用前景的建筑材料原料。由此开发出来的新型胶凝材料、烧结砖、砌块、复合板材将会为建材工业带来新的发展契机。

四、本课程的学习目的、学习任务及学习方法

（1）本课程的学习目的。建筑材料是建筑工程类专业的一门重要专业基础课，它全面系统地介绍了建筑工程施工和设计所涉及的建筑材料性质与应用的基本知识，能为学生今后继续学习其他专业课（如钢筋混凝土结构、钢结构、建筑施工技术、建筑工程计量与计价等）打下基础，同时可以使学生获得建筑材料试验的基本技能训练。

（2）本课程的学习任务。本课程涉及各种常用建筑材料（如砖、石灰、石膏、水泥、混凝土、建筑砂浆、建筑钢材、木材、防水材料、合成高分子材料、装饰材料、绝热材料及吸声材料等），主要讨论这些材料的原料与生产，组成、结构与性质的关系，性质与应用，技术要求与检验，运输、验收与储存等方面的内容。本课程的学习任务主要是掌握建筑材料的性质、应用及其技术要求的内容。

（3）本课程的学习方法。建筑材料种类繁多，各类材料的知识既有联系又有很强的独立性。课程涉及化学、物理等方面的基本知识，因此，要掌握好理论学习和实践认知两者之间的关系。

在理论学习方面，要重点掌握材料的组成、技术性质和特征、外界因素对材料性质的影响和材料应用的原则，各种材料都应遵循这一主线来学习。理论是基础，只有牢固掌握基础理论知识，才能应对建筑材料科学的不断发展，并在实践中加以灵活、正确的应用。

第一章　建筑材料的基本性质

第一节　材料的组成和结构

一、材料的化学组成

材料化学组成的不同是造成其性能各异的主要原因。化学组成通常从材料的元素组成和矿物组成两方面分析研究。

材料的元素组成主要是指其化学元素的组成特点，例如，不同种类合金钢的性质不同，主要是其所含合金元素如 C、Si、Mn、V、Ti 的不同所致。硅酸盐水泥之所以不能用于海洋工程，主要是因为硅酸盐水泥中所含的 $Ca(OH)_2$ 与海水中的盐类（Na_2SO_4、$MgSO_4$ 等）会发生反应，生成体积膨胀或疏松无强度的产物。

材料的矿物组成主要是元素组成相同，但分子团组成形式各异的现象。如黏土和由其烧结而成的陶瓷中都含有 SiO_2 和 Al_2O_2 两种矿物，其所含化学元素相同，均为 Si、Al 和 O 元素，但黏土在焙烧中由 SiO_2 和 Al_2O_3 分子团结合生成的 $3SiO_2 \cdot Al_2O_3$ 矿物，即莫来石晶体，使陶瓷具有了强度、硬度等特性。

二、材料的微观结构

建筑装饰材料的结构是指其微观组织状态，可分为晶体、非晶体及胶体 3 种。

（1）晶体结构。晶体是由离子、原子或分子等质点，在空间按一定规律重复排列而成的固体。晶体具有固定的几何外形，如石英矿物、金属等属于晶体结构。

（2）非晶体结构。非晶体是指熔融物质急速冷却时，质点来不及按一定规律排列而凝固成的固体。非晶体又称为无定形体或玻璃体，没有固定的几何外形，且具有各向同性；非晶体结构是一种不稳定的结构，具有较高的化学活性。如粒化高炉矿渣、火山灰等能与石灰在有水的条件下起硬化作用，合成树脂、橡胶及沥青也是非晶体材料。

（3）胶体结构。胶体是指含有微粒直径 1 nm～0.1 μm 的固体颗粒分散在介质中的分散体系，当分散介质是液体时，则此种胶体称为溶胶。

由于溶胶的颗粒很小，使体系具有很大的表面面积，因而也具有很大的表面能。胶粒有自发相互吸附凝聚成较大颗粒的趋势，凝聚后构成连续的网状结构，包住了全部液体，使体系失去流动性，成为半固体状态，这个过程称为凝胶。

凝胶体的结构是由仅有部分相互黏结的胶体颗粒所构成的，由范德华力结合。所以，凝胶在搅拌、振动等剪切力的作用下，其结合键很容易断裂，使凝胶变成溶胶，黏度降低，重新具有流动性。但静置一定时间后，溶胶又会慢慢恢复成凝胶，这一转变过程可以多次出现。凝胶、溶胶这种可逆互变的性能称为触变性。新搅拌的水泥浆、石灰浆及沥青等材料都具有触变性。

三、材料的构造

材料在宏观可见层次上的组成形式称为构造，按照材料宏观组织和孔隙状态的不同可将材料的构造分为以下类型。

1. 致密状构造

致密状构造完全没有或基本没有孔隙。具有该种构造的材料一般密度较大，导热性较高，如钢材、玻璃、铝合金等。

2. 多孔状构造

多孔状构造具有较多的孔隙，孔隙直径较大（mm 级以上）。该种构造的材料一般都为轻质材料，具有较好的保温隔热性和隔声、吸声性能，同时，具有较高的吸水性，如加气混凝土、泡沫塑料、刨花板等。

3. 微孔状构造

微孔状构造具有众多直径微小的孔隙，通常密度和导热系数较小，有良好的隔声、吸声性能和吸水性，抗渗性较差。石膏制品、烧结砖具有典型的微孔状构造。

4. 颗粒状构造

颗粒状构造为固体颗粒的聚集体，如石子、砂和蛭石等。该种构造的材料可由胶凝材料黏结为整体，也可单独以填充状态使用。该种构造的材料性质因材质不同相差较大，如蛭石可直接铺设作为保温层，而砂、石可作为集料与胶凝材料拌和形成砂浆和混凝土。

5. 纤维状构造

木材、玻璃纤维、矿棉都是纤维状构造的代表。该种构造通常呈力学各向异性，其性质与纤维走向有关，一般具有较好的保温和吸声性能。

6. 层状构造

层状构造形式最适合于制造复合材料，可以综合各层材料的性能优势，其性能往往呈各向异性。胶合板、复合木地板、纸面石膏板、夹层玻璃都是层状构造。

第二节　材料的基本物理性质

一、材料与质量有关的性质

1. 密度

密度是指材料在绝对密实状态下，单位体积的质量。密度的计算式如下：

$$\rho=\frac{m}{V} \tag{1-1}$$

式中　ρ——密度（g/cm³ 或 kg/m³）；

m——干燥材料的质量（g 或 kg）；

V——材料在绝对密实状态下的体积（cm³ 或 m³）。

材料在绝对密实状态下的体积是指不包括材料孔隙在内的固体实体。在建筑工程材料中，除钢材、玻璃等极少数材料可认为不含孔隙外，绝大多数材料内部都存在孔隙。如图 1-1 所示，固体材料的总体积包括固体物质体积与孔隙体积两部分。孔隙按常温、常压下水能否进入分为开口孔隙和闭口孔隙。开口孔隙是指在常温、常压下水可以进入的孔隙；闭口孔隙是指在常温、常压下水不能进入的孔隙。孔隙按尺寸的大小又可分为极微细孔隙、细小孔隙和粗大孔隙。

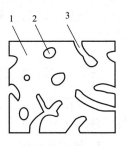

图 1-1　固体材料的体积构成

1—固体物质体积 V；

2—闭口孔隙体积 V_B；

3—开口孔隙体积 V_K

为了测定有孔材料的密实体积，通常将材料磨成细粉（粒径小于 0.2 mm），以便去除其内部孔隙，干燥后用李氏瓶（密度瓶）通过排液体法测定其密实体积。材料磨得越细，细粉体积越接近其密实体积，所测得密度值也就越精确。

密度是材料的基本物理性质，与材料的其他性质存在着密切关系。

2. 表观密度

表观密度是指多孔固体材料在自然状态下单位体积的质量，也称体积密度，常用单位为 kg/m³。表观密度的计算公式如下：

$$\rho_0=\frac{m}{V_0} \tag{1-2}$$

式中　ρ_0——表观密度（g/cm³ 或 kg/m³）；

m——材料的质量（g 或 kg）；

V_0——材料在自然状态下的体积（cm³ 或 m³）。

所谓材料在自然状态下的体积，是指构成材料的固体物质的体积与全部孔隙体积之和。对于外形规则的材料，其体积密度的测量只需测定其外形尺寸；对于外形不规则的材料，可用排液法求得，为了防止液体成分渗入材料内部，测定时应在其表面涂蜡。

一定质量的材料，孔隙越多，则体积密度值越小；材料体积密度大小与还与材料含水量的多少有关，含水越多，其值越大。通常所指的体积密度，是指干燥状态下的体积密度。

3. 堆积密度

堆积密度一般指砂、碎石等的质量与堆积的实际体积的比值，粉状或颗粒状材料在堆积状态下单位体积的质量。堆积密度的计算公式如下：

$$\rho_0' = \frac{m}{V_0'} \tag{1-3}$$

式中　ρ_0'——堆积密度（kg/m^3）；

　　　m——材料的质量（kg）；

　　　V_0'——材料的堆积体积（m^3）。

材料的堆积体积包括颗粒体积（颗粒内有开口孔隙和闭口孔隙）和颗粒之间空隙的体积。砂、石等散粒状材料的堆积体积，可通过在规定条件下用所填充容量筒的容积来求得，材料堆积密度大小取决于散粒材料的视密度、含水率及堆积的疏密程度。在自然堆积状态下称为松散堆积密度，在振实、压实状态下称为紧密堆积密度。除此之外，材料的含水程度也会影响堆积密度，通常指的堆积密度是在干燥状态下的，称为干堆积密度，简称堆积密度。

4. 密实度与孔隙率

（1）密实度。密实度是指材料体积内被固体物质充实的程度，也就是固体物质的体积占总体积的比例，用 D 表示。密实度的计算公式如下：

$$D = \frac{V}{V_0} \tag{1-4}$$

因为 $\rho = \frac{m}{V}$，$\rho_0 = \frac{m}{V_0}$，所以 $V = \frac{m}{\rho}$，$V_0 = \frac{m}{\rho_0}$。

$$D = \frac{m/\rho}{m/\rho_0} = \frac{\rho_0}{\rho} \tag{1-5}$$

式中　D——材料的密实度，常以百分数表示。

凡具有孔隙的固体材料，其密实度都小于1。材料的密度与表观密度越接近，材料就越密实。材料的密实度大小与其强度、耐水性和导热性等很多性质有关。

（2）孔隙率。孔隙率是指在材料体积内，孔隙体积所占的比例，以 P 表示。孔隙率的计算公式如下：

$$P = \frac{V_0 - V}{V_0} = 1 - \frac{V}{V_0} = 1 - \frac{\rho_0}{\rho} = 1 - D \tag{1-6}$$

式中　P——材料的孔隙率，以百分数表示。

材料的密实度和孔隙率之和等于1，即 $D + P = 1$。

材料的孔隙率大，则表明材料的密实程度差。材料的许多性质，如表观密度、强度、透水性、抗渗性、抗冻性、导热性和耐蚀性等，除与孔隙率的大小有关，还与孔隙的构造特征有关。所谓孔隙的构造特征，主要是指孔的大小和形状。孔隙依大小分为粗孔和微孔两类；依孔的形状分为开口孔隙和封闭孔隙两类。一般均匀分布的微小孔隙较开口或相互连通的孔隙对材料性质的影响小。

在建筑工程中，计算材料的用量经常用到材料的密度、表观密度和堆积密度等数据，见表1-1。

表 1-1　常见建筑材料密度

材料	密度/($g \cdot cm^{-3}$)	表观密度/($kg \cdot cm^{-3}$)	堆积密度/($kg \cdot cm^{-3}$)
石灰岩	2.60	1 800～2 600	—
花岗石	2.80	2 500～2 900	—
碎石	2.60	—	1 400～1 700

材料	密度/(g·cm⁻³)	表观密度/(kg·cm⁻³)	堆积密度/(kg·cm⁻³)
砂	2.60	—	1 400~1 650
黏土	2.60	—	1 600~1 800
烧结普通砖	2.50	1 600~1 800	—
水泥	3.10	—	1 200~1 300
普通混凝土	—	2 100~2 600	—
木材	1.55	400~800	—
钢材	7.85	7 850	—

5. 填充率与空隙率

(1)填充率。填充率指颗粒材料或粉状材料的堆积体积内，被颗粒所填充的程度，用 D' 表示。填充率的计算公式如下：

$$D'=\frac{V_0'-V_0}{V_0'}\times100\%=\left(1-\frac{\rho_0'}{\rho_0}\right)\times100\%\tag{1-7}$$

(2)空隙率。空隙率指材料在松散或紧密状态下的空隙体积占总体积的百分率，用 P' 表示。空隙率越高，表观密度越低。空隙率的计算公式如下：

$$P'=\frac{V_0'}{V_0'}\times100\%=\frac{\rho_0'}{\rho_0}\times100\%\tag{1-8}$$

材料的填充率和空隙率之和等于1，即 $D'+P'=1$。

填充率和空隙率是从两个不同侧面反映散粒材料的颗粒互相填充的疏密程度。计算混凝土集料的级配和砂率时常以空隙率为计算依据。

二、材料与水有关的性质

1. 亲水性与憎水性

材料在与水接触时，不同材料遇水后和水的互相作用情况是不一样的。材料根据表面被水湿润的情况，分为亲水性与憎水性。

湿润是水在材料表面被吸附的过程。当水与材料在空气中接触时，将出现如图 1-2 所示的情况。在材料、水和空气交接处，沿水滴表面作切线，此切线和水与材料接触面所形成的夹角 θ，称

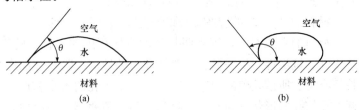

图 1-2 材料的润湿示意
(a)亲水性材料($\theta\leqslant90°$)；(b)憎水性材料($\theta>90°$)

为润湿角。如图 1-2(a)所示，若润湿角 $\theta\leqslant90°$，说明材料与水之间的作用力(吸附力)要大于水分子之间的作用力(内聚力)，材料表面吸附水分，即材料被水所湿润，称该材料是亲水的。反之，若润湿角 $\theta>90°$，如图 1-2(b)所示，说明材料与水之间的作用力(吸附力)要小于水分子之间的作用力(内聚力)，材料表面不吸附水分，即材料不能被水所湿润，称该材料是憎水的。亲水材料易被水所湿润，且水能通过毛细管作用而被吸入材料内部(如木材、烧结砖等)。憎水材料则能阻止水分渗入毛细管，从而降低材料的吸水性。像沥青一类的憎水材料常用来作防水材料。

2. 吸水性

材料在水中吸收水分的性质称为吸水性。吸水性的大小用吸水率表示，吸水率有质量吸水率和体积吸水率两种表示方法。

(1)质量吸水率。质量吸水率是指材料在吸水饱和时，所吸收水分的质量占材料干燥质量的百分率。质量吸水率的计算公式如下：

$$W = \frac{m_1 - m}{m} \times 100\%$$

(1-9)

式中　W——材料的质量吸水率(%)；

m——材料质量(干燥)(g)；

m_1——材料吸水饱和后的质量(g)。

(2)体积吸水率。体积吸水率是指材料在吸水饱和时，所吸收水分的体积占材料自然状态体积的百分率。体积吸水率的计算公式如下：

$$W_0 = \frac{m_1 - m}{V_0 \rho_{水}} \times 100\%$$

(1-10)

式中　W_0——材料的体积吸水率(%)；

V_0——材料在自然状态下的体积(cm^3)；

$\rho_{水}$——水的密度(g/cm^3)，通常取 1 g/cm^3。

材料吸水性的大小，主要取决于材料孔隙和孔隙特征。一般孔隙率越大，吸水性越强。在孔隙率相同的情况下，具有细小连通孔的材料比具有较多粗大开口孔隙或闭口孔隙的材料吸水性更强。这是由于闭口孔隙水分不能进入，而粗大、开口孔隙或闭口孔隙的材料吸水性更强。因此，在相同孔隙率的情况下，材料内部的封闭孔隙、粗大孔隙越多，吸水率越小；材料内部的细小孔隙、连通孔隙越多，吸水率越大。

在建筑材料中，多数情况下采用质量吸水率来表示材料的吸水性。各种材料由于孔隙率和孔隙特征不同，质量吸水率相差很大，如烧结普通砖的质量吸水率为8%～20%；普通混凝土的质量吸水率为2%～3%；花岗石等致密岩石的质量吸水率为0.5%～0.7%；而木材及其他轻质材料的质量吸水率甚至高达100%。水分的吸入将会给材料带来一些不良的影响，使材料的许多性质发生改变，如体积膨胀、保温性能下降、强度降低、抗冻性变差等。

3. 吸湿性

材料在潮湿的空气中吸收空气中水分的性质称为吸湿性，该性质可用材料的含水率表示。其计算公式如下：

$$W_{含} = \frac{m_{含} - m_{干}}{m_{干}} \times 100\%$$

(1-11)

式中　$W_{含}$——材料的含水率(%)；

$m_{含}$——材料含水时的质量(kg)；

$m_{干}$——材料烘干到恒重时的质量(kg)。

材料与空气湿度达到平衡的含水率称为平衡含水率。

含湿状态会导致材料性能的多种变化，在实际工作中，在已知含水率之后，常要求对材料干、湿两种状态下质量的相互换算，这种换算应该从含水率的定义出发，才能准确熟练地完成。

4. 耐水性

材料长期在饱和水作用下不被破坏，强度也不显著降低的性质称为耐水性。材料耐水性的大小用软化系数表示，软化系数的计算公式如下：

$$K_R = f_1/f_0 \qquad (1\text{-}12)$$

式中　K_R——材料的软化系数；

　　　f_0——材料在干燥状态下的强度；

　　　f_1——材料在吸水饱和状态下的强度。

软化系数一般在 0 至 1 之间波动，其值越小，说明材料吸水饱和后的强度降低越多，材料耐水性就越差。通常将软化系数大于 0.85 的材料称为耐水材料，对于经常处于水中或处于潮湿环境中的重要结构，所选用的材料要求其软化系数不得低于 0.85；对于受潮较轻或次要结构所用的材料，软化系数也不宜小于 0.75；处于干燥环境中的材料可以不考虑软化系数。

5. 抗冻性

材料在多次冻融循环作用下不被破坏，强度也不显著降低的性质称为抗冻性。

材料在吸水饱和后，从 −15 ℃ 冷冻到 20 ℃ 融化称为经受一个冻融循环作用。材料在多次冻融循环作用后表面将出现开裂、剥落等现象，材料将有质量损失，与此同时，其强度也将有所下降。因此，严寒地区选用材料，尤其是在冬季气温低于 −15 ℃ 的地区，一定要对所用材料进行抗冻试验。

材料抗冻性能的好坏与材料的构造特征、含水率和强度等因素有关。通常情况下，密实的并具有封闭孔的材料，其抗冻性较好；强度高的材料，抗冻性能较好；材料的含水率越高，冰冻破坏作用也越显著；材料受到冻融循环作用次数越多，所遭受的损害也越严重。

材料的抗冻性常用抗冻等级表示，即抵抗冻融循环次数的多少，如混凝土的抗冻等级有 F50、F100、F150、F200、F250 和 F300 等。

6. 抗渗性

抗渗性是指材料在压力水作用下抵抗水渗透的性能。材料的抗渗性用渗透系数表示。渗透系数的计算公式如下：

$$K = \frac{Qd}{AtH} \qquad (1\text{-}13)$$

式中　K——渗透系数[$cm^3/(cm^2 \cdot h)$]；

　　　Q——渗水量(cm^3)；

　　　A——渗水面积(cm^2)；

　　　d——试件厚度(cm)；

　　　H——静水压力水头(cm)；

　　　t——渗水时间(h)。

抗渗性的另一种表示方法是试件能承受逐步增高的最大水压而不渗透的能力，通常称为材料的抗渗等级，如 P4、P6、P8、P10 等，表示试件能承受逐步增高至 0.4 MPa、0.6 MPa、0.8 MPa、1.0 MPa 等水压而不渗透。

三、材料与热有关的性质

1. 导热性

热量由材料的一面传至另一面的性质称为导热性，用传热系数 λ 表示。

材料的传热能力主要与传热面积、传热时间、传热材料两面温差及材料的厚度、自身的传热系数大小等因素有关。传热系数的计算公式如下：

$$Q = \frac{At(T_2 - T_1)}{d}\lambda \tag{1-14}$$

$$\lambda = \frac{Qd}{At(T_2 - T_1)} \tag{1-15}$$

式中　λ——材料的传热系数[W/(m·K)]；

　　　Q——材料传导的热量(J)；

　　　d——材料的厚度(m)；

　　　A——材料导热面积(m^2)；

　　　t——材料传热时间(s)；

　　　$T_2 - T_1$——传热材料两面的温度差(K)。

　　传热系数是评定材料绝热性能的重要指标。材料的传热系数越小，则材料的绝热性能越好。影响材料传热系数的因素主要有以下几个方面：

　　(1)材料的组成与结构。一般而言，金属材料、无机材料、晶体材料的传热系数分别大于非金属材料、有机材料、非晶体材料。

　　(2)孔隙率越大即材料越轻，传热系数越小。细小孔隙、闭口孔隙比粗大孔隙、开口孔隙对降低传热系数更为有利，因为避免了对流传热。

　　(3)含水或含冰时，会使传热系数急剧增加。

　　(4)温度越高，传热系数越大(金属材料除外)。

　　保温材料在存放、施工、使用过程中，需保证为干燥状态。

2. 热容量

　　材料在受热时吸收热量、冷却时放出热量的性质称为材料的热容量。单位质量材料温度升高或降低1 K所吸收或放出的热量称为热容量系数或比热。比热的定义及计算公式如下：

$$c = \frac{Q}{m(t_2 - t_1)} \tag{1-16}$$

式中　c——材料的比热[J/(g·K)]；

　　　Q——材料吸收或放出的热量(J)；

　　　m——材料质量(g)；

　　　$t_2 - t_1$——材料受热或冷却前后的温差(K)。

　　比热c是指单位质量的材料升高单位温度时所需热量。材料的比热越大，说明这种材料对保证室内温度的相对稳定越有利。

3. 材料的热变形性

　　材料的热变形性是指材料在温度升高或降低时提及变化的性质。除个别材料(如277 K以下的水)以外，多数材料在温度升高时体积膨胀，温度下降时体积收缩，这种变化表现的单向尺寸时，为线膨胀或线收缩，材料的单向线膨胀量或线收缩量计算公式如下：

$$\Delta L = (T_2 - T_1)\alpha L \tag{1-17}$$

式中　ΔL——线膨胀或线收缩量(mm 或 cm)；

　　　$T_2 - T_1$——材料升温或降温前后的温度差(K)；

　　　α——材料在常温下的平均线膨胀系数(1/K)；

　　　L——材料原来的长度(mm 或 cm)。

线膨胀系数越大，表明材料的温度变形性越大。建筑工程中，对材料的温度变形往往只考虑某一单向尺寸的变化，因此，研究材料的线膨胀系数具有重要意义。材料的线膨胀系数与材料的组成和结构有关，常选择合适的材料来满足工程对温度变形的要求。在大面积或大体积混凝土工程中，为防止材料温度变形引起裂缝，常设置伸缩缝。

第三节　材料的力学性质

材料的力学性质是指材料在外力作用下的表现或抵抗外力的能力。

一、材料的强度

材料强度是以材料试件在静荷载作用下，达到破坏时的极限应力值来表示的。当材料受到外力作用时，在材料内部相应地产生应力，外力增大，应力也随之增大，直到应力超过材料内部质点所能抵抗的极限时，材料就会发生破坏，此时的极限应力值即材料强度，也称为极限强度。根据外力作用方式不同，材料强度有抗压、抗拉、抗剪、抗折(抗弯)强度等(图 1-3)。

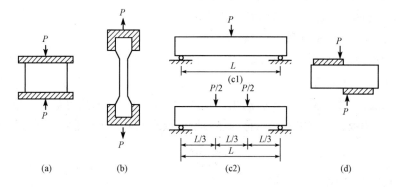

图 1-3　材料所需外力示意

(a)压缩；(b)拉伸；(c1)、(c2)弯曲；(d)剪切

材料的抗拉、抗压、抗剪强度可按下式进行计算：

$$f = \frac{F}{A}　\tag{1-18}$$

式中　f——抗拉、抗压、抗剪强度(MPa)；

　　　F——材料受拉、压、剪破坏时的荷载(N)；

　　　A——材料的受力面积(mm^2)。

材料的抗弯强度(抗折强度)与材料受力情况有关，试验时将试件放在两支点上，中间作用一集中力，如图 1-3(c1)所示，对矩形截面的试件，其抗弯强度可按下式计算：

$$f_m = \frac{3FL}{2bh^2}　\tag{1-19}$$

式中　f_m——材料的抗弯强度(MPa)；

　　　F——材料受弯时的破坏荷载(N)；

L——试件受弯时两支点的间距(mm)；

b, h——材料截面的宽度、高度(mm)。

试验测定的强度值除受材料本身的组成、结构、孔隙率大小等内在因素的影响外，还与试验条件有密切关系，如试件形状、尺寸、表面状态、含水率、环境温度及试验时加荷速度等。为了使测定的强度值准确且具有可比性，必须按规定的标准试验方法测定材料的强度。

材料的强度等级是按照材料的主要强度指标划分的级别。掌握材料的强度等级，对合理选择材料、控制工程质量是十分重要的。

对不同材料要进行强度大小的比较可采用比强度。比强度是指材料的强度与其体积密度之比，它是衡量材料轻质高强的一个主要指标。以钢材、木材和混凝土为例，见表 1-2。

表 1-2　钢材、木材和混凝土的强度比较

材料	体积密度/(kg·m³)	抗压强度 f_c/MPa	比强度 f_c/ρ_0
低碳钢	7 860	415	0.053
松木	500	34.3(顺纹)	0.069
普通混凝土	2 400	29.4	0.012

由表 1-2 中数值可见，松木的比强度最大，是轻质高强材料；混凝土的比强度最小，是质量大而强度较低的材料。

二、材料的脆性与韧性

1. 材料的脆性

当外力作用达到一定限度后，材料突然破坏且破坏时无明显的塑性变形的性质称为脆性。具有这种性质的材料称为脆性材料，如混凝土、砖、石材、陶瓷、玻璃等。一般情况下，脆性材料的抗压强度很高，但抗拉强度较低，抵抗冲击荷载和振动作用的能力较差。

2. 材料的韧性

材料在冲击或振动荷载作用下，能产生较大的变形而不致破坏的性质称为韧性。具有这种性质的材料称为韧性材料，如建筑钢材、木材、橡胶、沥青等。韧性材料的特点是塑性变形大，受力时产生的抗拉强度接近或高于抗压强度，适用于桥梁、起重机梁等承受冲击荷载的结构和有抗震要求的结构。

韧性以试件破坏时单位面积所消耗的功表示，其计算公式如下：

$$a_k = \frac{W_k}{A} \tag{1-20}$$

式中　a_k——材料的韧性(J/mm²)；

　　　W_k——试件破坏时所消耗的功(J)；

　　　A——试件净截面面积(mm²)。

三、材料的弹性与塑性

1. 材料的弹性

材料在外力作用下产生变形，外力消除后能完全恢复原来形状和大小的性质称为弹性。

这种可以完全恢复的变形称为弹性变形。弹性变形的大小与其所受外力的大小成正比，其比例系数对某种理想的弹性材料来说为常数，这个常数称为该材料的弹性模量，并以符号 E 表示，其计算公式如下：

$$E=\frac{\sigma}{\varepsilon} \tag{1-21}$$

式中　E——材料的弹性模量（MPa）；

　　　σ——材料所受的应力（MPa）；

　　　ε——在应力 σ 作用下的应变。

弹性模量 E 是反映材料抵抗变形能力的指标，E 值越大，表明材料的刚度越强，外力作用下的变形较小。E 值是建筑工程结构设计和变形验算所依据的主要参数之一。

材料在外力作用下产生变形，外力去除后，变形消失，材料恢复原有形状的性能称为弹性。荷载与变形之比，或应力与应变之比，称为材料的弹性模量。

2. 材料的塑性

材料在外力作用下产生变形，外力去掉后，变形不能完全恢复并且材料也不即行破坏的性质，称为塑性。这种不可恢复的变形称为塑性变形。

四、材料的硬度与耐磨性

1. 硬度

硬度是指材料表面的坚硬程度，是抵抗其他物体刻划、压入其表面的能力。硬度的测定方法有刻划法、回弹法、压入法等，不同材料其硬度的测定方法不同。

回弹法用于测定混凝土表面硬度，并间接推算混凝土的强度，也用于测定砖、砂浆等的表面硬度；刻划法用于测定天然矿物的硬度；压入法是用硬物压入材料表面，通过压痕的面积和深度测定材料硬度的方法。钢材、木材的硬度，常用钢球压入法测定。

通常，硬度大的材料耐磨性较强，但不易加工。在工程中，常利用材料硬度与强度之间的关系间接测定材料强度。

2. 耐磨性

材料的耐久性是指材料表面抵抗磨损的能力。材料的耐磨性可用磨损率 δ 表示，其试验计算公式如下：

$$\delta=\frac{m_1-m_2}{A} \tag{1-22}$$

式中　δ——材料的磨损率（g/cm²）；

　　　m_1-m_2——材料磨损前后的质量损失（g）；

　　　A——材料试件受磨面积（cm²）。

材料的磨损率 δ 值越低，该材料的耐磨性越好，反之，则越差。

材料的耐磨性与材料的强度、硬度、密实度、内部结构、组成、孔隙率、孔特征、表面缺陷等有关。一般来说，强度较高且密实的材料，其硬度较大，耐磨性较好。

建筑工程中有些部位经常受到磨损的作用，如路面、地面、楼梯、台阶等，选择这些部位的材料时，其耐磨性应满足工程的使用寿命要求。应该指出的是硬度和耐磨性也不是越高越好，例如，用于水磨石中的石子就要求硬度和耐磨性差一些，以便于打磨。

第四节 材料的耐久性

一、材料耐久性的概念及影响因素

材料的耐久性是指材料使用过程中，在内、外部因素的作用下，经久不破坏、不变质，保持原有性能的性质。材料在使用过程中，除受荷载作用外，还会受周围环境各种自然因素的影响，如物理、化学及生物等方面的作用。

(1)物理作用包括干湿变化、温度变化、冻融循环、磨损等，这些都会使材料受一定程度的破坏，影响其长期使用。

(2)化学作用包括材料受酸、碱、盐类等物质的水溶液及有害气体侵蚀作用，发生化学反应及氧化作用、受紫外线照射等而变质或遭损。

(3)生物作用是指昆虫、菌类等对材料的蛀蚀及腐蚀作用。

材料的耐久性是一项综合性能，不同材料的耐久性往往有不同的具体内容：混凝土的耐久性，主要通过抗渗性、抗冻性、抗腐蚀性和抗碳化性来体现；钢材的耐久性，主要取决于其抗锈蚀性；沥青的耐久性则主要取决于其大气稳定性和温度敏感性。

二、混凝土结构耐久性检测分析

混凝土结构是钢筋混凝土结构、预应力混凝土结构、素混凝土结构的总称，也是目前我国应用最广泛的一种结构形式。结构的损坏既包含混凝土的风化和侵蚀，又包含钢筋的锈蚀。研究资料表明，引起耐久性显著降低的原因与结构所处的环境、结构的设计、结构材料选用、施工过程控制、结构的使用等多方面因素有关。

混凝土结构耐久性检测评估的一般程序为通过现场调查、无损和(或)微破损检测技术在现场和实验室内获取与结构有关的作用和抗力信息；对结构性能和可靠性指标分析评估及再验证；形成评估报告(使用、维护意见及建议)。

混凝土结构耐久性检测方法有如下几个。

1. 外观损伤状况的检查

外观损伤状况的检查主要是观察、测量和记录构件裂缝、外观损伤及腐蚀情况。其内容包括混凝土表面有无裂缝及结晶物析出，有无锈斑、露筋，混凝土表面有无起鼓、疏松剥离现象，构件开裂部位、形态及裂缝的走向等，对外观破损及出现腐蚀现象的构件进行描述并予以统计，同时拍摄数码照片进行记录。

2. 混凝土构件的几何参数测定

混凝土构件的几何参数测定主要包括构件的截面尺寸、构件的垂直度、结构变形等检测项目。混凝土结构构件截面尺寸可用钢卷尺等测量工具进行测量，变形测量可通过水准仪及经纬仪进行。

3. 混凝土抗压强度检测

混凝土的抗压强度在一定程度上反映混凝土的耐久性，结构混凝土抗压强度的现场检测主要有无损和破损两种方法。

4. 混凝土的渗透性检测

混凝土的渗透性与混凝土的耐久性密切相关。检验混凝土渗透性的方法主要有抗渗等级法（水压力法）、离子扩散系数法、表层渗透性的无损检测法等。

5. 混凝土氯离子含量及分布情况检测

氯盐引起钢筋锈蚀，影响混凝土的耐久性。混凝土中氯离子含量及分布情况检测是氯盐环境混凝土结构耐久性检测的重要内容，混凝土中水溶性氯离子含量一般采用硝酸银滴定法测量。检测完成后，对所取得的数据进行分析计算，采用适当的方法来评估结构的耐久性及预测剩余使用寿命，给出结构的耐久性评估报告。评估报告的内容包括摘要，工程概况，评定目的、范围、内容，调查和检验结果，分析与评估，结论和建议及附件。

本章小结

建筑物是由各种材料建成的，用于建筑工程中的材料的性能对建筑物的各种性能具有重要影响。因此，建筑材料不仅是建筑物的物质基础，也是决定建筑工程量和使用性能的关键因素。本章主要介绍了材料的组成和结构、材料的基本物理性质、材料的力学性质、材料的耐久性等，通过本章的学习应能够合理选择且正确使用建筑材料。

思考与练习

一、填空题

1. 建筑装饰材料的结构是指其微观组织状态，可分为_____、_____及_____3种。

2. 密度是指材料在绝对密实状态下，单位体积的_____。

3. _____是指多孔固体材料在自然状态下单位体积的质量。

4. _____一般指砂、碎石等的质量与堆积的实际体积的比值，粉状或颗粒状材料在堆积状态下单位体积的质量。

5. 材料的密实度和孔隙率之和_____。

6. _____和_____是从两个不同侧面反映散粒材料的颗粒互相填充的疏密程度。

7. 材料在与水接触时，不同材料遇水后和水的互相作用情况是不一样的，根据材料表面被水湿润的情况，分为_____与_____。

8. 热量由材料的一面传至另一面的性质称为_____，用_____表示。

9. 材料在受热时吸收热量、冷却时放出热量的性质称为材料的_____。

10. 材料在冲击或振动荷载作用下，能产生较大的变形而不致破坏的性质称为_____。

二、判断题

1. 材料的孔隙率大，则表明材料的密实程度大。　　　　　　　　　　　　　（　　）

2. 材料吸水性的大小，主要取决于材料孔隙和孔隙特征，一般孔隙率越大，吸水性越大。　　　　　　　　　　　　　　　　　　　　　　　　　　　　　　　（　　）

3. 软化系数一般在 0 至 1 间波动，其值越小，说明材料吸水饱和后的强度降低越小，材料的耐水性就越好。　　　　　　　　　　　　　　　　　　　　　　（　　）

4. 传热系数是评定材料绝热性能的重要指标。材料的传热系数越小，则材料的绝热性能越好。　　　　　　　　　　　　　　　　　　　　　　　　　　　（　　）

5. 材料的比热越大，说明这种材料对保证室内温度的相对稳定越差。　　（　　）

6. 弹性模量值越大，表明材料的刚度越强，外力作用下的变形较小。　（　　）

7. 材料的磨损率 δ 值越低，该材料的耐磨性越差，反之，则越好。　（　　）

三、选择题

1. 某材料孔隙率增大，则（　　）。

　A. 表观密度减小，强度降低　　　　　　B. 密度减小，强度降低

　C. 表观密度增大，强度提高　　　　　　D. 密度增大，强度提高

2. 当材料的润湿角 θ（　　）时，称为亲水性材料。

　A. $>90°$　　　B. $\leqslant 90°$　　　C. $0°$　　　D. B. $<90°$

3. （　　）是指单位质量的材料升高单位温度时所需热量。

　A. 比热 c　　　B. 热容量　　　C. 传热系数　　　D. 线膨胀系数

4. （　　）是指材料的强度与其体积密度之比，它是衡量材料轻质高强的一个主要指标。

　A. 体积密度　　　B. 比强度　　　C. 抗压强度　　　D. 抗拉强度

5. 通常将软化系数（　　）的材料称为耐水材料。

　A. 大于 0.85　　　B. 0~1　　　C. 不得低于 0.85　　　D. 不宜小于 0.75

四、简答题

1. 材料的构造分为哪几种？

2. 吸水性的大小用吸水率表示，吸水率有哪两种表示方法？

3. 材料抗冻性能的好坏与哪些因素有关？

4. 影响材料传热系数的因素主要有哪几个方面？

5. 根据外力作用方式不同，材料强度有哪些？

6. 混凝土结构耐久性检测方法有哪几个？

第二章 气硬性胶凝材料

知识目标

1. 了解生石灰的生产；熟悉生石灰的熟化与硬化、石灰的验收及储运；掌握石灰的技术要求、特性和应用。

2. 了解石膏的生产；熟悉建筑石膏的凝结与硬化、石膏的储运；掌握建筑石膏的技术要求、特性和应用。

3. 了解水玻璃的定义、生产；熟悉水玻璃的硬化；掌握水玻璃的技术性质和应用。

能力目标

能够正确检验建筑石膏和石灰的技术指标，并根据工程实际情况合理使用建筑石膏、石灰和水玻璃。

建筑上能将砂、石、砖、混凝土砌块等散粒状或块状材料黏结成为整体且具有一定强度的材料，称为胶凝材料。

胶凝材料通常分为有机胶凝材料和无机胶凝材料两大类。

(1)有机胶凝材料。有机胶凝材料是指以天然或人工合成高分子化合物为基本组成的一类胶凝材料。最常用的有沥青、树脂和橡胶等。

(2)无机胶凝材料。无机胶凝材料是指以无机氧化物或矿物为主要组成的一类胶凝材料。最常用的有石灰、石膏、水玻璃、菱苦土和各种水泥。有时也包括沸石粉、粉煤灰、矿渣和火山灰等活性混合材料。

根据凝结硬化条件和使用特性，无机胶凝材料通常又分为气硬性胶凝材料和水硬性胶凝材料两类。

1)气硬性胶凝材料只能在空气中凝结硬化、保持强度，如石灰、石膏、水玻璃和菱苦土等。这类材料在水中不凝结，硬化后不耐水，在有水或潮湿环境中强度很低，通常不宜使用。

2)水硬性胶凝材料不仅能在空气中，而且能更好地在水中凝结硬化、保持强度，如各类水泥和某些复合材料。这类材料需要与水反应才能凝结硬化，在空气中使用时，凝结硬化初期要尽可能浇水或保持潮湿养护。

本章主要介绍气硬性胶凝材料，建筑工程中常用的气硬性胶凝材料有石灰、石膏和水玻璃。

第一节 石灰

建筑石灰是一种古老的建筑材料，它是不同化学组成和物理形态的生石灰、消石灰、水硬性石灰的总称。

一、生石灰的生产

生产石灰的原料是以碳酸钙为主要成分的天然岩石，如石灰石、白云石等，也可采用化工副产品，如电石渣（碳化钙制取乙炔时产生的，其主要成分是氢氧化钙）。石灰石的主要成分是碳酸钙（$CaCO_3$），另外，还有少量的碳酸镁（$MgCO_3$）和黏土杂质。其反应式如下：

$$CaCO_3 \xrightarrow{900℃} CaO + CO_2 \uparrow \tag{2-1}$$

$$MgCO_3 \xrightarrow{600℃} MgO + CO_2 \uparrow \tag{2-2}$$

在实际生产中，为加快石灰石的分解，使原料充分煅烧，煅烧温度为1 000 ℃～1 200 ℃。在煅烧过程中，由于火候控制的不均，会出现过火石灰、欠火石灰和正火石灰。正火石灰是正常温度下煅烧得到的石灰，具有多孔结构，内部孔隙率大，表观密度小，与水作用速度快；欠火石灰是由于煅烧温度过低或煅烧时间不足，内部残留一部分未分解的石灰岩核心，而外部为正常煅烧的石灰，欠火石灰只是降低了石灰的利用率，不会带来危害；过火石灰由于煅烧温度过高或煅烧时间过长，孔隙率减小，表观密度增大，结构致密，表面常被熔融的黏土杂质形成的玻璃物质所包裹，因此，过火石灰熟化十分缓慢，可能在石灰使用之后熟化，体积膨胀，致使已硬化的砂浆产生"崩裂"或"鼓泡"现象，影响工程质量。

二、生石灰的熟化与硬化

（一）生石灰的熟化

生石灰在使用前，一般要加水使之熟化成熟石灰粉或石灰浆之后再使用。

熟化是指生石灰加水反应生产氢氧化钙，同时放出一定热量的过程。其反应式如下：

$$CaO + H_2O \longrightarrow Ca(OH)_2 + 64.8 \text{ kJ} \tag{2-3}$$

生石灰的水化能力极强，同时放出大量的热，生石灰在最初1 h放出的热量几乎是硅酸盐水泥1 d放热量的9倍。生石灰熟化后体积可增大1～2.5倍。一般煅烧良好、氧化钙含量高、杂质少的生石灰，不但熟化速度快、放热量大，而且体积膨胀也大。

在工程中以熟化时加水量的多少，可将石灰熟化成石灰膏、消石灰粉等。

1. 石灰膏

石灰膏是将生石灰在化灰池中熟化成含过量水的石灰浆。石灰浆体和尚未熟化的小颗粒通过筛网流入储灰坑。为防止过火石灰在使用后吸收水蒸气而熟化膨胀或开裂，石灰膏必须在坑中保存两周以上，这个过程称为陈伏。在陈伏期间，石灰浆表面保持一层水分，使之与空气隔绝，防止或减缓石灰膏与二氧化碳发生碳化反应。

2. 消石灰粉

当工程中需要粉状消石灰粉（拌制石灰土、三合土）时，应将生石灰消解为石灰粉。其方法是将生石灰块分层铺放（每层厚度约为0.5 m），并分层喷洒加水（加水量以能充分消解而又不过湿成团为好），充分消解后所得的颗粒细小、分散的粉状物，称为消石灰粉。消石灰粉也必须注意陈伏后再使用。

(二)生石灰的硬化

生石灰的硬化过程包括干燥硬化和碳化硬化两部分。

(1)石灰浆的干燥硬化(结晶作用)。石灰浆在干燥过程中游离水逐渐蒸发或被周围砌体吸收,氢氧化钙从饱和溶液中结晶析出,固体颗粒互相靠拢粘紧,强度也随之提高。其反应式如下:

$$Ca(OH)_2 + nH_2O \xrightarrow{结晶} Ca(OH)_2 \cdot nH_2O \tag{2-4}$$

(2)石灰浆的碳化硬化(碳化作用)。氢氧化钙与空气中的二氧化碳作用生成碳酸钙晶体。石灰碳化作用只在有水的条件下才能进行,其反应式如下:

$$Ca(OH)_2 + CO_2 + nH_2O \xrightarrow{碳化} CaCO_3 + (n+1)H_2O \tag{2-5}$$

这个反应实际上 CO_2 和 H_2O 反应结合性成 H_2CO_3,再与 $Ca(CO)_2$ 作用生成 $CaCO_3$。碳化过程是从膏体表层开始,逐渐深入到内部,但表层生成的 $CaCO_3$ 阻止了 $(CO)_2$ 的深入,也影响了内部水分的蒸发,所以,石灰的硬化速度很缓慢。

从以上的硬化过程可以看出,这两个过程都需在空气中才能进行,也只有在空气中才能继续发展并提高其强度,所以,石灰石气硬性胶凝材料只能用于干燥环境的建筑工程中。

三、石灰的技术要求

1. 建筑生石灰

根据《建筑生石灰》(JC/T 479—2013)中的规定,将生石灰、生石灰粉分为优等品、一等品和合格品三个等级。其相应技术指标见表2-1～表2-3。

建筑生石灰

表2-1　建筑生石灰的分类(JC/T 479—2013)

类别	名称	代号
钙质石灰	钙质石灰90	CL 90
	钙质石灰85	CL 85
	钙质石灰75	CL 75
镁质石灰	镁质石灰85	ML 85
	镁质石灰80	ML 80

表2-2　建筑生石灰的化学成分(JC/T 479—2013)　　　　　　　　　%

名称	(氧化钙+氧化镁)(CaO+MgO)	氧化镁(MgO)	二氧化碳(CO_2)	三氧化硫(SO_3)
CL 90-Q	≥90	≤5	≤4	≤2
CL 90-QP				
CL 85-Q	≥85	≤5	≤7	≤2
CL 85-QP				
CL 75-Q	≥75	≤5	≤12	≤2
CL 75-QP				

名称	（氧化钙＋氧化镁）（CaO＋MgO）	氧化镁（MgO）	二氧化碳（CO₂）	三氧化硫（SO₃）
ML 85-Q	≥85	>5	≤7	≤2
ML 85-QP				
ML 80-Q	≥80	>5	≤7	≤2
ML 80-QP				

表 2-3　建筑生石灰的物理性质（JC/T 479—2013）

名称	产浆量 /[dm³ · (10 kg)⁻¹]	细度	
		0.2 mm 筛余量/%	90 μm 筛余量/%
CL 90-Q	≥26	—	—
CL 90-QP	—	≤2	≤7
CL 85-Q	≥26	—	—
CL 85-QP	—	≤2	≤−7
CL 75-Q	≥26	—	—
CL 75-QP	—	≤2	≤−7
ML 85-Q	—	—	—
ML 85-QP		≤2	≤−7
ML 80-Q	—	—	—
ML 80-QP		≤7	≤2

2. 建筑消石灰

(1)建筑消石灰的分类。建筑消石灰的分类见表 2-4。

表 2-4　建筑消石灰的分类（JC/T 481—2013）

类别	名称	代号
钙质消石灰	钙质消石灰 90	HCL 90
	钙质消石灰 85	HCL 85
	钙质消石灰 75	HCL 75
镁质消石灰	镁质消石灰 85	HML 85
	镁质消石灰 80	HML 80

(2)建筑消石灰的相关技术要求。建筑消石灰的相关技术要求见表 2-5 和表 2-6。

表 2-5　建筑消石灰的化学成分（JC/T 481—2013）　　　　　　　　%

名称	（氧化钙＋氧化镁）（CaO＋MgO）	氧化镁（MgO）	三氧化硫（SO₃）
HCL 90	≥90	≤5	≤2
HCL 85	≥85		
HCL 75	≥75		
HML 85	≥85	>5	≤2
HML 80	≥80		

表 2-6 建筑消石灰的物理性质(JC/T 481—2013)

名称	游离水/%	细度		安定性
		0.2 mm 筛余量/%	90 μm 筛余量/%	
HCL 90				
HCL 85				
HCL 75	≤2	≤2	≤7	合格
HML 85				
HML 80				

四、石灰的特性和应用

(一)石灰的特性

1. 可塑性、保水性好

生石灰熟化为石灰浆时，氢氧化钙颗粒极其微小，且颗粒之间的水膜较厚，颗粒之间的滑移较易进行，故可塑性、保水性好。用石灰调成的石灰砂浆具有良好的可塑性，在水泥砂浆中加入石灰膏，可显著提高砂浆的可塑性(和易性)。

2. 硬化慢、强度低

石灰浆体硬化过程的特点之一就是硬化速度慢，原因是空气中的二氧化碳浓度低，且碳化是由表及里，在表面形成较致密的壳，使外部的二氧化碳较难进入其内部，同时，内部水分也不易蒸发。所以，硬化缓慢，硬化后强度也不高。

3. 体积收缩大

石灰浆体在硬化过程中由于大量水分蒸发，会产生显著的体积收缩而开裂，因此，石灰除粉刷外不宜单独使用，常与砂、纸筋、麻刀等混合使用。

4. 耐水性差

石灰浆体在硬化过程中的较长时间内，主要成分仍是氢氧化钙，由于氢氧化钙易溶于水，所以，石灰的耐水性较差。硬化后的石灰浆体若长期受到水的作用，会导致强度降低，甚至溃散。

(二)石灰的应用

1. 拌制灰土或三合土

灰土即由消石灰粉和黏土按一定比例拌和均匀，夯实而成，常用的灰土有二八灰土及三七灰土(体积比)；三合土即消石灰粉、黏土、集料按一定的比例混合均匀并夯实。夯实后的灰土和三合土广泛用作建筑物的基础、路面或地面的垫层，其强度比石灰和黏土都高，其原因是黏土颗粒表面的少量活性 SiO_2、Al_2O_3 与石灰发生反应生成水化硅酸钙和水化铝酸钙等不溶于水的水化矿物。

2. 配制石灰砂浆和石灰乳

用水泥、石灰膏、砂配制成的混合砂浆广泛用于砌筑工程。用石灰膏与砂、纸筋、麻刀配制成的石灰砂浆、石灰纸筋灰、石灰麻刀灰广泛用作内墙、天棚的抹面砂浆。由石灰膏稀释成石灰乳，可用作简易的粉刷涂料。

3. 生产硅酸盐制品

磨细生石灰与砂或粒化高炉矿渣、炉渣、粉煤灰等硅质材料混合成型，再经常压或高压蒸汽养护，就可制得密实或多孔的硅酸盐制品，如灰砂砖、粉煤灰砖、加气混凝土砌块等。

4. 生产碳化石灰板

将磨细的生石灰、纤维状填料（如玻璃纤维）或轻质集料按比例混合搅拌成型，再通入 CO_2 进行人工碳化，可制成轻质板材，称为碳化石灰板。为提高碳化效果，减轻质量，可制成空心板。该制品表观密度小、传热系数低，主要用作非承重的隔墙板、吊顶等。

5. 加固含水的软土地基

生石灰可用来加固含水的软土地基，如石灰桩，它是在桩孔内灌入生石灰块，利用生石灰吸水熟化时体积膨胀的性能产生膨胀压力，从而使地基加固。

五、石灰的验收及储运

（1）建筑生石灰粉、建筑消石灰粉一般用袋装，袋上应标明厂名、产品名称、商标、净重、批量编号。

（2）生石灰在运输和储存时要防止受潮，且储存时间不宜过长，否则生石灰会吸收空气中的水分自行消化成消石灰粉，再经二氧化碳作用形成碳化层，推动胶凝发生。工地上一般将生石灰的储存期变为陈伏期，陈伏期间，石灰膏上部覆盖一层水，以防碳化。

（3）生石灰不宜与易燃、易爆品共存、共运，以免酿成火灾。这是因为储运中的生石灰受潮熟化要放出大量的热且体积膨胀，会导致易燃、易爆品燃烧和爆炸。

第二节　建筑石膏

一、石膏的生产

石膏的原材料有天然二水石膏（生石膏、软石膏）和天然无水石膏（硬石膏）及来自化学工业的副产品化工石膏，如烟气脱硫石膏和磷石膏等。天然的生石膏（二水石膏）出自石膏矿，主要成分是 $CaSO_4 \cdot 2H_2O$。建筑上常用的为熟石膏（半水石膏），品种有建筑石膏、模型石膏、高强度石膏和地板石膏等，主要由生石膏煅烧而成。

将生石膏在 107 ℃~170 ℃条件下焙烧脱去部分结晶水而制得的 β 型半水石膏，经过磨细后的白色粉末称为建筑石膏，又称为熟石膏，其分子式为 $CaSO_4 \cdot 1/2H_2O$，也是最常用的建筑石膏。其反应式如下：

$$CaSO_4 \cdot 2H_2O \xrightarrow{107℃\sim170℃} (\beta 型)CaSO_4 \cdot 1/2H_2O + 2/3H_2O \qquad (2\text{-}6)$$

生石膏在加热过程中，随着温度和压力不同，其产品的性能也随之发生变化。若将生石膏在 124 ℃、0.13 MPa 压力的蒸压锅内蒸炼，则生成 α 型半水石膏，其晶粒较粗，拌制石膏浆体时的需水量较小，硬化后强度较高，故称为高强度石膏。高强度石膏适用于强度要求高的抹灰工程，制作装饰制品和石膏板，掺入防水剂后高强度石膏制品可在潮湿环境中使用。

天然二水石膏在 800 ℃ 以上煅烧时，部分硫酸钙分解成氧化钙，磨细后的石膏称为高温煅烧石膏，这种石膏硬化后有较高的强度和耐磨性，抗水性好，主要用作石膏地板，也称地板石膏。

二、建筑石膏的凝结与硬化

建筑石膏与适量水拌和后，能形成可塑性良好的浆体，随着石膏与水的反应，浆体的可塑性很快消失而发生凝结，此后进一步产生和发展强度而硬化。

建筑石膏与水之间产生化学反应的反应式如下：

$$CaSO_4 \cdot 1/2H_2O + 3/2H_2O \longrightarrow CaSO_4 \cdot 2H_2O \qquad (2-7)$$

随着二水石膏沉淀的不断增加，会产生结晶，结晶体不断生成和长大，晶体颗粒之间便产生了摩擦力和黏结力，造成浆体的塑性开始下降，这一现象称为石膏的初凝；然后随着晶体颗粒之间摩擦力和黏结力的增大，浆体的塑性很快下降，直至消失，这种现象称为石膏的终凝。

石膏终凝后其晶体颗粒仍在不断长大和连生，形成相互交错且孔隙率逐渐减小的结构，其强度也会不断增大，直至水分完全蒸发，形成硬化后的石膏结构，这一过程称为石膏的硬化。实际上，石膏浆体的凝结和硬化是交叉进行的。

三、建筑石膏的技术要求

纯净的建筑石膏为白色粉末，密度为 $2.60 \sim 2.7$ g/cm³，堆积密度为 $800 \sim 1\,000$ kg/m³。建筑石膏按原材料种类分为天然建筑石膏(N)、脱硫建筑石膏(S)和磷建筑石膏(P)3 类；按其 2 h 抗折强度分为 3.0、2.0、1.6 共 3 个等级。牌号标记按产品名称、代号、等级及标准编号顺序标记，如等级为 2.0 的天然石膏标记：建筑石膏 N2.0(GB/T 9776—2008)。建筑石膏的技术要求有强度、细度和凝结时间方面的要求，具体技术要求见表 2-7。

表 2-7　石膏物理力学性能

等级	细度(0.2 mm 方孔筛余)/%	凝结时间/min		2 h 强度/MPa	
		初凝	终凝	抗折	抗压
3.0				≥3.0	≥5.0
2.0	≤10	≥3	≤30	≥2.0	≥4.0
1.6				≥1.6	≥3.0

四、建筑石膏的特性和应用

(一)建筑石膏的特性

1. 凝结硬化速度快

建筑石膏的浆体，凝结硬化速度很快。一般石膏的初凝时间仅为 10 min 左右，终凝时间不超过 30 min，对于普通工程施工操作十分方便；有时需要的操作时间较长，可加入适量的缓凝剂，如硼砂、动物胶、亚硫酸盐、酒精废液等。

2. 凝结硬化时膨胀

建筑石膏凝结硬化是石膏吸收结晶水后的结晶过程，其体积不仅不会收缩，而且稍有膨胀(0.2%～1.5%)，这种膨胀不仅不会对石膏造成危害，还能使石膏的表面较为光滑、饱满，棱角清晰、完整，避免普通材料干燥时出现的开裂。

3. 硬化后多孔，质量轻，强度低

建筑石膏在使用时为获得良好的流动性，加入的水分要比水化所需的水量多，因此，石膏在硬化过程中由于水分的蒸发，原来充水部分空间形成孔隙，造成石膏内部产生大量微孔，使其质量减轻，其抗压强度也因此下降。通常，石膏硬化后的表观密度为 $800～1\ 000\ kg/m^3$，抗压强度为 $3～5\ MPa$。

4. 具有良好的隔热、吸声和"呼吸"功能

石膏硬化体中大量的微孔使其传热性显著下降，因此，具有良好的绝热能力；石膏的大量微孔，特别是表面微孔对声音传导或反射的能力也显著下降，使其具有较强的吸声能力。大热容量和大的孔隙率及开口孔结构使石膏具有呼吸水蒸气的功能。

5. 防火性好，耐水性差

硬化后石膏的主要成分是二水石膏，当受到高温作用时或遇火后会脱出 21% 左右的结晶水，并能在表面蒸发形成水蒸气幕，可有效地阻止火势的蔓延，具有良好的防火效果。

由于硬化石膏的强度来自晶体粒子之间的黏结力，遇水后粒子之间连接点的黏结力可能被削弱，部分二水石膏溶解而产生局部溃散，所以，建筑石膏硬化体的耐水性较差。

6. 具有良好的装饰性和可加工性

石膏表面光滑饱满、颜色洁白、质地细腻，具有良好的装饰性。微孔结构使其脆性有所改善，硬度也较低，所以，硬化后的石膏可锯、可刨、可钉，具有良好的可加工性。

(二)建筑石膏的应用

1. 粉料制品

粉料制品包括腻子粉、粉刷石膏、黏结石膏和嵌缝石膏等。石膏刮墙腻子是以建筑石膏为主要原料加入石膏改性剂而成的粉料，是喷刷涂料、贴壁纸的理想基材。粉刷石膏按用途分为面层粉刷石膏(M)、底层粉刷石膏(D)和保温层粉刷石膏(W)，具有操作简便、黏结力强、和易性好，施工后的墙面光滑细腻、不空鼓、不开裂的特点，使用时不仅大大降低了工人的劳动强度，还可以缩短施工工期，属于高档抹灰材料。

2. 装饰制品

建筑石膏制作的装饰制品主要有角线、平线、吊顶造型角、弧线、花角、灯盘、浮雕、梁托和罗马柱等。以质量优良的石膏为主要原料，掺加少量的纤维增强材料和胶料，加水搅拌成石膏浆体，注模、成型后即得，掺入颜料后可得彩色制品。由于硬化时体积微膨胀，所以，石膏装饰制品外观优美、表面光洁、花纹清晰、立体感强、施工性能优良，广泛用于酒店、家居、商场和别墅等。

3. 石膏板

石膏板具有轻质、绝热、隔声、防火、抗震和绿色环保等特点，而且原料来源广、生产能耗低、设备简单、施工方便，是当前着重发展的新型轻质板材之一。石膏板已广泛用于住宅、办公楼、商店、旅馆和工业厂房等各种建筑物的内隔墙、墙体覆面板(代替墙面抹灰层)、吊顶、吸声板、地面基层板和各种装饰板等。我国目前生产的石膏板主要有纸面石膏板、石膏空心条板、石膏装饰板和纤维石膏板等。

(1)纸面石膏板。纸面石膏板以掺入纤维增强材料的建筑石膏作芯材，两面用纸作护面而成，可分为普通型、耐水型和耐火型等。板的长度为 1 800~3 600 mm，宽度为 900~1 200 mm，厚度为 9~12 mm。纸面石膏板一般结合龙骨使用，广泛应用于室内隔墙板、复合墙板、内墙板和吊顶等。

(2)石膏装饰板。石膏装饰板是以建筑石膏为主要原料，掺加少量纤维材料等制成的有多种图案、花饰的板材，如石膏印花板、穿孔吊顶板、石膏浮雕吊顶板、纸面石膏饰面装饰板等，是一种新型的室内装饰材料，适用于中、高档装饰，具有花色多样、颜色鲜艳、造型美观、易加工、安装简单等特点。

(3)石膏空心板。该板以建筑石膏为胶凝材料，适量加入轻质多孔材料、改性材料(粉煤灰、矿渣等)搅拌、注模、成型、干燥而成。石膏空心板的规格为(2 500~3 500 mm)×(450~600 mm)×(60~100 mm)，一般为 7~9 孔，孔洞率为 30%~40%。安装时不需要龙骨，强度高，可用作住宅和公共建筑的内墙和隔墙等。

(4)纤维石膏板。纤维石膏板是以建筑石膏粉为原料，以各种纤维(纸纤维、玻璃纤维等)为增强材料，并掺加适量外加剂制成的石膏板材。纤维石膏板综合性能优越，除具有纸面石膏板的优点外，还具有轻质、高强、耐水、隔声、韧性高等特点，并可进行加工，施工简便，可用于工业与民用建筑的内隔墙、吊顶和石膏复合隔墙板。

(5)石膏砌块。石膏砌块是利用石膏为主要原料制作的实心、空心和夹芯砌块。夹芯砌块主要以聚苯乙烯泡沫塑料等轻质材料为芯层材料，以减轻其质量，提高绝热性能。石膏砌块具有石膏制品的各种优点，用作房屋的墙体材料时，具有施工方便、不用龙骨、墙面平整及保温和防水性能好等优点。

五、建筑石膏的储运

建筑石膏在运输与储存时不得受潮和混入杂物，不同等级应分别储运，不得混杂。自生产之日起，建筑石膏的储存期为 3 个月。储存期超过 3 个月的建筑石膏应重新进行检验，以确定其等级。

第三节　水玻璃

一、水玻璃的定义

水玻璃俗称泡花碱，是由碱金属氧化物和二氧化硅组成的能溶于水的一种金属硅酸盐物质。根据碱金属氧化物种类的不同，水玻璃有硅酸钠水玻璃($Na_2O \cdot nSiO_2$)(纳水玻璃)和硅酸钾水玻璃($K_2O \cdot nSiO_2$)(钾水玻璃)等，工程中以硅酸钠水玻璃最为常用。

化学式 $K_2O \cdot nSiO_2$ 中的 n 称为水玻璃模数，代表 SiO_2 和 Na_2O（或 K_2O）的组成比。n 值越大，水玻璃的黏性和强度越高，在水中的溶解度越小，当 n 大于 3.0 时，其只能溶解在热水中，给操作带来不便。n 值越小，水玻璃的黏性和强度越低，在水中的溶解度越大，越易溶于水，使用越方便。在建筑工程中，常用的水玻璃模数 n 为 2.6～2.8，它既能溶于水，又有较高的强度和黏性。

二、水玻璃的生产

钠水玻璃的主要生产原料是石英粉（SiO_2）和纯碱（Na_2CO_3）。将原料磨细按一定比例配合，在玻璃炉内加热至 1 300 ℃～1 400 ℃，熔融而生成硅酸钠，冷却后即为固态钠水玻璃，其反应式如下：

$$NaCO_2 + nSiO_2 \xrightarrow{\text{1 300 ℃～1 400 ℃}} Na_2O \cdot nSiO_2 + CO_2 \uparrow \tag{2-8}$$

将固态水玻璃在 0.3～0.8 MPa 的蒸压锅内加热熔解可制成液态的水玻璃。

三、水玻璃的硬化

水玻璃在空气中吸收 CO_2 析出 SiO_2 凝胶，凝胶因干燥而逐渐硬化。其反应式如下：

$$Na_2O \cdot nSiO_2 + CO_2 + mH_2O === Na_2CO_3 + nSiO_2 + mH_2O \tag{2-9}$$

由于空气中 CO_2 的含量稀薄，上述反应过程极慢。为加速硬化，可掺入氟硅酸钠作促凝剂，其反应式如下：

$$2(Na_2O \cdot nSiO_2) + mH_2O + Na_2SiF_6 === (2n+1)SiO_2 \cdot mH_2O_2 + 6NaF \tag{2-10}$$

氟硅酸钠的适应掺量为水玻璃质量的 12%～15%。掺量少，硬化慢，且硬化不充分，强度和耐水性均较低；掺量过多，凝结过快，造成施工困难，且强度和抗渗性均降低。加入氟硅酸钠后，水玻璃的初凝时间可缩短到 30～60 min，终凝时间可缩短到 240～360 min，7 d 基本上达到最高强度。

四、水玻璃的技术性质

（1）黏结力强。水玻璃硬化后具有较高的黏结强度、抗拉强度和抗压强度。另外，水玻璃硬化析出的硅酸凝胶还有堵塞毛细孔隙以防止水分渗透的作用。

（2）耐酸性好。硬化后的水玻璃，其主要成分是 SiO_2，具有很好的耐酸性能，能抵抗大多数无机酸和有机酸的作用，但其不耐碱性介质侵蚀。

（3）耐热性高。水玻璃不燃烧，硬化后形成 SiO_2 空间网状骨架，在高温下硅酸凝胶干燥得更加强烈，强度并不降低，甚至有所增加。

五、水玻璃的应用

1. 用作涂料，涂刷材料表面

直接将液体水玻璃涂刷在建筑物表面，或涂刷烧结普通砖、硅酸盐制品、水泥混凝土等多孔材料，可使材料的密实度、强度、抗渗性、耐水性均得到提高。这是因为水玻璃与材料中的 $Ca(OH)_2$ 反应生成硅酸钙凝胶，填充了材料之间的空隙。

2. 配制防水剂

以水玻璃为基料，配制防水剂。例如，四矾防水剂是以蓝矾（硫酸铜）、明矾（钾铝矾）、红矾(重铬酸钾)和紫矾(铬矾)各 1 份，溶于 60 份的沸水中，降温至 50 ℃，投入 400 份水玻璃溶液，搅拌均匀而成的。这种防水剂可以在 1 min 内凝结，适用于堵塞漏洞、缝隙等局部渗漏抢修。

3. 加固地基

将模数为 2.5~3 的液体水玻璃和氯化钙溶液交替灌入地下，两种溶液发生化学反应，析出硅酸胶凝，将土壤包裹并填充其孔隙，使土壤固结，从而大大提高地基的承载力，而且可以增加地基的不透水性。

4. 配制水玻璃砂浆

将水玻璃、矿渣粉、砂和氟硅酸钠按一定比例配合成砂浆，可用于修补墙体裂缝。

5. 配制耐酸砂浆、耐酸混凝土、耐热混凝土

用水玻璃作为胶凝材料，选择耐酸集料，可配制满足耐酸工程要求的耐酸砂浆、耐酸混凝土。选择不同的耐热集料，可配制不同耐热度的水玻璃耐热混凝土。

本章小结

建筑工程中常常需要将其他材料黏结成整体，并使其具有一定的强度，具有这种黏结作用的材料统称为胶凝材料，在建筑工程中应用极其广泛。本章主要介绍石灰、石膏、水玻璃的生产、技术要求、特性和应用等。

思考与练习

一、填空题

1. 根据凝结硬化条件和使用特性，无机胶凝材料通常又分为_____和_____两类。

2. 生产石灰的原料主要是以_____为主要成分的天然岩石，其化学式是_____。

3. 将生石膏在 107 ℃~170 ℃条件下焙烧脱去部分结晶水而制得的 β 型半水石膏，经过磨细后的白色粉末称为_____。

4. 建筑石膏从加水拌和一直到浆体刚开始失去可塑性，这段时间称为_____。从加水拌和直到浆体完全失去可塑性，这段时间称为_____。

5. 水玻璃 $Na_2O \cdot nSiO_2$ 中的 n 称为_____，该值越_____，水玻璃黏度越高，强度越_____。

6. 石灰的硬化过程包括_____和_____两部分。

7. 钠水玻璃的主要生产原料是_____和_____。

二、判断题

1. 为防止过火石灰在使用后吸收水蒸气而熟化膨胀或开裂，石灰膏必须在坑中保存 5 d 以上，这个过程称为陈伏。 （   ）

2. 建筑石膏的分子式是 $CaSO_4 \cdot 2H_2O$。 （   ）

3. 生石膏在加热过程中，随着温度和压力不同，其产品的性能也随之发生变化。 （   ）

4. 建筑石膏的浆体，凝结硬化速度很慢。一般石膏的初凝时间仅为 60 min 左右，终凝时间不超过 180 min。　　　　　　　　　　　　　　　　　　（　　）

5. 建筑石膏与水之间产生化学反应的反应式为 $Ca(OH)_2 + nH_2O \xrightarrow{结晶} Ca(OH)_2 \cdot nH_2O$　　　　　　　　　　　　　　　　　　　　　　　　　（　　）

三、选择题

1. 熟石灰粉的主要成分是（　　）。

　　A. $CaCO_3$　　　　　B. CaO　　　　　C. $Ca(CO)_2$　　　　　D. $CaSO_4$

2. 石灰膏应在储灰坑中存放（　　）d 以上才可使用。

　　A. 3　　　　　　　B. 7　　　　　　　C. 14　　　　　　　D. 28

3. 石灰膏必须在坑中陈伏两周以上是为了（　　）。

　　A. 防止过火石灰在使用后吸收水蒸气而熟化膨胀或开裂

　　B. 有利于硬化

　　C. 消除过火石灰的危害

　　D. 以上都不是

4. 普通建筑石膏的强度较低，这是因为其调制浆体时的需水量（　　）。

　　A. 大　　　　　　　B. 小　　　　　　　C. 中等　　　　　　　D. 可大可小

四、简答题

1. 气硬性胶凝材料和水硬性胶凝材料的区别是什么？

2. 生石灰的熟化有什么特点？

3. 简述石灰的验收及储运。

4. 建筑石膏按原材料种类分为哪几类？

5. 建筑石膏的特性有哪些？

6. 石膏板具有哪些特点？我国目前生产的石膏板主要有哪些？

7. 建筑石膏的储运有哪些要求？

8. 水玻璃的技术性质有哪些？

第三章　水泥

知识目标

1. 了解通用硅酸盐水泥的概念、生产和矿组组成；熟悉硅酸盐水泥的水化硬化、腐蚀与防治；掌握硅酸盐水泥的技术性质和应用。

2. 了解混合材料的种类；熟悉普通硅酸盐水泥、矿渣硅酸盐水泥、火山灰质硅酸盐水泥、复合硅酸盐水泥等的定义、组成和计算要求。

3. 了解铝酸盐水泥的组成与分类；熟悉铝酸盐水泥水化与硬化；掌握铝酸盐水泥的技术指标、特性与应用。

4. 了解道路硅酸水泥、快硬硅酸盐水泥、白色硅酸盐水泥、膨胀水泥和自应力水泥等的概念和技术要求等。

能力目标

能够根据工程实际情况合理选用水泥的品种，并能对水泥进行正常的验收与保管。

水泥呈粉末状，当它加水混合后成为可塑性浆体，经一系列物理化学作用凝结硬化变成坚硬石状体，并能将散粒状材料胶结成为整体。水泥既能在空气中硬化，又能更好地在水中硬化，保持并发展强度，是典型的无机水硬性胶凝材料。

水泥是最主要的建筑材料之一，广泛应用于工业与民用建筑、交通、水利电力、海港和国防工程。水泥可以与集料及增强材料制成混凝土、钢筋混凝土、预应力混凝土构件，也可配制砌筑砂浆、装饰、抹面、防水砂浆用于建筑物砌筑、抹面和装饰等。

第一节　硅酸盐水泥

一、硅酸盐水泥的概念

硅酸盐水泥是由硅酸盐水泥熟料、0～5％石灰石或粒化高炉矿渣、适量石膏磨细制成的水硬性胶凝材料。硅酸盐水泥分为两种类型：即不掺入混合材料的称为Ⅰ型硅酸盐水泥，代号为P·Ⅰ；掺入不超过水泥质量5％的石灰石或粒化高炉矿渣混合材料的称为Ⅱ型硅酸盐水泥，代号为P·Ⅱ。其按照混合材料的品种和掺量分为普通硅酸盐水泥、矿渣硅酸盐水泥、火山灰质硅酸盐水泥、粉煤灰硅酸盐水泥和复合硅酸盐水泥。各种水泥的组分见表3-1。

表 3-1　通用硅酸盐水泥的组分　　　　　%

品种	代号	组分(质量分数)				
		熟料＋石膏	粒化高炉矿渣	火山灰质混合材料	粉煤灰	石灰石
硅酸盐水泥	P·Ⅰ	100	—	—	—	—
	P·Ⅱ	≥95	≤5	—	—	—
		≥95		—	—	≤5
普通硅酸盐水泥	P·O	≥80且<95	>5且≤20[a]			
矿渣硅酸盐水泥	P·S·A	≥50且<80	>20且≤50[b]	—	—	—
	P·S·B	≥30且<50	>50且≤70[b]	—	—	—
火山灰质硅酸盐水泥	P·P	≥60且<80	—	>20且≤40[c]		
粉煤灰硅酸盐水泥	P·F	≥60且<80	—		≥60且<80	
复合硅酸盐水泥	P·C	≥50且<80	>20且≤50[c]			

注：[a] 本组分材料的活性混合材料，允许用不超过水泥质量8%且符合标准的非活性混合材料或不超过水泥质量5%且符合标准的窑灰代替。

[b] 本组分材料中允许用不超过水泥质量8%且符合标准的活性混合材料、非活性混合材料或窑灰中的任一种材料代替。

[c] 本组分材料由两种(含)以上符合标准的活性混合材料或者符合标准的非活性混合材料组成，其中允许用不超过水泥质量8%且符合标准的窑灰代替。掺矿渣时混合材料掺量不得与矿渣硅酸盐水泥重复。

二、硅酸盐水泥的生产和矿物组成

硅酸盐水泥的原材料主要是石灰质原料和黏土质原料。石灰质原材料主要提供 CaO，可以采用石灰石、白垩、石灰质凝灰岩和泥灰岩等。黏土质原料主要提供 SiO_2 和 Al_2O_3 及少量的 Fe_2O_3，当 Fe_2O_3 不能满足配合料的成分要求时，需要校正原料铁粉或铁矿石来提供，有时也需要硅质校正原料，如砂岩、粉砂岩等补充 SiO_2。

硅酸盐水泥是以几种原材料按一定比例混合后磨细制成生料，然后将生料送入回转窑或立窑煅烧，煅烧后得到以硅酸钙为主要成分的水泥熟料，再与适量石膏共同磨细，最后得到硅酸盐水泥成品。概括地讲，硅酸盐水泥的主要生产工艺过程为"两磨"（磨细生料、磨细水泥）、"一烧"（生料煅烧成熟料）。

硅酸盐水泥的生产工艺流程如图 3-1 所示。

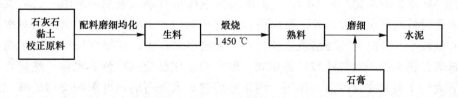

图 3-1　硅酸盐水泥的生产工艺流程

硅酸盐水泥熟料的主要矿物组成是：硅酸三钙（$3CaO·SiO_2$），简写为 C_3S；硅酸二钙（$2CaO·SiO_2$），简写为 C_2S；铝酸三钙（$3CaO·Al_2O_3$），简写为 C_3A；铁铝酸四钙（$4CaO·Al_2O_3·Fe_2O_3$），简写为 C_4AF。硅酸盐水泥熟料主要矿物及其特性见表 3-2。

表 3-2　硅酸盐水泥熟料主要矿物及其特性

矿物名称	含量/%	水化反应速率	水化放热量	强　度	耐腐蚀性
$3CaO \cdot SiO_2$	$37 \sim 60$	快	大	高	差
$2CaO \cdot SiO_2$	$15 \sim 37$	慢	小	早期低后期高	好
$3CaO \cdot Al_2O_3$	$7 \sim 15$	最快	最大	低	最差
$4CaO \cdot Al_2O_3 \cdot Fe_2O_3$	$10 \sim 18$	快	中	低	中

　　硅酸盐水泥熟料的成分中，除表 3-1 列出的主要矿物外，还有少量的游离氧化钙、游离氧化镁及杂质等，其含量一般不超过水泥质量的 10%，它们对水泥性能都会产生不利影响。

三、硅酸盐水泥的水化和硬化

1. 硅酸盐水泥的水化

硅酸盐水泥熟料加水拌和后，在常温下，四种主要熟料矿物与水反应如下。

(1)硅酸三钙(C_3S)的水化：

$$2(3CaO \cdot SiO_2)+6H_2O =\!=\!= 3CaO \cdot 2SiO_2 \cdot 3H_2O+3Ca(OH)_2 \qquad (3\text{-}1)$$

C_3S 与水作用后，反应速度较快，主要产物为水化硅酸钙($3CaO \cdot 2SiO_2 \cdot 3H_2O$)和氢氧化钠[$Ca(OH)_2$]。

(2)硅酸二钙(C_2S)的水化：

$$2(2CaO \cdot SiO_2)+4H_2O =\!=\!= 3CaO \cdot 2SiO_2 \cdot 3H_2O+Ca(OH)_2 \qquad (3\text{-}2)$$

C_2S 的水化产物与 C_3S 相同，但 C_2S 的水化速度很慢。

(3)铝酸三钙(C_3A)的水化：

$$3CaO \cdot Al_2O_3+6H_2O =\!=\!= 3CaO \cdot Al_2O_3 \cdot 6H_2O \qquad (3\text{-}3)$$

C_3A 水化速度快、放热快，其水化产物受液相 CaO 浓度和温度的影响较大，最终转化为水化铝酸钙($3CaO \cdot Al_2O_3 \cdot 6H_2O$，简化为 C_3AH_6，又称为水化石榴石)。

(4)铁铝酸四钙(C_4AF)的水化：

$$4CaO \cdot Al_2O_3 \cdot Fe_2O_3+7H_2O =\!=\!= 3CaO \cdot Al_2O_3 \cdot 6H_2O+CaO \cdot Fe_2O_3 \cdot H_2O \quad (3\text{-}4)$$

C_4AF 的水化速度比 C_3A 慢，水化热也较低，主要产物为水化铝酸钙($3CaO \cdot Al_2O_3 \cdot 6H_2O$，简化为 C_3AH_6，它与石膏反应生成 AFt 或 AFm)和水化铁酸钙($CaO \cdot Fe_2O_3 \cdot H_2O$)。

　　上述熟料矿物的水化产物不同，它们的反应速度也有很大差别，铝酸三钙的凝结速度最快，水化时放热量也最大，其主要作用是促进早期($1 \sim 3$ d)强度的增大，而对水泥石后期强度贡献较小。硅酸三钙凝结硬化较快，水化放热也较大，在凝结硬化的前 4 周内贡献最大。硅酸二钙水化产物与硅酸三钙相同，但它的水化反应速度慢，水化放热量也小，它对水泥石大约 4 周后才发挥强度作用，约 1 年后它对水泥石的强度影响类似硅酸三钙。目前，认为铁铝酸四钙对水泥石强度的贡献居中。

　　纯水泥熟料磨细后与水反应，因凝结时间很短，故不便使用。为了调节水泥的凝结硬化时间，在熟料磨细时，掺适量石膏，这些石膏与反应最快的熟料矿物铝酸三钙水化产物作用生成难溶于水的水化硫铝酸钙，其覆盖于未水化的铝酸三钙的周围，阻止继续水化，延缓水泥的凝结时间。

2. 硅酸盐水泥的硬化

硅酸盐水泥的凝结硬化过程可以分为以下过程，如图 3-2 所示。水泥加水拌和以后，水泥颗粒表面开始与水发生化学反应[图 3-2(a)]，逐渐形成水化物膜层，此时的水泥浆既具有可塑性又具有流动性[图 3-2(b)]。随着水化反应的持续进行，水化产物的膜层增多、增厚，其相互连接，形成疏松的空间网格。此时，水泥浆失去流动性和部分可塑性，但未具有强度，称为初凝[图 3-2(c)]。当水化不断深入并加速进行，生成较多的凝胶和晶体水化产物，相互贯穿使网格结构不断加强，终至浆体完全失去可塑性，并具有一定的强度时，称为终凝[图 3-2(d)]。

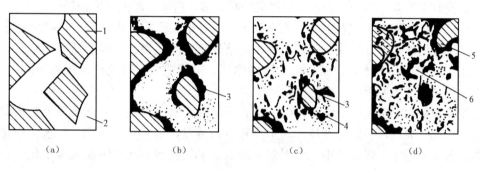

图 3-2　水泥胶凝硬化过程示意

(a)分散在水中未水化的水泥颗粒；(b)水泥颗粒表面形成水化物膜层；
(c)膜层长大并相互连接(凝结)；(d)水化物进一步发展，填充毛细孔(硬化)
1—水泥颗粒；2—水；3—凝胶；4—晶体；5—水泥颗粒的未水化内核；6—毛细孔

上述水泥的凝结硬化过程是人为划分的，实际上它是一个连续、复杂的物理化学变化过程，这些物理化学变化决定了水泥石的某些性质，并对水泥的应用具有重要意义。按照水泥硬化过程中放热率随时间变化的关系，可将水泥的凝结硬化过程分为四个主要阶段，各主要阶段的持续时间及物理化学变化特征见表 3-3。

表 3-3　水泥凝结硬化主要阶段的特征

凝结硬化阶段	一般持续时间	放热反应速度/[J·(g·h)$^{-3}$]	主要物理化学变化
初始反应期	5~10 min	168	初始溶解和水化
潜伏期	1~2 h	4.2	凝胶体膜层围绕水泥颗粒增长
凝结期	6 h	在 24 h 内逐渐增加到 21	膜层增厚，水泥颗粒进一步水化
硬化期	6 h~若干年	在 24 h 内逐渐降低到 4.2	凝胶体填充毛细孔

3. 影响硅酸盐水泥凝结硬化的因素

水泥的凝结硬化过程，也就是水泥强度的发展过程。为了正确使用水泥，并在生产中采取有效措施改善水泥的性能，必须了解影响水泥凝结硬化的因素。影响水泥凝结硬化的因素主要有如下几点：

(1)水泥熟料矿物组成。水泥熟料中各种矿物组成是影响水泥凝结硬化的内因。当水泥熟料中硅酸三钙、铝酸三钙相对含量较高时，水泥的水化反应速度快，凝结硬化速度也快，因此，改变水泥的矿物组成，其凝结硬化将产生明显的变化。

(2)水泥细度。水泥颗粒的粗细程度直接影响水泥的水化、凝结硬化。水泥颗粒粒径一般在 $7\sim200~\mu m$，水泥颗粒越细，与水接触的表面积越大，水化反应速度越快且越充分，凝结硬化越快。但水泥颗粒过细，用水量增加，硬化后水泥石中的毛细孔增多，收缩增大，反而会影响后期强度。同时，水泥颗粒太细，易与空气中的水分及二氧化碳反应，水泥不宜久存，且机械损耗加大，生产成本高。

(3)水泥浆的水胶比。拌和水泥浆时，水泥浆中水与水泥的质量之比称为水胶比。当水胶比较大时，水泥浆的可塑性好，水泥的初期水化反应得以充分进行。但当水胶比过大时，由于水泥颗粒间被水隔开的距离较远，颗粒间相互连接形成骨架结构的时间长，水泥浆凝结较慢，同时水泥浆中多余水分蒸发后形成的孔隙多，造成水泥的强度较低。

(4)环境温度和湿度。温度对水泥的凝结硬化有很大影响。提高温度，可加速水泥水化，使水泥凝结硬化速度加快；降低温度，凝结硬化速度减慢。当温度低于 $0~℃$ 时，凝结硬化停止，强度不仅不增长，而且由于冻融作用，可能造成已硬化的水泥石破坏。因此，混凝土工程冬期施工要采取一定的保温措施。

湿度是保证水泥水化、凝结硬化的一个必要条件。水泥的凝结硬化实质上是水泥的水化过程。因此，周围环境的湿度越大，水分越不易蒸发，水泥水化越充分，水泥硬化后强度越高；若水泥处于干燥环境中，水泥浆中的水分蒸发将导致水泥不能充分水化、强度不再增长，严重的还会导致水泥石或混凝土表面产生干缩裂缝。所以混凝土浇筑后应在 $2\sim3$ 周内洒水养护，来保证水化时所必需的水分。

(5)龄期。龄期是指水泥在正常养护条件下经历的时间。水泥水化是由表及里逐步深入进行的。随着时间的延续，水泥的水化程度不断增加。因此，龄期越长，水泥石的强度越高。在适宜的环境中，随着水泥颗粒内各熟料矿物水化程度的提高，水泥石的强度增长最为迅速，水化 $7~d$ 强度可达到 $28~d$ 的 70% 左右，$28~d$ 以后的强度增长减缓。

(6)石膏掺量。石膏掺入水泥中的目的是调节水泥的凝结时间，同时由于钙矾石的生成，还能改善水泥石的早期强度。需要注意的是，如过多掺入石膏，不仅不能起到缓凝作用，还会在后期引起水泥石膨胀开裂。因此，石膏的掺量应适宜，一般掺量占水泥质量的 $3\%\sim5\%$。

四、硅酸盐水泥的技术性质

《通用硅酸盐水泥》(GB 175—2007)对水泥的技术性质要求做了如下规定。

1. 细度

水泥的细度是指水泥颗粒的粗细程度。水泥细度的评定可采用筛分析法和比表面积法。筛分析法是用 $80~\mu m$ 的方孔筛对水泥试样进行筛分试验，用筛余百分数表示。比表面积法是指单位质量的水泥颗粒所具有的总表面积，用 m^2/kg 表示，水泥颗粒越细，比表面积越大。水泥细度对水泥的性质影响很大。水泥颗粒越细，与水反应的表面积越大，水化反应速度越快，早期强度越高；但在空气中的硬化收缩越大，成本也越

视频：水泥细度试验

高。水泥颗粒越粗，则越不利于水泥活性的发挥，且硬化后强度越低。因此，水泥颗粒粗细应适中，国家标准规定硅酸盐水泥的细度用比表面积法表示，硅酸盐水泥比表面积应大于 $300~m^2/kg$，凡细度不符合规定的为不合格水泥。

2. 凝结时间

水泥的凝结时间分为初凝时间和终凝时间。初凝时间是指从水泥加水拌和起，到水泥浆开始失去可塑性止所需的时间。终凝时间为从水泥加水拌和起，到水泥浆完全失去可塑性、产生强度所需的时间。

水泥的凝结时间在工程施工中有重要意义。初凝时间不宜过短，以便有足够的时间对混凝土进行搅拌、运输、浇筑和振捣。若施工完毕，则要求混凝土尽快硬化，产生强度，以利于下一步施工工作的进行，所以，水泥的终凝时间不宜过长。

国家标准规定，硅酸盐水泥的初凝时间不得小于 45 min，终凝时间不得大于 6.5 h。凡初凝时间不符合规定的为废品，终凝时间不符合规定的为不合格品。

3. 标准稠度及标准稠度用水量

在进行水泥的凝结时间、体积安定性等测定时，为了使所测的结果有可比性，要求采用标准稠度水泥净浆。水泥净浆达到标准稠度时所需的加水量即标准稠度用水量，以水占水泥质量的百分数表示，用标准维卡仪测定。各种水泥的矿物成分、细度不同，拌和成标准稠度时的用水量也各不相同，水泥的标准稠度用水量一般为 24%～33%。

4. 体积安定性

水泥体积安定性是指水泥在凝结硬化过程中体积变化是否均匀。如果水泥在硬化过程中产生不均匀的体积变化，即安定性不良。使用安定性不良的水泥，水泥制品表面将鼓包、起层、产生膨胀性的龟裂等，强度降低，甚至引起严重的工程质量事故。

水泥体积安定性不良是由熟料中含有过多的游离氧化钙、游离氧化镁或掺入的石膏过量等原因所造成的。

熟料中所含的游离 CaO 和 MgO 均属过烧，水化速度很慢，在已硬化的水泥石中继续与水反应，体积膨胀，引起不均匀的体积变化，在水泥石中产生膨胀应力，降低了水泥石强度，造成水泥石龟裂、弯曲、崩溃等现象。其反应式如下：

$$CaO + H_2O \longrightarrow Ca(OH)_2 \tag{3-5}$$

$$MgO + H_2O \longrightarrow Mg(OH)_2 \tag{3-6}$$

若水泥生产中掺入的石膏过多，在水泥硬化以后，石膏还会继续与水化铝酸钙起反应，生成水化硫铝酸钙，体积约增大 1.5 倍，同样引起水泥石开裂。

国家标准规定用沸煮法来检验水泥的体积安定性。测试方法为雷氏法，也可以用试饼法检验。在有争议时以雷氏法为准。试饼法是用标准稠度的水泥净浆做成试饼，经恒沸 3 h 以后用肉眼观察未发现裂纹，用直尺检查没有弯曲，则安定性合格；反之，为不合格。雷氏法是通过测定雷氏夹中的水泥浆经沸煮 3 h 后的膨胀值来判断的，当两个试件沸煮后膨胀值的平均值不大于 5.0 mm 时，该水泥安定性合格；反之，为不合格。沸煮法起加速氧化钙水化的作用，所以只能检验游离的 CaO 过多引起的水泥体积安定性不良。

游离 MgO 的水化作用比游离 CaO 更加缓慢，必须用压蒸方法才能检验出它是否有危害作用。石膏的危害则需长期浸在常温水中才能发现。

因为 MgO 和石膏的危害作用不便于快速检验，所以，国家标准规定：水泥出厂时，硅酸盐水泥中 MgO 的含量不得超过 5.0%，如经压蒸安定性检验合格，则允许放宽到 6.0%。硅酸盐水泥中 SO_3 的含量不得超过 3.5%。

5. 强度及强度等级

强度是水泥力学性质的一项重要技术指标，是确定水泥强度等级的依据。根据《水泥胶砂强度检验方法(ISO法)》(GB/T 17671—1999)的规定,以水泥和标准砂比为1:3,水胶比为0.5,用标准制作方法制成40 mm×40 mm×160 mm的标准试件,在标准养护条件下,测其3 d和28 d的抗压强度和抗折强度,将硅酸盐水泥分为42.5、42.5R、52.5、52.5R、62.5、62.5R六个强度等级,根据早期强度,有普通型和早强型(R)两种类型。各龄期的强度值不得低于表3-4中规定的数值。水泥强度不满足要求的为不合格品。

表3-4 通用硅酸盐水泥各龄期的强度要求

品种	强度等级	抗压强度/MPa		抗折强度/MPa	
		3 d	28 d	3 d	28 d
硅酸盐水泥	≥42.5	≥17.0	≥42.5	≥3.5	≥6.5
	≥42.5R	≥22.0		≥4.0	
	≥52.5	≥23.0	≥52.5	≥4.0	≥7.0
	≥52.5R	≥27.0		≥5.0	
	≥62.5	≥28.0	≥62.5	≥5.0	≥8.0
	≥62.5R	≥32.0		≥5.5	
普通硅酸盐水泥	≥42.5	≥17.0	≥42.5	≥3.5	≥6.5
	≥42.5R	≥22.0		≥4.0	
	≥52.5	≥23.0	≥52.5	≥4.0	≥7.0
	≥52.5R	≥27.0		≥5.0	
矿渣硅酸盐水泥 火山灰质硅酸盐水泥 粉煤灰硅酸盐水泥	≥32.5	≥10.0	≥32.5	≥2.5	≥5.5
	≥32.5R	≥15.0		≥3.5	
	≥42.5	≥15.0	≥42.5	≥3.5	≥6.5
	≥42.5R	≥19.0		≥4.0	
	≥52.5	≥21.0	≥52.5	≥4.0	≥7.0
	≥52.5R	≥23.0		≥4.5	
复合硅酸盐水泥	≥42.5	≥15.0	≥42.5	≥3.5	≥6.5
	≥42.5R	≥19.0		≥4.0	
	≥52.5	≥21.0	≥52.5	≥4.0	≥7.0
	≥52.5R	≥23.0		≥4.5	

6. 水化热

水化热是指水泥在水化过程中放出的热量。水泥的水化热大部分在3~7 d内放出,7 d内放出的热量可达总放出热量的80%左右。水化热的大小主要与水泥熟料的矿物组成和细度有关,若水泥熟料中硅酸三钙和铝酸三钙的含量高,水泥细度小,则水化热大。

水化热在混凝土工程中,既有有利的影响,也有不利的影响。水化热较大的水泥有利于冬期施工,但对大体积混凝土工程(如大坝、大型基础、桥墩等)不利。这是由于水泥水化释放的热量积聚在混凝土的内部不易散发,常使内部温度高达50 ℃~60 ℃,而混凝土表面散热很快,内、外形成过大的温差引起的应力会使混凝土产生裂缝。因此,在大体积混凝土中不宜采用水化热较大的硅酸盐水泥,应采用水化热较小的水泥,或采取其他降温措施。

7. 密度和堆积密度

硅酸盐水泥的密度一般为 $3.1 \sim 3.2$ g/cm³。硅酸盐水泥的堆积密度除与矿物组成和细度有关外,主要取决于水泥堆积时的紧密程度,疏松堆积时为 $900 \sim 1\ 300$ kg/m³。在混凝土配合比设计中,通常取水泥的密度为 3.1 g/cm³,堆积密度为 $1\ 300$ kg/m³。

五、硅酸盐水泥的腐蚀及预防措施

(一)硅酸盐水泥的腐蚀

硬化水泥石在通常条件下具有较好的耐久性,但在某些含腐蚀性物质的介质中,有害介质会侵入水泥石内部,使硬化的水泥石结构遭到破坏,强度降低,最终甚至造成建筑物的破坏,这种现象称为水泥石的腐蚀。它对水泥耐久性影响较大,必须采取有效措施予以防止。

1. 软水侵蚀

工业冷凝水、雪水、雨水、蒸馏水及含碳量较少的河水与湖水等均属于软水。在静水或无水压的水中,软水的侵蚀仅限于表面,影响不大。但在流动的软水作用下,水泥石中的 $Ca(OH)_2$ 将不断溶解流失,使水泥石的碱度降低,同时,水泥的水化产物必须在一定的碱性环境中才能稳定,$Ca(OH)_2$ 的溶出又导致其他水化产物分解,最终使水泥石遭到破坏。

当水中含有较多的重碳酸盐时,重碳酸盐会与水泥石中的 $Ca(OH)_2$ 发生反应,生成不溶于水的碳酸钙,阻止外界水分的侵入和氢氧化钙的析出。所以,含有较多的重碳酸盐的水,一般不会对水泥石造成溶出性腐蚀。因此,对需与软水接触的混凝土构件,应预先在空气中放置一段时间,使水泥石中的 $Ca(OH)_2$ 与空气中的 CO_2 作用形成碳酸钙外壳,则可对溶出性腐蚀起到一定的抑制作用。

2. 酸类侵蚀

溶解于水中的酸类和盐类可以与水泥石中的氢氧化钙发生置换反应,生成易溶性盐或无胶结能力的物质,使水泥石的结构破坏。

(1)碳酸的侵蚀。在工业污水、地下水中常溶解有较多的二氧化碳,当含量超过一定值时,将对水泥石造成破坏。这种碳酸水对水泥石的侵蚀作用反应式如下:

$$Ca(OH)_2 + CO_2 + H_2O \Longrightarrow CaCO_3 + 2H_2O \tag{3-7}$$

生成的碳酸钙再与含碳酸的水作用转变成重碳酸钙,此反应为可逆反应,其反应式如下:

$$CaCO_3 + CO_2 + H_2O \Longrightarrow Ca(HCO_3)_2 \tag{3-8}$$

生成的碳酸氢钙溶解度大,易溶于水。由于碳酸氢钙的溶失以及水泥石中其他产物的分解,故使水泥石结构遭到破坏。

(2)一般酸的侵蚀。工业污水、地下水中常含有多种无机酸和有机酸,各种酸类会对水泥石造成不同程度的损害。无机酸中的盐酸、硝酸、硫酸、氢氟酸和有机酸中的醋酸、蚁酸、乳酸对水泥石的腐蚀尤为严重。以盐酸、硫酸与水中的 $Ca(OH)_2$ 作用为例,其反应式如下:

$$Ca(OH)_2 + 2\ HCl \Longrightarrow CaCl_2 + 2H_2O \tag{3-9}$$

硫酸与水泥石中的 $Ca(OH)_2$ 作用,其反应式如下:

$$Ca(OH)_2 + H_2SO_4 \Longrightarrow CaSO_4 \cdot 2H_2O \tag{3-10}$$

反应生成的 $CaCl_2$ 易溶于水,生成二水石膏($CaSO_4 \cdot 2H_2O$)结晶膨胀,将导致水泥石被破坏,而且会进一步引起硫酸盐的侵蚀。

3. 盐类侵蚀

(1)硫酸盐侵蚀。在海水、地下水中含有钾、钠、氨的硫酸盐,与水泥石中的 $Ca(OH)_2$ 反应生成硫酸钙,硫酸钙再与水泥石中的固态水化铝酸钙作用生成高硫型水化硫铝酸钙,其反应式如下:

$$3CaO \cdot Al_2O_3 \cdot 6H_2O + 3(CaSO_4 \cdot 2H_2O) + 19H_2O = 3CaO \cdot Al_2O_3 \cdot 3CaSO_4 \cdot 31H_2O$$

$$(3\text{-}11)$$

生成的高硫型水化硫铝酸钙含大量结晶水,体积膨胀 1.5 倍以上,在水泥石中会造成极大的膨胀性破坏。

(2)镁盐侵蚀。在海水和地下水中常含有大量的镁盐,主要是硫酸镁和氯化镁。它们与水泥石中的 $Ca(OH)_2$ 起置换反应,其反应式如下:

$$Ca(OH)_2 + MgSO_4 + 2H_2O = CaSO_4 \cdot 2H_2O + Mg(OH)_2 \quad (3\text{-}12)$$

$$Ca(OH)_2 + MgCl_2 = CaCl_2 + Mg(OH)_2 \quad (3\text{-}13)$$

反应生成的 $Mg(OH)_2$ 松软而无胶结能力,$CaSO_4 \cdot 2H_2O$ 和 $CaCl_2$ 易溶于水,而 $CaSO_4 \cdot 2H_2O$ 还会进一步引起硫酸盐膨胀性破坏。因此,硫酸镁对水泥石起着镁盐和硫酸盐的双重侵蚀作用。

4. 强碱侵蚀

碱类溶液如浓度不大,一般是无害的,但铝酸盐含量较高的硅酸盐水泥遇到强碱(如氢氧化钙)作用时也会被破坏。氢氧化钠与水泥熟料中未水化的铝酸盐作用,生成易溶的铝酸钠。其反应式如下:

$$3CaO \cdot Al_2O_3 + 6NaOH = 3Na_2O \cdot Al_2O_3 + 3Ca(OH)_2 \quad (3\text{-}14)$$

当水泥石被氢氧化钠溶液浸透后又在空气中干燥,与空气中的二氧化碳作用生成碳酸钠,碳酸钠在水泥石毛细孔中结晶沉淀,可导致水泥石胀裂。

(二)硅酸盐水泥腐蚀的预防措施

水泥石腐蚀实际上是一个极其复杂的物理化学作用过程,常常是几种作用同时存在、相互影响。引起水泥石腐蚀的外在因素是侵蚀性介质,内在因素主要有两个:一是水泥石中存在易引起腐蚀的成分,如氢氧化钙、水化铝酸钙等;二是水泥石本身不密实,使侵蚀性介质易进入内部引起破坏。预防水泥石腐蚀可采取以下措施:

(1)根据侵蚀环境特点,合理选用水泥品种。例如,在软水侵蚀条件的工程中,选用水化生成物中 $Ca(OH)_2$ 含量少的水泥。为了抵抗硫酸盐侵蚀,可选用铝酸三钙含量低于 5% 的抗硫酸盐水泥等。

(2)提高水泥石的密实度,降低孔隙率。为了使有害物质不易渗入内部,水泥石中的孔隙率越小越好。为了提高水泥混凝土的密实度,应合理设计混凝土的配合比,采用低水胶比,并选择最优的施工方法。另外,还可采取适当措施,如机械搅拌、振捣等,以提高水泥石密实度,改善水泥石的耐腐蚀性。

(3)加做保护层。用耐腐蚀的石料、陶瓷、塑料、沥青等覆盖于水泥石的表面,以防止侵蚀性介质与水泥石直接接触,达到抗侵蚀的目的。

六、硅酸盐水泥的应用

水泥在运输和保管期间，不得受潮和混入杂质，不同品种和等级的水泥应分别储运，不得混杂。散装水泥应由专用运输车直接卸入现场贮仓，分别存放。袋装水泥堆放高度一般不超过 10 袋，存放期一般不超过 3 个月，超过 6 个月的水泥必须经过试验才能使用。

(1)硅酸盐水泥凝结硬化速度快，早期强度与后期强度均高，适用于重要结构的高强度混凝土和预应力混凝土工程。

(2)耐冻性、耐磨性好，适用于冬期施工及严寒地区遭受反复冻融的工程。

(3)水化过程放热量大，不宜用于大体积混凝土工程。

(4)耐腐蚀差。硅酸盐水泥水化产物中，$Ca(OH)_2$ 的含量较多，耐软水腐蚀和耐化学腐蚀性较差，不适用于受流动的或有水压的软水作用的工程，也不适用于受海水及其他腐蚀介质作用的工程。

(5)耐热性差。硅酸盐水泥石受热到 200 ℃～300 ℃时水化物开始脱水，强度开始下降。当温度达到 500 ℃～600 ℃时氢氧化钙分解，强度明显下降；当温度达到 700 ℃～1 000 ℃时，强度降低更多，甚至完全遭到破坏。因此，硅酸盐水泥不适用于耐热要求较高的工程。

(6)抗碳化性好、干缩小。水泥中的 $Ca(OH)_2$ 与空气中的 CO_2 的作用称为碳化。由于水泥石中的 $Ca(OH)_2$ 含量多，抗碳化性好，因此，用硅酸盐水泥配制的混凝土对钢筋避免生锈的保护作用强。硅酸盐水泥的干燥收缩小，不易产生干缩裂纹，适用于干燥的环境。

第二节　掺混合材料的硅酸盐水泥

一、混合材料

在水泥厂磨制水泥或预制构件厂、混凝土工厂、工地现场拌制混凝土或砂浆时，掺入磨细的天然或人工矿物质，称为混合材料。

混合材料按其性能可分为活性混合材料和非活性混合材料两大类。

(一)活性混合材料

1. 活性混合材料的种类

常温下能与氢氧化钙和水发生水化反应，生成水硬性水化产物，并能逐渐凝结硬化产生强度的混合材料称为活性混合材料。活性混合材料的主要作用是改善水泥的某些性能，还具有扩大水泥强度等级范围、降低水化热、增加产量和降低成本的作用。

活性混合材料本身没有水硬性或水硬性很弱，但在石灰或石灰与石膏共同作用下则具有较强的水硬性。常用的活性混合材料有粒化高炉矿渣、火山灰质混合材料及粉煤灰等。

(1)粒化高炉矿渣。粒化高炉矿渣是高炉炼铁的熔融矿渣，经水或水蒸气急冷处理所得到的粒径为 0.5～5 mm 的疏松多孔的颗粒材料，也称为水淬矿渣。急冷处理的目的是使其形成玻璃体，从而具有较高的潜在活性。如熔融矿渣任其自然冷却，凝固后呈结晶态，活性很小，属非活性混合材料。矿渣中的活性成分主要是活性氧化铝和活性氧化硅，在激发剂的作用下，它们在常温下与氢氧化钙反应产生强度。

（2）火山灰质混合材料，泛指以活性氧化硅及活性氧化铝为主要成分的活性混合材料，是具有火山灰性质的天然或人工的矿物质材料。火山灰质混合材料种类较多，天然的有火山灰、凝灰岩、浮石、沸石岩、硅藻土和硅藻石；人工的有煤矸石、烧页岩、烧黏土、炉渣、硅质渣等。火山灰质混合材料结构上的特点是疏松多孔，内比表面积大，易反应。

（3）粉煤灰。粉煤灰是燃煤电厂煤粉炉烟道中收集的灰分，以二氧化硅和氧化铝为主要成分，含少量氧化钙，具有火山灰性。实际上它也属于火山灰质混合材料，故其水硬性原理与火山灰质混合材料相同。一般而言，粉煤灰的含碳量越低，细颗粒含量越多，其质量越好。粉煤灰是一种优良的活性混合材料，可不经磨细直接掺入水泥或混凝土，而且它的综合利用又具有重要的技术经济意义。

2. 活性混合材料的水化

粒化高炉矿渣、火山灰质混合材料和粉煤灰属于活性混合材料，它们与水拌和后不发生水化及凝结硬化（仅粒化高炉矿渣有微弱的水化反应）。但在氢氧化钙饱和溶液中，常温下却会发生显著的水化反应，其反应式如下：

$$xCa(OH)_2 + SiO_2 + mH_2O \rightarrow xCaO \cdot SiO_2 \cdot (x+m)H_2O \tag{3-15}$$

$$yCa(OH)_2 + Ai_2O_3 + nH_2O \rightarrow yCaO \cdot Ai_2O_3 \cdot (y+n)H_2O \tag{3-16}$$

生成的水化硅酸钙和水化铝酸钙是具有水硬性的水化物。式中 x、y 值取决于混合材料的种类，石灰和活性 SiO_2 及活性 Al_2O_3 之间的比例，环境温度及作用的时间等。对于掺常用混合材料的硅酸盐水泥，x、y 值一般为 1 或稍大于 1，即生成的水化物的碱度降低（与硅酸盐水泥水化物相比），为低碱性的水化物。

活性 SiO_2 和 $Ca(OH)_2$ 相互作用形成无定型水化硅酸钙，再经过较长一段时间后，逐渐转变为凝胶或微晶体。

活性 Al_2O_3 与 $Ca(OH)_2$ 作用形成水化铝酸钙。当液相中有石膏存在时，水化铝酸钙与石膏反应生成水化硫铝酸钙。

可以看出，氢氧化钙和石膏的存在使活性混合材料的潜在活性得以发挥。它们起着激发水化、促进凝结硬化的作用，故称为活性混合材料的激发剂。常用的激发剂有碱性激发剂（如石灰）和硫酸盐激发剂（如石膏）两类。

掺活性混合材料的水泥与水拌和后，首先是水泥熟料水化，然后是水泥熟料的水化物 $Ca(OH)_2$ 与活性混合材料中的 SiO_2 及 Al_2O_3 进行水化反应（一般称为二次水化反应）。因此，掺混合材料的硅酸盐水泥水化速度减慢、水化热降低、早期强度降低。

（二）非活性混合材料

常温下不能与氢氧化钙和水发生水化反应或反应很小，也不能产生凝结硬化的混合材料称为非活性混合材料。它在水泥中主要起填充作用，如扩大水泥强度等级范围、降低水化热、增加产量、降低成本等。

常用的非活性混合材料主要有质地坚实的石灰岩、石英岩、砂岩等磨成的细粉，质地松软的黏土，自然冷却的矿渣等。另外，凡不符合技术要求的粒化高炉矿渣、火山灰质混合材料及粉煤灰等均可作为非活性混合材料使用。

二、普通硅酸盐水泥

普通硅酸盐水泥由硅酸盐水泥熟料、5％～20％的活性混合材料和适量石膏磨细而成，代号为 P·O。掺活性混合材料时，允许用不超过水泥质量 5％的窑灰或不超过水泥质量 8％的非活性混合材料来代替，掺非活性混合材料时，最大掺量不得超过水泥质量的 10％。

普通水泥由于掺加混合材料的数量少，性质与不掺混合材料的硅酸盐水泥相近。普通水泥分为 42.5、42.5R、52.5、52.5R 四个强度等级，各强度等级在规定龄期的抗压和抗折强度符合表 3-5 的规定。

表 3-5 普通硅酸盐水泥各龄期强度表

品种	强度等级	抗压强度/MPa		抗折强度/MPa	
		3 d	28 d	3 d	28 d
普通硅酸盐水泥	42.5	≥17.0	≥42.5	≥3.5	≥6.5
	42.5R	≥22.0		≥4.0	
	52.5	≥23.0	≥52.5	≥4.0	≥7.0
	52.5R	≥27.0		≥5.0	

普通水泥是在硅酸盐水泥熟料的基础上掺入 15％以内的混合材料，虽然掺入的数量不多，但扩大了强度等级范围，对硅酸盐水泥的性能有一定的改善，更利于工程的选用。与硅酸盐水泥相比，早期硬化稍慢，水化热略有降低，强度稍有下降；抗冻性、耐磨性、抗碳化性能略有降低；耐腐蚀性能稍好。普通水泥比硅酸盐水泥应用范围更广，目前是我国最常用的一种水泥，广泛用于各种工程建设中。

三、矿渣硅酸盐水泥、火山灰质硅酸盐水泥、粉煤灰硅酸盐水泥

(一)定义与组成

1. 矿渣硅酸盐水泥

凡是由硅酸盐水泥熟料和粒化高炉矿渣及适量石膏磨细制成的水硬性凝聚材料，称为矿渣硅酸盐水泥，简称矿渣水泥，代号为 P·S。水泥中粒化高炉矿渣掺量按质量百分比为 20％～70％，允许用石灰石、窑灰、粉煤灰和火山灰质混合材料中的一种材料代替矿渣，代替数量不得超过水泥质量的 8％，且水泥中粒化高炉矿渣不得少于 20％。

矿渣硅酸盐水泥水化作用分两部分进行：一部分是硅酸盐水泥熟料与石膏的水化作用，生成 $Ca(OH)_2$、水化硅酸钙、水化铝酸钙及水化硫铝酸钙等；另一部分是矿渣的水化，熟料矿物水化析出的 $Ca(OH)_2$ 与矿渣中的活性 SiO_2 和 Al_2O_3 作用生成水化硅酸钙、水化铝酸钙等。

矿渣硅酸盐水泥中的石膏，一方面可以调节水泥的凝结时间；另一方面又是矿渣的激发剂，与水化铝酸钙相结合，生成水化硫铝酸钙。因此，在矿渣硅酸盐水泥中，石膏掺量可以比硅酸盐水泥中多一些，但 SO_3 的含量也不得超过 4％。

2. 火山灰质硅酸盐水泥

凡由硅酸盐水泥熟料和火山灰质混合材料、适量石膏磨细制成的水硬性胶凝材料称为

火山灰质硅酸盐水泥，简称火山灰水泥，代号为 P·P。水泥中火山灰质混合材料掺量按质量百分比计为 20%～50%。

3. 粉煤灰硅酸盐水泥

凡由硅酸盐水泥熟料和粉煤灰、适量石膏磨细制成的水硬性胶凝材料称为粉煤灰硅酸盐水泥，简称粉煤灰水泥，代号为 P·F。水泥中粉煤灰的掺量按质量百分比计为 20%～40%。

（二）技术要求

（1）细度。80 μm 的方孔筛筛余不得超过 10% 或 45 μm 的方孔筛筛余不得超过 30%。

（2）凝结时间。初凝时间不得小于 45 min，终凝时间不得大于 10 h。

（3）体积安定性。沸煮法安定性必须合格。

（4）氧化镁、三氧化硫含量。熟料中氧化镁的含量不宜超过 5%，如果水泥经压蒸安定性试验合格，则熟料中氧化镁含量允许放宽到 6%。矿渣水泥中的三氧化硫含量不得超过 4%；火山灰质硅酸盐水泥和粉煤灰硅酸盐水泥中的三氧化硫含量不得超过 3.5%。

（5）强度等级。这三种水泥的强度等级按 3 d 和 28 d 的抗折强度、抗压强度来划分，可分为 32.5、32.5R、42.5、42.5R、52.5、52.5R 六个强度等级。

（三）性能及应用

火山灰质硅酸盐水泥、粉煤灰硅酸盐水泥和矿渣硅酸盐水泥都是在硅酸盐水泥熟料的基础上加入大量活性混合材料再加适量石膏磨细而制成的，所加活性混合材料在化学组成与化学活性上基本相同，在性质和应用上有很多共同点，如早期强度发展慢、后期强度增长快、水化热小、耐腐蚀性好、温湿度敏感性强、抗碳化能力差、抗冻性差等。但由于每种水泥所加入混合材料的种类和掺量不同，因此，也各有其特点。

（1）火山灰质硅酸盐水泥抗渗性好。因为火山灰颗粒较细、比表面积大，可使水泥石结构密实，又因在潮湿环境下使用，水化中产生较多的水化硅酸钙可增加结构致密程度，因此，火山灰质硅酸盐水泥适用于有抗渗要求的工程。但在干燥、高温的环境中，与空气中的二氧化碳接触使硅酸钙分解成碳酸钙和氧化硅，易产生"起粉"现象。因此，其不宜用于干燥环境中的工程，也不宜用于有抗冻和耐磨要求的混凝土工程。

（2）粉煤灰硅酸盐水泥干缩较小，抗裂性高。粉煤灰颗粒多呈球形玻璃体结构，比较稳定，表面又相当致密，吸水性小，不易水化，因而粉煤灰硅酸盐水泥干缩较小、抗裂性高、用其配制的混凝土和易性好，但其早期强度较其他掺混合材料的水泥低。所以，粉煤灰硅酸盐水泥适用于承受荷载较迟的工程，尤其适用于大体积水利工程。

（3）矿渣硅酸盐水泥耐热性更好。因矿渣本身有一定的耐高温性，且硬化后水泥石中的氢氧化钙含量少，所以，矿渣水泥适用于高温环境。如轧钢铸造等高温车间的高温窑炉基础及温度达到 300 ℃～400 ℃ 的热气体通道等耐热工程。

四、复合硅酸盐水泥

凡由硅酸盐水泥熟料、两种或两种以上规定的混合材料，适量石膏磨细制成的水硬性凝聚材料，称为复合硅酸盐水泥，简称复合水泥，代号为 P·C。水泥中混合材料总掺量按质量百分比应大于 15%，但不超过 50%。水泥中允许用不超过 8% 的窑灰代替部分混合材料，掺矿渣时混合材料掺量不得与矿渣水泥重复。

国标规定复合硅酸盐水泥氧化镁含量、三氧化硫含量、细度、凝结时间和安定性等指标与矿渣硅酸盐水泥、火山灰质硅酸盐水泥、粉煤灰硅酸盐水泥的技术要求相同。复合硅酸盐水泥强度等级划分为 42.5、42.5R、52.5、52.5R 四个强度等级，各龄期的强度等级值不得低于表 3-6 的要求。

由于复合硅酸盐水泥中掺入了两种或两种以上的混合材料，因此可以明显改善水泥的性能，克服了掺单一混合水泥的弊病，有利于施工。复合硅酸盐水泥的性能一般受所用混合材料的种类、掺量及比例的影响，早期强度高于矿渣硅酸盐水泥、火山灰质硅酸盐水泥、粉煤灰硅酸盐水泥，其性能与矿渣硅酸盐水泥、火山灰质硅酸盐水泥、粉煤灰硅酸盐水泥相似，因而适用范围较广。硅酸盐系水泥的性能见表 3-6。

表 3-6 通用硅酸盐系水泥的技术性能

项目		硅酸盐水泥		普通硅酸盐水泥	矿渣硅酸盐水泥	火山灰质硅酸盐水泥	粉煤灰硅酸盐水泥	复合硅酸盐水泥
		P·I	P·II	P·O	P·S·A P·S·B	P·P	P·F	P·C
不溶物含量		≤0.75%	≤1.50%	—				
烧失量		≤3.0%	≤3.5%	≤5.0%	—			
细度		比表面积>300 m²/kg		80 μm 方孔筛的筛余量<10%				
初凝时间		>45 min						
终凝时间		<390 min		<10 h				
MgO 含量		水泥中，≤5.0%，蒸压安定性试验合格≤6.0%						
		熟料中，≤5.0%，蒸压安定性试验合格≤6.0%						
SO₃ 含量		≤3.5%			4.0%	≤3.5%		
安定性		沸煮法合格						
强度		各强度等级水泥的各龄期强度不得低于各标准规定的数值						
碱含量		≤0.60%或商定			商定			
组成	组成	熟料 0~5%混合材料石膏		熟料 6%~15%混合材料石膏	熟料 20%~70% 矿渣石膏	熟料 20%~50% 火山灰石膏	熟料 20%~40% 粉煤灰石膏	熟料 15%~50 混合材料石膏
	区别	无或很少混合材料		少量混合材料	多量活性混合材料			多量混合材料
					矿渣	火山灰	粉煤灰	两种或两种以上
性能		凝结硬化快，早期、后期强度高，水化热大，放热快，抗冻性好，耐磨性好，抗碳化性好，干缩小，耐腐蚀性差，耐热性差		基本同硅酸盐水泥。早期强度、水化热、抗冻性、耐磨性和抗碳化性略有降低，耐腐蚀性、耐热性略有提高	凝结硬化较慢，早期强度低，后期强度高		早期强度较高	
					温度敏感性好、水化热低、耐腐蚀性好、抗冻性差、耐磨性差、抗碳化性差			
					耐热性好、泌水性大、大抗渗较好、干缩较大	保水性好、抗渗好、干缩大	干缩小、抗裂性好、泌水性大、抗渗较好	与掺入种类比较有关

第三节 铝酸盐水泥

一、铝酸盐水泥的组成与分类

凡以铝酸钙为主的铝酸盐水泥熟料。磨细制成的水硬性胶凝材料称为铝酸盐水，代号为 CA。铝酸盐水泥的主要原料是矾土（铝土矿）和石灰石，矾土提供 Al_2O_3，石灰石提供 CaO。铝酸盐水泥是一类快硬、高强、耐腐蚀、耐热的水泥，又称为高铝水泥。

我国铝酸盐水泥按 Al_2O_3 含量分为四类，分类及化学成分范围见表 3-7。

表 3-7 铝酸盐水泥类型及化学成分范围

类型	Al_2O_3 含量	SiO_2 含量	Fe_2O_3 含量	碱含量 $[w(Na_2O)+0.658w(K_2O)]$	S(全硫)含量	Cl^- 含量
CA50	≥50 且<60	≤9.0	≤3.0	≤0.50	≤0.2	≤0.06
CA60	≥60 且<68	≤5.0	≤2.0	≤0.40	≤0.1	
CA70	≥68 且<77	≤1.0	≤0.7			
CA80	≥77	≤0.5	≤0.5			

铝酸盐水泥的主要化学成分是 CaO、Al_2O_3、SiO_2，主要矿物成分是铝酸一钙（$CaO \cdot Al_2O_3$ 简写为 CA）、二铝酸一钙（$CaO \cdot 2Al_2O_3$，简写为 CA_2）、七铝酸十二钙（$C_{12}A_7$）。另外，还有少量的其他铝酸盐和硅酸二钙。

铝酸一钙是铝酸盐水泥的最主要矿物，含量占 $40\%\sim50\%$，具有很高的活性，其特点是凝结正常、硬化迅速，是铝酸盐水泥强度的主要来源。二铝酸一钙含量占 $20\%\sim35\%$，凝结硬化慢，早期强度低，但后期强度较高。

二、铝酸盐水泥的技术指标

(1)细度。比表面积不小于 $300~m^2/kg$ 或 $0.045~mm$，筛余不大于 20%，发生争议时以比表面积为准。

(2)凝结时间。CA50、CA70、CA80 初凝时间不得早于 $30~min$，终凝时间不得迟于 $6~h$；CA60 的初凝时间不得早于 $60~min$，终凝时间不得迟于 $18~h$。

(3)强度。各类型水泥各龄期强度值不得低于表 3-8 中规定的数值。

表 3-8 铝酸盐水泥各龄期强度值

类型		抗压强度				抗折强度			
		6 h	1 d	3 d	28 d	6 h	1 d	3 d	28 d
CA50	CA50-Ⅰ	≥20*	≥40	≥50	—	≥3*	≥5.5	≥6.5	—
	CA50-Ⅱ		≥50	≥60	—		≥6.5	≥7.5	—
	CA50-Ⅲ		≥60	≥70	—		≥7.5	≥8.5	—
	CA50-Ⅳ		≥70	≥80	—		≥8.5	≥9.5	—

类型		抗压强度				抗折强度			
		6 h	1 d	3 d	28 d	6 h	1 d	3 d	28 d
CA50	CA60-Ⅰ	—	≥65	≥85	—	—	≥7.0	≥10.0	—
	CA60-Ⅱ	—	≥20	≥45	≥85	—	≥2.5	≥5.0	≥10.0
CA70		—	≥30	≥40		—	≥5.0	≥6.0	
CA80		—	≥25	≥30	—	—	≥4.0	≥5.0	—
注＊用户要求时，生产厂家应提供试验结果									

三、铝酸盐水泥的水化与硬化

铝酸一钙是铝酸盐水泥的主要矿物成分，其水化硬化情况对水泥的性质起着主导作用。铝酸一钙水化极快，其水化反应及产物随温度变化有很大变化。一般研究认为不同温度下，铝酸一钙水化反应有以下形式。

（1）当温度在＜20 ℃时：

$$CaO \cdot Al_2O_3 + 10H_2O = CaO \cdot Al_2O_3 \cdot 10H_2O \qquad (3-17)$$

（2）当温度在 20 ℃～30 ℃时：

$$3(CaO \cdot Al_2O_3) + 21H_2O = CaO \cdot Al_2O \cdot 10H_2O + 2CaO \cdot Al_2O_3 \cdot 8H_2O + Al_2O_3 \cdot 3H_2O$$
$$\qquad (3-18)$$

（3）当温度＞30 ℃时：

$$3(CaO \cdot Al_2O_3) + 12H_2O = 3CaO \cdot Al_2O_3 \cdot 6H_2O + 2(Al_2O_3 \cdot 3H_2O) \qquad (3-19)$$

四、铝酸盐水泥的特性与应用

（1）快硬早强。铝酸盐水泥早期强度增长快，1 d 强度即可达到极限强度的 80％左右，所以，适用于紧急抢修工程和早期强度要求高的工程，但是后期强度会下降，尤其在高于 30 ℃的湿热环境条件下，强度下降更快，甚至会引起结构破坏。因此，在结构工程中使用铝酸盐水泥应慎重。

（2）水化热大。铝酸盐水泥水化初期 1 d 放热量相当于硅酸盐水泥 7 d 的放热量，达水化放热总量的 80％。因此，其适合于冬期施工，不能用于大体积混凝土工程及高温潮湿环境中的混凝土工程。

（3）抗硫酸盐腐蚀能力强。铝酸盐水泥的主要矿物为铝酸一钙，产物中氢氧化钙含量少，水泥石结构密实，适用于有抗硫酸盐侵蚀要求的工程。

（4）耐热性好。因为在高温时可产生固相反应，烧结结合代替水化结合，使铝酸盐水泥在高温下能保持较高的强度，如干燥的铝酸盐水泥混凝土，在 900 ℃时仍能保持 70％的强度，在 1 300 ℃时尚有 53％的强度。如果采用耐热的粗、细集料，可制成使用温度达到 1 300 ℃的耐热混凝土。

铝酸盐水泥在使用时还应注意：

（1）在施工过程中，不得与硅酸盐水泥、石灰等能析出氢氧化钙的胶凝物质混合，否则将产生瞬凝，以致无法施工，且强度降低。

（2）铝酸盐水泥混凝土后期强度下降较大，应以最低稳定强度设计。最低稳定强度值以试块脱模后放入(50±2)℃水中养护，取龄期为 7 d 和 14 d 的强度值低者来确定。

（3）若采用蒸汽养护加速混凝土的硬化，养护温度不高于 50 ℃。

（4）不能与未硬化的硅酸盐水泥混凝土接触使用；可以与具有脱模强度的硅酸盐水泥混凝土接触使用，但在接茬处不应长期处于潮湿状态。

第四节　其他品种水泥

一、道路硅酸盐水泥

由道路硅酸盐水泥熟料、适量的石膏，加入符合规定的混合材料，磨细制成的水硬性胶凝材料，称为道路硅酸盐水泥(简称道路水泥)，代号为 P·R。

按照《道路硅酸盐水泥》(GB/T 13693—2017)的规定，道路水泥分为 7.5 和 8.5 共两个强度等级，各龄期的强度值不得低于表 3-9 中规定的数值；道路水泥的初凝时间不得小于 1 h；终凝时间不得大于 10 h；28 d 干缩率不得大于 0.10%，磨损率不得大于 3.00 kg/m^2；体积安定性用沸煮法检验必须合格。

表 3-9　道路硅酸盐水泥各龄期的强度要求(GB/T 13693—2017)

强度等级	抗折强度/MPa		抗压强度/MPa	
	3 d	28 d	3 d	28 d
7.5	≥4.0	≥7.5	≥21.0	≥42.5
8.5	≥5.0	≥8.5	≥26.0	≥52.5

道路水泥抗折强度高、耐磨性好、干缩小、抗冻性和抗冲击性好，可减少混凝土路面的断板、温度裂缝和磨耗，降低路面维修费用，延长道路使用年限。道路水泥适用于公路路面、机场跑道、人流量较多的广场等混凝土工程的面层。

二、快硬硅酸盐水泥

凡是由硅酸盐水泥熟料，加入适量石膏，经磨细制成的具有早期强度、增进率较高的水硬性胶凝材料，均称为快硬硅酸盐水泥(简称快硬水泥)。

快硬硅酸盐水泥的制造方法与硅酸盐水泥基本相同，不同之处在于快硬硅酸盐水泥熟料中铝酸三钙和硅酸三钙的含量高，两者的总量不少于 65%。因此，快硬水泥的早期强度增长快且强度高，水化热也大。为加快硬化速度，可适当增加石膏的掺量(可达 8%)和提高水泥的细度。

三、白色硅酸盐水泥

白色硅酸盐水泥是以适当成分的生料烧至部分熔融，所得的以硅酸钙为主要成分、氧化铁含量少的熟料。由氧化铁含量少的硅酸盐水泥熟料、适量石膏及标准规定的混合材料，磨细制成的水硬性胶凝材料称为白色硅酸盐水泥，简称白水泥，代号为 P·W。

《白色硅酸盐水泥》(GB/T 2015—2017)中规定，白色硅酸盐水泥细度要求 80 μm 方孔筛筛余不大于 30.0%；初凝时间不得小于 45 min，终凝时间不得大于 600 min；安定性用沸煮法检验必须合格；水泥中的 SO_3 含量不得超过 3.5%，氧化镁熟料中氧化镁的含量不得超过 5.0%；根据 3 d、28 d 的抗压强度和抗折强度划分为 32.5、42.5、52.5 三个强度等级。各龄期的强度值不得低于表 3-10 中规定的数值。白水泥的白度是指水泥色白的程度，通常以氧化镁标准板表面的反射率(%)来表示，白度值不能低于 87。

表 3-10　白水泥各龄期的强度值(GB/T 2015—2017)

强度等级	抗压强度/MPa		抗折强度/MPa	
	3 d	28 d	3 d	28 d
32.5	≥12.0	≥32.5	≥3.0	≥6.0
42.5	≥17.0	≥42.5	≥3.5	≥6.5
52.5	≥22.0	≥52.5	≥4.0	≥7.0

白水泥主要用于建筑物的装饰，如地面、楼梯、外墙饰面，彩色水刷石和水磨石制造、大理石及瓷砖镶贴，混凝土雕塑工艺制品等。它还可与彩色颜料配成彩色水泥、配制彩色砂浆或混凝土，用于装饰工程。

四、膨胀水泥和自应力水泥

在水化和硬化过程中产生体积膨胀的水泥属膨胀类水泥。当膨胀水泥中膨胀组分含量较多，膨胀值较大，在膨胀过程中又受到限制时(如钢筋限制)，水泥本身会受到压应力。该压力是依靠水泥自身水化而产生的，称为自应力，用自应力值表示应力大小。其中，自应力值大于 2 MPa 的称为自应力水泥。一般硅酸盐水泥在空气中硬化时，体积会发生收缩。收缩会使水泥石结构产生微裂缝，降低水泥石结构的密实性，影响结构的抗渗、抗冻、抗腐蚀等。膨胀水泥在硬化过程中体积不会发生收缩，还略有膨胀，可以解决由于收缩带来的不利后果。常见的膨胀水泥及主要用途如下：

(1)硅酸盐膨胀水泥。其主要用于制造防水砂浆和防水混凝土，适用于加固结构、浇筑机器底座或固结地脚螺栓，并可用于接缝及修补工程，但禁止在有硫酸盐侵蚀的水中工程中使用。

(2)低热微膨胀水泥。其主要用于较低水化热和要求补偿收缩的混凝土、大体积混凝土，也适用于要求抗渗和抗硫酸盐侵蚀的工程。

(3)硫铝酸盐膨胀水泥。其主要用于浇筑构件节点及应用于抗渗和补偿收缩的混凝土工程中。

(4)自应力水泥。其主要用于自应力钢筋混凝土压力管及其配件。

五、中热、低热硅酸盐水泥

中热硅酸盐水泥，简称中热水泥，是以适当成分的硅酸盐水泥熟料，加入适量的石膏，经磨细制成的具有中水化热的水硬性胶凝材料，代号为 P·MH。

低热硅酸盐水泥，简称低热水泥，是以适当成分的硅酸盐水泥熟料，加入适量的石膏，经磨细制成的具有低水化热的水硬性胶凝材料，代号为 P·LH。

根据现行规范《中热硅酸盐水泥、低热硅酸盐水泥》(GB/T 200—2017)，其具体技术要求如下：

1. 熟料中的 C_3A 和 C_3S 含量

(1)熟料中的 C_3A 含量，中热水泥和低热水泥不得超过 6%。

(2)熟料中的 C_3S 含量，中热水泥不大于 55%。

2. 游离 CaO、MgO、SO_3 含量

(1)游离 CaO 含量对于中热水泥和低热水泥不大于 1.0%。

(2)MgO 含量不大于 5%。如水泥经压蒸安定性试验合格，则允许放宽到 6%。

(3)SO_3 含量不大于 3.5%。

3. 细度、凝结时间

细度要求，比表面积不小于 250 m^2/kg；初凝时间不小于 60 min，终凝时间不大于 720 min。

4. 强度

中热水泥强度等级为 42.5，低热水泥强度等级为 52.5、42.5。中、低热水泥各龄期强度应符合表 3-11 中规定的数值。

表 3-11　中、低热水泥各龄期强度值

品种	强度等级	抗压强度 MPa			抗折强度 MPa		
		3 d	7 d	28 d	3 d	7 d	28 d
中热水泥	42.5	≥12.0	≥22.0	≥42.5	≥3.0	≥4.5	≥6.5
低热水泥	32.5	—	≥10.0	≥32.5	—	≥3.0	≥5.5
	42.5	—	≥13.0	≥42.5	—	≥3.5	≥6.5

5. 水化热

中、低热水泥和低热矿渣水泥要求水化热不得超过表 3-12 中规定的数值。

表 3-12　中、低热水泥和低热矿渣水泥各龄期水化热值

品种	强度等级	水化热/(kJ·kg^{-1})	
		3 d	7 d
中热水泥	42.5	≤251	≤293
低热水泥	32.5	≤197	≤230
	42.5	≤230	≤260

中热水泥主要适用于大坝溢流面或大体积建筑物的面层和水位变化区等，要求较高耐磨性、抗冻性的工程；低热水泥和低热矿渣水泥主要适用于大坝或大体积混凝土内部及水下等要求低水化热的工程。

 本章小结

水泥自问世以来，以其独有的特性被广泛地应用在建筑工程中，水泥用量大、应用范

围广、品种繁多，土木工程中应用的水泥品种众多。本章主要介绍了硅酸盐水泥、掺混合材料的硅酸盐水泥、铝酸盐水泥等。

思考与练习

一、填空题

1. 硅酸盐水泥的原材料主要是_____和_____。

2. 硅酸盐水泥熟料的主要矿物组成是：_____、_____、_____、_____。

3. 硅酸三钙(C_3S)与水作用后，反应速度较快，主要产物为_____和_____。

4. 拌和水泥浆时，水泥浆中水与水泥的质量之比称为_____。

5. _____是指水泥在正常养护条件下经历的时间。

6. 水泥细度的评定可采用_____和_____。

7. 国家标准规定，硅酸盐水泥的初凝时间不得小于_____，终凝时间不得大于_____。

8. _____是指水泥在水化过程中放出的热量。

9. 混合材料按其性能可分为_____和_____两大类。

10. 铝酸盐水泥的主要原料是_____和_____。

11. 低热矿渣水泥和中热水泥主要是通过限制水化热较高的_____和_____的含量限制水化热。

二、判断题

1. C_2S的水化产物与C_3S相同，但C_2S的水化速度比C_3S快。　　　　　（　　）

2. C_4AF的水化速度比C_3A慢，水化热也较低，主要产物为水化铝酸钙和水化铁酸钙。
　　　　　　　　　　　　　　　　　　　　　　　　　　　　　　　　（　　）

3. 纯水泥熟料磨细后与水反应，因凝结时间很短，故不便使用。　　　　　（　　）

4. 龄期越短，水泥石的强度越高。　　　　　　　　　　　　　　　　　　（　　）

5. 火山灰硅酸盐水泥干缩较小、抗裂性高，矿渣硅酸盐水泥耐热性更好。　（　　）

6. 由于复合硅酸盐水泥中掺入了两种或两种以上的混合材料，因此，可以明显改善水泥的性能，克服了掺单一混合水泥的弊病，有利于施工。　　　　　　　　（　　）

7. 二铝酸一钙是铝酸盐水泥的主要矿物成分，其水化硬化情况对水泥的性质起着主导作用。　　　　　　　　　　　　　　　　　　　　　　　　　　　　　　　（　　）

8. 道路水泥抗折强度高、耐磨性好、干缩小、抗冻性和抗冲击性好，可减少混凝土路面的断板、温度裂缝和磨耗，降低路面维修费用，延长道路使用年限。　　　（　　）

三、选择题

1. 硅酸盐水泥熟料矿物中，（　　）的水化速度最快，且放热量大。
　　A. C_3S　　　　　　　B. C_2S　　　　　　　C. C_3A　　　　　　　D. C_4AF

2. 生产硅酸盐水泥时加入适量的石膏主要起（　　）作用。
　　A. 促凝　　　　　　　B. 缓凝　　　　　　　C. 助磨　　　　　　　D. 膨胀

3. 不属于活性混合材料的是（　　）。
　　A. 粒化高炉矿渣　　　　　　　　B. 火山灰质混合材料
　　C. 粉煤灰　　　　　　　　　　　D. 石灰岩

4. （　　）由硅酸盐水泥熟料、5％～20％的活性混合材料和适量石膏磨细而成，代号为 P·O。
   A. 普通硅酸盐水泥
   B. 矿渣硅酸盐水泥
   C. 火山灰质硅酸盐水泥
   D. 粉煤灰硅酸盐水泥

5. 凡是由硅酸盐水泥熟料，加入适量石膏，经磨细制成的早期强度、增进率较高的水硬性胶凝材料，均称为（　　）。
   A. 铝酸盐水泥
   B. 快硬硅酸盐水泥
   C. 复合硅酸盐水泥
   D. 自应力水泥

6. （　　）是以适当成分的生料烧至部分熔融，所得以硅酸钙为主要成分、氧化铁含量少的熟料。
   A. 铝酸盐水泥
   B. 粉煤灰水泥
   C. 快速硅酸盐水泥
   D. 白色硅酸盐水泥

四、简答题

1. 简述硅酸盐水泥的主要生产工艺。

2. 简述硅酸盐水泥的硬化过程。

3. 影响水泥凝结硬化的因素主要有哪几点？

4. 硅酸盐水泥的腐蚀有哪些？防止水泥石腐蚀的措施有哪些？

5. 铝酸盐水泥的特性有哪些？铝酸盐水泥在使用时应注意什么？

第四章　混凝土

知识目标

1. 了解混凝土的概念及特点、混凝的分类、混凝土的组成材料；熟悉混凝土的和易性、强度、变形和耐久性。

2. 掌握混凝土配合比的设计原则、混凝土配合比设计基本参数的确定、配合比的设计步骤等。

3. 熟悉混凝土质量控制、质量评定；了解轻集料混凝土、高强度混凝土、高性能混凝土、多孔混凝土、纤维混凝土等。

能力目标

能够进行普通混凝土主要技术性质的检测；能够进行普通混凝土配合比设计；能够进行混凝土质量的评定。

第一节　混凝土概述

一、混凝土的概念及特点

混凝土是由胶凝材料、集料和水按一定比例配制，经搅拌振捣成型，在一定条件下养护而成的人造石材。其是当代最主要的土木工程材料之一。

混凝土之所以能在土木工程中得到广泛应用，是由于它有许多独特的技术性能。这些特点主要反映在以下几个方面：

(1)材料来源广泛。混凝土中占整个体积80%以上的砂、石料均可以就地取材，其资源丰富，有效降低了制作成本。

(2)性能可调整范围大。根据使用功能要求，改变混凝土的材料配合比例及施工工艺，可在相当大的范围内对混凝土的强度、保温耐热性、耐久性及工艺性能进行调整。

(3)在硬化前有良好的塑性。混凝土拌合物优良的可塑成型性，使混凝土可适应各种形状复杂的结构构件的施工要求。

(4)施工工艺简易、多变。混凝土既可进行简单的人工浇筑，也可根据不同的工程环境特点灵活采用泵送、喷射、水下等施工方法。

(5)可用钢筋增强。钢筋与混凝土虽为性能迥异的两种材料，但两者有近乎相等的线性膨胀系数，从而使它们可共同工作，弥补了混凝土抗拉强度低的缺点，扩大其应用范围。

(6)有较高的强度和耐久性。近代高强度混凝土的抗压强度可达 100 MPa 以上，且同时具备较高的抗渗、抗冻、抗腐蚀、抗碳化性。其耐久年限可达数百年以上。

混凝土除以上优点外，也存在着质量重、养护周期长、传热系数较大、不耐高温、拆除废弃物再生利用性较差等缺点。随着混凝土新功能、新品种的不断开发，这些缺点正不断地被克服和改进。

二、混凝土的分类

混凝土可按其组成、特性和功能等从不同角度进行分类。

1. 按胶凝材料分类

(1)无机胶凝材料混凝土，如普通混凝土、石膏混凝土、硅酸盐混凝土和水玻璃混凝土等。

(2)有机胶凝材料混凝土，如沥青混凝土和聚合物混凝土等。

2. 按表观密度分类

(1)重混凝土，是表观密度大于 2 500 kg/m³，用特别密实和特别重的集料制成的混凝土。例如重晶石混凝土、钢屑混凝土等，它们具有不透 X 射线和 γ 射线的性能。

(2)普通混凝土，是建筑中常用的混凝土，表观密度为 1 900～2 500 kg/m³，集料为砂、石。

(3)轻质混凝土，是表观密度小于 1 900 kg/m³ 的混凝土。它可以分为以下三类：

1)轻集料混凝土，其表观密度为 800～1 950 kg/m³，轻集料包括浮石、火山渣、陶粒、膨胀珍珠岩和膨胀矿渣等。

2)多孔混凝土(泡沫混凝土、加气混凝土)，其表观密度为 300～1 000 kg/m³。泡沫混凝土是由水泥浆或水泥砂浆与稳定的泡沫制成的；加气混凝土是由水泥、水与发气剂制成的。

3)大孔混凝土(普通大孔混凝土、轻集料大孔混凝土)，其组成中无细集料。普通大孔混凝土的表观密度为 1 500～1 900 kg/m³，是用碎石、软石和重矿渣作为集料配制的；轻集料大孔混凝土的表观密度为 500～1 500 kg/m³，是用陶粒、浮石、碎砖和矿渣等作为集料配制的。

3. 按使用功能分类

根据使用功能的不同，混凝土可分为结构混凝土、保温混凝土、装饰混凝土、防水混凝土、耐火混凝土、水工混凝土、海工混凝土、道路混凝土和防辐射混凝土等。

4. 按施工工艺分类

根据施工工艺的不同，混凝土可分为离心混凝土、真空混凝土、灌浆混凝土、喷射混凝土、碾压混凝土、挤压混凝土和泵送混凝土等。

三、混凝土的组成材料

普通混凝土是由水、水泥和集料拌和，经硬化而成的人造石材。其中，胶凝材料为水泥和水，即水泥加水构成水泥浆。集料为砂和石子，砂为细集料，石子为粗集料。水泥砂浆包裹在集料的表面并填充在集料与颗粒之间，水泥浆在硬化之前起润滑作用，硬化后将集料胶结在一起形成坚硬的整体。

（一）水泥

水泥是最重要的混凝土组成材料，对混凝土质量和工艺性能有重要影响。水泥是影响混凝土性能的重要因素，合理选择水泥品种、强度等级和用量是提高混凝土性能的关键。

（1）水泥种类的选择。各种水泥都有各自的特性，质量的差异较大。水泥品种的选择应根据工程性质与特点、工程所处的环境及施工条件来确定，必须根据结构类型、使用地点、气候条件、施工季节、工期长短、施工方法优选出满足工程质量要求、价格低廉的水泥。

（2）水泥强度等级的选择。水泥强度等级应与混凝土设计强度等级相对应，低强度时，水泥强度等级为混凝土设计强度等级的 1.5～2.0 倍；高强度时，比例可降至 0.9～1.5 倍，但一般不能低于 0.8。即低强度混凝土应选择低强度等级的水泥，高强度混凝土应选择高强度等级的水泥。因为若采用低强度水泥配制高强度混凝土会增加水泥用量，同时引起混凝土收缩和水化热增大，若采用高强度水泥配制低强度混凝土，会因水泥用量过少而影响混凝土拌合物的和易性与密实度，导致混凝土强度和耐久性下降。具体强度等级对应关系推荐见表 4-1。

表 4-1　不同强度混凝土所选用的水泥强度等级

混凝土强度等级	所选水泥强度等级	混凝土强度等级	所选水泥强度等级
C7.5～C25	32.5	C50～C60	52.5
C30	32.5, 42.5	C60	52.5, 62.5
C35～C45	42.5	C70～C80	62.5

（二）集料

集料在混凝土中主要起骨架、支撑和稳定体积（减少水泥在凝结硬化时的体积变化）的作用。按粒径的大小及其在混凝土中所起的作用不同，可将集料分为细集料和粗集料。

1. 细集料

普通混凝土中的细集料通常是砂，一般可分为天然砂和机制砂。天然砂是自然生成的，经人工开采和筛分的粒径小于 4.75 mm 的岩石颗粒，包括河砂、湖砂、山砂、淡化海砂，但不包括软质、风化的岩石颗粒。机制砂是经除土处理，由机械破碎、筛分制成的，粒径小于 4.75 mm 的岩石、矿山尾矿或工业废渣颗粒（不包括软质、风化的颗粒），俗称人工砂。混合砂是由天然砂和机制砂混合而成的砂。

根据《建设用砂》（GB/T 14684—2011），砂石按其技术要求分为Ⅰ类、Ⅱ类、Ⅲ类。Ⅰ类砂石宜用于强度等级大于 C60 的混凝土；Ⅱ类砂石宜用于强度等级为 C30～C60 及抗冻、抗渗或其他要求的混凝土；Ⅲ类砂石宜用于强度等级小于 C30 的混凝土。

（1）砂的细度和颗粒级配。砂的细度是砂颗粒在总体上的大小程度，级配是砂颗粒大小的搭配情况（图 4-1）。砂的细度和级配对混凝土的性能有重要的影响，也会影响混凝土的经济性。

在混凝土中，集料表面需要包覆一层起润滑作用的水泥浆，集料的空隙也需要水泥浆填充以达到密实。集料粗、细不同，包覆的水泥浆数量也不同。当集料粗时，比表面积小，所需包覆的水泥浆就少，可达到节约水泥的目的；当集料细时，比表面积大，所需的水泥浆数量多，水泥用量增多，除不经济外，还会导致水化热大、收缩变形大、易开裂等不良影响。

集料的级配会影响集料的空隙率。砂级配好时，大、小颗粒搭配合理，可以达到最小的空隙率，所需的水泥浆数量就少，混凝土也容易达成密实；反之，如级配不好，空隙率大，则用于填充在空隙中的水泥浆数量就多，如果水泥浆数量有限则不能有效地填充空隙，混凝土就不密实，会影响混凝土的各种性能。颗粒级配与孔隙率的关系如图 4-1 所示。

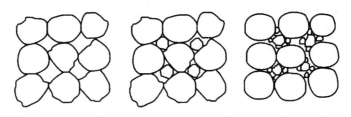

图 4-1　颗粒级配与孔隙率的关系

砂的粗细程度和颗粒级配，通常采用筛分析法进行测定。筛分析法是用一套筛孔的公称直径分别为 10.0、5.0、2.5、1.25(mm)，630、315、160(μm) 的方孔筛，将 500 g(特细砂可称 250 g)干砂试样由粗到细依次过筛，然后称得剩留在各个筛上的砂质量，并计算出各筛上的分计筛余百分率(各筛上的筛余量占砂样质量的百分率)，分别以 a_1、a_2、a_3、a_4、a_5 和 a_6 表示，再计算出各筛的累计筛余百分率(各个筛与比该筛粗的所有筛之分计筛余百分率之和)，分别以 β_1、β_2、β_3、β_4、β_5 和 β_6 表示。累计筛余百分率与分计筛余百分率的关系见表 4-2。

表 4-2　累计筛余百分率与分计筛余百分率的关系

筛孔公称直径	分计筛余/%	累计筛余/%
5.0 mm	a_1	$\beta_1 = a_1$
2.5 mm	a_2	$\beta_2 = a_1 + a_2$
1.25 mm	a_3	$\beta_3 = a_1 + a_2 + a_3$
630 μm	a_4	$\beta_4 = a_1 + a_2 + a_3 + a_4$
315 μm	a_5	$\beta_5 = a_1 + a_2 + a_3 + a_4 + a_5$
160 μm	a_6	$\beta_6 = a_1 + a_2 + a_3 + a_4 + a_5 + a_6$

砂的粗细程度用通过累计筛余百分率计算而得的细度模数(μ_{f})来表示，其计算式如下：

$$\mu_{\mathrm{f}} = \frac{(\beta_2 + \beta_3 + \beta_4 + \beta_5 + \beta_6) - 5\beta_1}{100 - \beta_1} \tag{4-1}$$

砂按细度模数 μ_{f} 可分为粗、中、细、特细四级，其规定范围是：粗砂 $\mu_{\mathrm{f}} = 3.7 \sim 3.1$；中砂 $\mu_{\mathrm{f}} = 3.0 \sim 2.3$；细砂 $\mu_{\mathrm{f}} = 2.2 \sim 1.6$；特细砂 $\mu_{\mathrm{f}} = 1.5 \sim 0.7$。普通混凝土用砂的细度模数范围一般为 3.7~1.6，其中以中砂较为适宜。对于细度模数为 1.5~0.7 的特细砂，应按特细砂混凝土配制及应用规程的有关规定执行和使用。

《建设用砂》(GB/T 14684—2011)规定将砂的合理级配以 600 μm 级的累计筛余率为准，划分为三个级配区，分别称为 1 区、2 区、3 区，见表 4-3。任何一种砂，只要其累计筛余率 $A_1 \sim A_6$ 分别分布在某同一级配区的相应累计筛余率的范围内，即为级配合理，符合级配要求。具体评定时，除 4.75 mm 及 600 μm 级外，其他级的累计筛余率允许稍有超出，但超出总量不得大于 5%。由表 4-3 中数值可见，在三个级配区内，只有 600 μm 级的累计筛余率是不重叠的，故称其为控制粒级，控制粒级使任何一个砂样只能处于某一级配区内，避免出现同属两个级配区的现象。砂的颗粒级配类别应符合表 4-4 的规定。

表 4-3　颗粒级配

砂的分类	天然砂			机制砂		
级配区	1 区	2 区	3 区	1 区	2 区	3 区
方筛孔	累计筛余百分率/%					
4.75 mm	10～0	10～0	10～0	10～0	10～0	10～0
2.36 mm	35～5	25～0	15～0	35～5	25～0	15～0
1.18 mm	65～35	50～10	25～0	65～35	50～10	25～0
600 μm	85～71	70～41	40～16	85～71	70～41	40～16
300 μm	95～80	92～70	85～55	95～80	92～70	85～55
150 μm	100～90	100～90	100～90	97～85	94～80	94～75

表 4-4　级配类别

类别	Ⅰ类	Ⅱ类	Ⅲ类
级配区	2 区	1、2、3 区	

(2)有害杂质含量。集料中含有妨碍水泥水化或降低集料与水泥石黏附性及能与水泥水化产物产生不良化学反应的各种物质，称为有害杂质。细集料中常含的有害杂质主要有泥土、泥块、云母、轻物质、硫酸盐、有机质及硫化物等。

1)含泥量、石粉含量及泥块含量。含泥量是指天然砂中粒径小于 0.075 mm 的颗粒含量。石粉含量是指人工砂中粒径小于 0.075 mm 的颗粒含量。泥块含量是指粒径大于 1.18 mm，经水浸洗、手捏后小于 60 μm 的颗粒含量。这些颗粒的存在会影响混凝土的强度和耐久性。天然砂的含泥量和泥块含量应符合表 4-5 的规定。人工砂的石粉含量和泥块含量应符合表 4-6 的规定。

表 4-5　天然砂含泥量和泥块含量

项目	指标		
	Ⅰ类	Ⅱ类	Ⅲ类
含泥量(按质量计)/%	≤1.0	≤3.0	≤5.0
泥块含量(按质量计)/%	0	≤1.0	≤2.0

表 4-6　人工砂石粉含量和泥块含量

项目			指标		
			Ⅰ类	Ⅱ类	Ⅲ类
1	亚甲蓝试验	MB 值<1.40 或快速试验合格	MB 值	≤0.5	≤1.0	≤1.4 或合格
			石粉含量(按质量计)/%	≤10.0		
			泥块含量(按质量计)/%	0	≤1.0	≤2.0
2		MB 值≥1.40 或快速试验不合格	石粉含量(按质量计)/%	≤1.0	≤3.0	≤5.0
			泥块含量(按质量计)/%	0	≤1.0	≤2.0

2)云母含量。云母呈薄片状，表面光滑，极易沿节理开裂，与水泥石黏附性极差，对混凝土拌合物的和易性及硬化后混凝土的抗冻性和抗渗性都有不利影响。

3)轻物质含量。细集料中轻物质是指表观密度小于 2 000 kg/m³ 的颗粒，如煤、褐煤等。

4)有机质含量。天然砂中有时混杂有机物质，如动植物的腐殖质、腐殖土等，会延缓水泥的硬化过程，降低混凝土强度，特别是早期强度。

5)硫化物与硫酸盐含量。天然砂中常掺有硫铁矿(FeS_2)或石膏($CaSO_4 \cdot 2H_2O$)的碎屑，如含量过多，将在已硬化的混凝土中与水化铝酸钙发生反应，生成水化硫铝酸钙晶体，导致体积膨胀，在混凝土内部产生破坏作用。

砂中云母、轻物质、有机物、硫化物及硫酸盐、氯盐等含量应符合表 4-7 的规定。

表 4-7　部分有害物质限量

项目	指标		
	Ⅰ类	Ⅱ类	Ⅲ类
云母(按质量计)/%	1.0	2.0	3.0
轻物质(按质量计)/%	≤1.0		
有机物(比色法)	合格		
硫化物及硫酸盐(按 SO_3 质量计)/%	≤0.5		
氯化物(以氯离子质量计)/%	≤0.01	≤0.02	≤0.03
贝壳(按质量计)/%	≤3.0	≤5.0	≤8.0

(3)坚固性。混凝土中细集料应具备一定的强度和坚固性。天然砂采用硫酸钠溶液法进行试验，砂样经 5 次循环后测定其质量损失，具体规定见表 4-8；人工砂采用压碎指标法进行试验，具体规定见表 4-9。

表 4-8　坚固性指标

项目	指标		
	Ⅰ类	Ⅱ类	Ⅲ类
质量损失/%	≤8		≤10

表 4-9　压碎指标

项目	指标		
	Ⅰ类	Ⅱ类	Ⅲ类
单级最大压碎指标/%	≤20	≤25	≤30

(4)碱活性。集料中若含有活性成分(如活性氧化硅)，在一定的条件下集料会与水泥中的碱发生碱-集料反应，产生膨胀并导致混凝土开裂。因此，对用于重要工程或对集料有怀疑时，须按国家标准的规定方法对集料进行碱活性检验。

2. 粗集料

集料粒径大于 4.75 mm 的岩石颗粒称为粗集料，常用的有碎石和卵石。碎石大多由天然岩石经破碎、筛分而成，也可将大卵石轧碎、筛分而得。碎石表面粗糙，多棱角，且较为洁净，与水泥浆黏结比较牢固。碎石是建筑工程中用量最大的粗集料。卵石又称砾石，是由天然岩石经自然条件长期作用而形成的粒径大于 5 mm 的颗粒。按其产源可分为河卵石、海卵石及山卵石等，其中以河卵石应用较多。卵石中有机杂质含量较多，但与碎石比较，卵石表面光滑，拌制混凝土时需用水泥浆较少，拌合物和易性较好。但卵石与水泥石的胶结力较差，在相同条件下，卵石混凝土的强度较碎石混凝土低。因此，在水胶比相同的条件下，用碎石拌制的混凝土流动性较小，但强度较高；而卵石正好相反，流动性较大，但强度较低。因此，在配制高强度混凝土时宜采用碎石。

配制混凝土选用碎石还是卵石，要根据工程性质、当地材料的供应情况、成本等各方面综合考虑。

根据《建设用卵石、碎石》(GB/T 14685—2011)的规定，按技术要求将卵石、碎石分为三类：Ⅰ类适用于强度等级大于 C60 的混凝土；Ⅱ类适用于强度等级为 C30～C60 及有抗冻、抗渗或其他要求的混凝土；Ⅲ类适用于强度等级小于 C30 的混凝土及建筑砂浆。

(1)有害杂质含量。粗集料中常含有一些有害杂质，如黏土、淤泥、硫酸盐、硫化物和有机物等，其危害与在细集料中的作用相同。碎石和卵石技术要求见表 4-10。

表 4-10　碎石和卵石技术要求

技术指标	技术要求		
	Ⅰ类	Ⅱ类	Ⅲ类
泥块含量/%	0	≤0.2	≤0.5
含泥量/%	≤0.5	≤1.0	≤1.5
针片状颗粒含量/%	≤5	≤10	≤15
碎石压碎指标/%	≤10	≤20	≤30
卵石压碎指标/%	≤12	≤14	≤16
有机物含量(比色法)	合格	合格	合格
硫化物及硫酸盐含量(按 SO₃ 质量计)/%	≤0.5	≤1.0	≤1.0
坚固性(质量损失)/%	≤5	≤8	≤12
岩石抗压强度/MPa	在水饱和状态下，其抗压强度火成岩应不小于 80 MPa，变质岩应不小于 60 MPa，水成岩应不小于 30 MPa		
表观密度	表观密度大于 2 600 kg/m³		
空隙率/%	≤43	≤45	≤47
碱-集料反应	经碱-集料反应试验后，由卵石、碎石制备的试件无裂缝、酥裂、胶体外溢等现象，在规定的试验龄期的膨胀率应小于 0.10%		
吸水率/%	≤1.0	≤2.0	≤2.0

(2)强度与坚固性。混凝土中粗集料起大的骨架作用。为保证混凝土的强度要求，粗集料必须质地致密，具有足够的强度，尤其是在配制高强混凝土时，以避免混凝土受压时粗集料首先被压碎，导致混凝土强度降低，影响其耐久性。

碎石的强度可用岩石的立方体抗压强度和压碎指标值表示；卵石的强度用压碎指标值表示。岩石的立方体抗压强度直接测定生产碎石的母岩的强度。岩石强度首先应由生产单位提供，混凝土强度等级为 C60 及以上时应进行岩石抗压强度检验，其他情况下如有怀疑或认为有必要也可进行岩石的抗压强度检验。岩石的抗压强度与混凝土强度等级之比不应小于 1.5，且火成岩强度不宜低于 80 MPa，变质岩不宜低于 60 MPa，水成岩不宜低于 30 MPa。

母岩的立方体抗压强度要从矿山中取样，并进行切、磨加工，测定过程比较复杂。工程中通常采用压碎指标值进行质量控制。压碎指标值通过测定碎石或卵石抵抗压碎的能力，间接反映集料的强度。国家标准规定将直径在 9.5～19.0 mm 的风干试样装入压碎指标测定仪，加荷至 200 kN 并稳定 5 s，通过 2.36 mm 筛的颗粒质量占试样质量的百分数即为压碎指标值(图 4-2)。

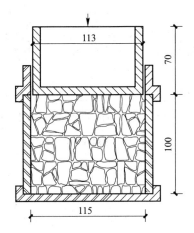

图 4-2　粗集料压碎指标的测定

集料的坚固性是指碎石或卵石在气候、环境变化或其他物理因素作用下抵抗碎裂的能力。碎石或卵石的坚固性用硫酸钠溶液法检验，试样经 5 次循环后，其质量损失应符合规定。

有腐蚀性介质作用或经常处于水位变化区的地下结构或有抗疲劳、耐磨、抗冲击等要求的混凝土用碎石或卵石，其质量损失应不大于 8%。

(3)最大粒径及颗粒级配。

1)最大粒径。粗集料公称粒径的上限称为该粒级的最大粒径。集料粒径越大，总表面积越小，有利于降低水泥用量；和易性与水泥用量一定时，则能减少用水量，提高混凝土强度。所以，粗集料最大粒径在条件容许的前提下，越大越好，但受工程结构及施工条件的影响。《混凝土结构工程施工质量验收规范》(GB 50204—2015)规定：混凝土用粗集料的最大粒径不得大于结构截面最小尺寸的 1/4，同时不得大于钢筋最小净距的 3/4；对于混凝土实心板，允许采用最大粒径达 1/3 板厚的颗粒级配，但最大粒径不得超过 40 mm；对泵送混凝土，碎石最大粒径不应大于输送管内径 1/3，卵石不应大于 2/5。

2)颗粒级配。粗集料的颗粒级配与细集料颗粒级配的原理相同。采用级配良好的粗集料，可以减少空隙率，增强密实度，从而节约水泥，保证混凝土拌合物的和易性及混凝土强度。

粗集料的颗粒级配，可采用连续粒级或连续粒级与单粒粒级配合使用。特殊情况下，通过试验证明混凝土无离析现象时，也可采用单粒粒级。粗集料颗粒级配范围规定见表 4-11。

表 4-11　碎石和卵石的颗粒级配范围

公称粒级/mm		累计筛余/%											
		方孔筛/mm											
		2.36	4.75	9.50	16.0	19.0	26.5	31.5	37.5	53.0	63.0	75.0	90
连续粒级	5~16	95~100	85~100	30~60	0~10	0							
	5~20	95~100	90~100	40~80	—	0~10	0						
	5~25	95~100	90~100	—	30~70	—	0~5	0					
	5~31.5	95~100	90~100	70~90	—	15~45	—	0~5	~0				
	5~40	—	95~100	70~90	—	30~65	—		0~5	0			
单粒粒级	5~10	95~100	80~100	0~15	0								
	10~16		95~100	80~100	0~15								
	10~20		95~100	85~100		0~15							
	16~25			95~100	55~70	25~40	0~10						
	16~31.5		95~100		85~100			0~10	0				
	20~40			95~100		80~100			0~10	0			
	40~80					95~100			70~100		30~60	0~10	0

　　(4)颗粒形状及表面特征。粗集料的颗粒形状可分为棱角形、卵形、针状和片状。一般来说，比较理想的颗粒形状是接近正立方体，而针状、片状颗粒含量不宜过多。针状颗粒是指颗粒长度大于集料平均粒径的 2.4 倍的颗粒；片状颗粒是指颗粒厚度小于集料平均粒径 40% 的颗粒。当针、片状颗粒含量超过一定界限时，集料空隙会增加，混凝土拌合物的和易性会变差，混凝土强度会降低。所以，混凝土粗集料中针、片状颗粒含量应当加以限制。

　　集料表面特征主要指集料表面粗糙程度及孔隙特征等。碎石表面粗糙且具有吸收水泥浆的孔隙特征，因此，它与水泥石的黏结性能较强；卵石表面光滑，因此与水泥石的黏结能力较差，但有利于混凝土拌合物的和易性。一般情况下，当混凝土水泥用量与用水量相同时，碎石混凝土的强度比卵石混凝土高 10% 左右。

　　(5)碱活性检验。对于长期处于潮湿环境的重要结构混凝土，其所使用的碎石或卵石应进行集料的碱活性检验。经检验判断存在潜在危害时，应控制混凝土中碱含量不超过 3 kg/m³，或采用能抑制碱-集料反应的有效措施。

(三)养护用水

　　水是混凝土重要的组成材料，水质对混凝土的和易性、凝结时间、强度发展、耐久性及表面效果都有影响。

　　混凝土拌合用水按水源划分可分为饮用水、地表水、地下水、海水，以及经适当处理或处置后的工业废水。符合国家标准的生活饮用水可拌制各种混凝土；地表水和地下水首次使用前应按标准进行检验。

　　用海水拌制混凝土时，由于海水中含有较多硫酸盐，混凝土的凝结速度加快，早期强度提高，但 28 d 及后期强度下降(28 d 强度约降低 10%)，同时，抗渗性和抗冻性也下降。当硫酸盐的含量较高时，还可能对水泥石造成腐蚀。同时，海水中含有大量氯盐，对混凝土中钢筋有加速锈蚀的作用，因此，对于钢筋混凝土和预应力混凝土结构不得采用海水拌制混凝土。

对有饰面要求的混凝土也不得采用海水拌制，因为海水中含有大量的氯盐、镁盐和硫酸盐，会使混凝土表面产生盐析而影响装饰效果。

用于混凝土中的水不允许含有油类、糖酸或其他污浊物，否则会影响水泥的正常凝结与硬化，甚至造成质量事故。

我国制定的《混凝土用水标准》(JGJ 63—2006)中，对混凝土拌和用水的水质提出了具体的质量要求，见表4-12。对于设计使用年限为100年的结构混凝土，氯离子含量不得超过500 mg/L；对于使用钢丝或经热处理钢筋的预应力混凝土，氯离子含量不得超过350 mg/L。

表 4-12　混凝土拌合用水水质要求

项　目	预应力混凝土	钢筋混凝土	素混凝土
pH	≥5.0	≥4.5	≥4.5
不溶物/(mg·L^{-1})	≤2 000	≤2 000	≤5 000
可溶物/(mg·L^{-1})	≤2 000	≤5 000	≤10 000
Cl$^-$/(mg·L^{-1})	≤500	≤1 000	≤3 500
SO$_4^{2-}$/(mg·L^{-1})	≤600	≤2 000	≤2 700
碱含量/(rag·L^{-1})	≤1 500	≤1 500	≤1 500
注：碱含量按 Na$_2$O＋0.658 K$_2$O 计算值来表示。采用非碱活性集料时，可不检验碱含量。			

（四）外加剂

混凝土外加剂是指在混凝土拌和过程中掺入的，用以改善混凝土性能的物质，其掺量一般不超过水泥质量的5％。

混凝土外加剂的使用是混凝土技术的重大突破。随着混凝土材料的广泛应用，对混凝土性能提出了许多新的要求：如泵送混凝土要求高流动性；冬期施工要求高的早期强度；高层大跨度建筑要求高强度、高耐久性；夏季大体积混凝土要求缓凝等。这些性能的实现，只有高性能外加剂的使用才使其成为可能。在混凝土中使用外加剂已被公认为是提高混凝土强度、改善混凝土性能、降低生产能耗、环保等方面最有效的措施。因此，外加剂已逐渐成为混凝土中必不可少的第五种组成材料。

目前，在工程中常用的外加剂主要有减水剂、引起剂、早强剂、缓凝剂、防冻剂和速凝剂等。

1. 减水剂

减水剂是指在混凝土坍落度基本相同的条件下，能显著减少混凝土拌和用水量的外加剂。根据减水剂的作用效果及功能情况，可分为普通减水剂、高效减水剂、早强减水剂、缓凝减水剂和引气减水剂等。

(1)减水剂的作用原理及使用效果。水泥加水拌和后，由于水泥颗粒及水化产物的吸附作用，会形成絮凝结构，流动性很低。当掺入减水剂后，减水剂的憎水基团定向吸附在水泥颗粒表面，而亲水基团指向水中。这样，吸附了减水剂分子的水泥颗粒表面均带上同性电荷，在颗粒之间产生静电斥力，致使水泥颗粒相互分离，导致絮凝结构解体，将其中的游离水释放出来，从而大大增加了拌合物的流动性。其作用原理如图 4-3 所示。

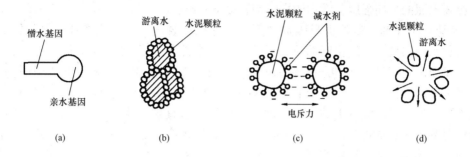

图 4-3　减水剂作用原理
(a)减水剂分子模型；(b)水泥浆的絮凝状结构；
(c)减水剂分子的作用；(d)水泥浆絮凝状结构的解体

(2)减水剂的效能。

1)若用水量不变，可不同程度增大混凝土拌合物的坍落度。

2)若混凝土拌合物的坍落度及水泥用量不变，可减水 10%～20%，降低水胶比，提高混凝土强度 15%～20%，特别是早期强度，同时提高耐久性。

3)若混凝土拌合物的流动性与混凝土的强度不变，可减水 10%～20%，节约水泥 10%～20%，降低混凝土成本。

4)减少混凝土拌合物的分层、离析、泌水，减缓水化放热速度和降低最高温度。

5)可配制特殊混凝土或高强度混凝土。

(3)常用减水剂。

1)木质素系减水剂(M 型)。木质素系减水剂主要使用木质素磺酸钙(木钙)，属于阴离子表面活性剂，为普通减水剂，其适宜掺量为 0.2%～0.3%，减水率为 10%左右。对混凝土有缓凝作用，一般缓凝 1～3 h。其适用于各种预制混凝土、大体积混凝土、泵送混凝土。

2)萘系减水剂。萘系减水剂属高效减水剂，其主要成分为 β-萘磺酸盐甲醛缩合物，属阴离子表面活性剂，可减水 10%～20%，或使坍落度提高 100～150 mm，或提高强度 20%～30%。萘系减水剂的适宜掺量为 0.5%～1.0%，缓凝性很小，大多为非引气型。其适用于日最低气温 0 ℃以上的所有混凝土工程，尤其适用于配制高强、早强、流态等混凝土。

3)树脂类减水剂。树脂类减水剂属早强非引气型高效减水剂，为水溶性树脂，主要为磺化三聚氰胺甲醛树脂减水剂，简称密胺树脂减水剂，为阴离子表面活性剂。我国产品有 SM 树脂减水剂，其各项功能与效果均比萘系减水剂好。

4)糖蜜类减水剂。糖蜜类减水剂属普通减水剂。它是以制糖工业的糖渣、废蜜为原料，采用石灰中和而成，为棕色粉状物或糊状物，其中含糖较多，属非离子表面活性剂。其适宜掺量为 0.2%～0.3%，减水率为 10%左右，属缓凝减水剂。

2. 早强剂

早强剂是指能提高混凝土的早期强度并对后期强度无明显影响的外加剂。早强剂或对水泥中的 C_3S 和 C_2S 等矿物成分的水化有催化作用，或与水泥成分发生反应生成固相产物，可有效提高水泥的早期强度。常用的早强剂有以下几类：

(1)氯盐类早强剂。氯盐类早强剂主要有氯化钙、氯化钠、氯化钾及三氯化铁等，其中，以氯化钙应用最广。氯化钙的早强作用主要是它能与 C_3A 和 $Ca(OH)_2$ 发生反应，生成不溶性复盐水化氯铝酸钙和氧氯酸钙，增加了水泥浆中固相的含量，形成坚固的骨架，促进混凝土强度增长；同时，由于上述反应降低了液相中 $Ca(OH)_2$ 的浓度，故使 C_3S 的水化反应加快，也可提高混凝土的早期强度。氯化钙的适宜掺量为1%～2%。其早强效果显著，能使混凝土 3 d 强度提高 50%～100%，7 d 强度提高 20%～40%。由于氯离子能促使钢筋锈蚀，故掺用量必须严格控制。一般在钢筋混凝土中氯化钙的掺量不得超过水泥质量的 1%，在无筋混凝土中氯化钙的掺量不得超过水泥质量的 3%。

(2)硫酸盐类早强剂。硫酸盐类早强剂主要有硫酸钠、硫酸钙及硫代硫酸钠等，应用最广的是硫酸钠。硫酸盐的早强作用主要是与水泥的水化产物 $Ca(OH)_2$ 反应，生成的二水石膏具有高度的分散性。其反应式如下：

$$Na_2SO_4 + Ca(OH)_2 + 2H_2O \rule[0.5ex]{2em}{0.4pt} CaSO_4 \cdot 2H_2O + 2NaOH \qquad (4-2)$$

它与 C_3A 的化学反应比外掺石膏的作用快得多，能迅速生成水化硫铝酸钙，可以提高水泥浆中固相的比例，提高早期结构的密实度。同时，也会加快水泥的水化速度，从而起到早强作用。硫酸钠的适宜掺量为 0.5%～2.0%，3 d 强度可提高 20%～40%。硫酸钠与氢氧化钙作用会生成 NaOH。为防止碱-集料反应，所用集料不得含有蛋白质等矿物。

(3)三乙醇胺早强剂。三乙醇胺是呈淡黄色的油状液体，属非离子型表面活性剂。它不改变水化产物，但能在水泥的水化过程中起催化作用，比其他早强剂复合效果更好。早强剂多用于冬期施工或紧急抢修工程及要求加快混凝土强度发展的情况。

3. 缓凝剂

缓凝剂是指能延缓混凝土凝结的时间，并对混凝土后期强度发展无不利影响的外加剂。缓凝剂主要有以下四类：

(1)糖类，如糖蜜；

(2)木质素磺酸盐类，如木钙、木钠；

(3)羟基羧酸及其盐类，如柠檬酸、酒石酸；

(4)无机盐类，如锌盐、硼酸盐等。

常用的缓凝剂有木钙和糖蜜，其中，糖蜜的缓凝效果最好。

糖蜜缓凝剂是由制糖下脚料经石灰处理而成的，也是表面活性剂，掺入混凝土拌合物中，能吸附在水泥颗粒表面，形成同种电荷的亲水膜，使水泥颗粒相互排斥，并阻碍水泥水化，从而起到缓凝作用。糖蜜的适宜掺量为 0.1%～0.3%，混凝土凝结时间可延长 2～4 h，掺量过大会使混凝土长期酥松不硬、强度严重下降。

缓凝剂具有缓凝、减水、降低水化热和增强作用，对钢筋也无锈蚀作用。其主要适用于大体积混凝土和炎热气候下施工以及需长时间停放或长距离运输的混凝土。缓凝剂不宜用于日最低气温 5 ℃ 以下施工的混凝土，也不宜单独用于有早强要求的混凝土及蒸养混凝土。

4. 引气剂

引气剂是指在混凝土搅拌过程中，能引入大量分布均匀的微小气泡，以减少混凝土拌合物的泌水、离析，改善和易性，并能显著提高硬化混凝土抗冻性、耐久性的外加剂。目前，应用较多的引气剂为松香热聚物、松香皂和烷基苯磺酸盐等。引气剂的掺量极小，为 $0.005\% \sim 0.01\%$，引气量为 $3\% \sim 6\%$。

5. 速凝剂

能使混凝土速凝，并能改善混凝土与基底黏结性和稳定性的外加剂，称为速凝剂。速凝剂主要用于喷射混凝土、堵漏等，其对喷射混凝土的抗渗性、抗冻性有利，但不利于耐腐蚀性。

6. 膨胀剂

膨胀剂是指能使混凝土产生补偿收缩膨胀的外加剂。常用的品种为 U 形(明矾石型)膨胀剂，掺量为 $10\% \sim 15\%$。掺量较大时可在钢筋混凝土内产生自应力。掺入后对混凝土力学性能影响不大，可提高抗渗性，并使抗裂性大幅度提高。

(五)掺合料

为了改善混凝土的性质，除水泥、水和集料外，根据需要在拌制时作为混凝土的一个成分所加的材料，叫作掺合料(混合材料)。

掺合料是不同于生产水泥时与熟料一起磨细的混合料，它是在混凝土(或砂浆)搅拌前或搅拌过程中，与混凝土(或砂浆)其他组分一样，直接加入的一种外掺料。

用于混凝土的掺合料绝大多数是具有一定活性的工业废渣。掺合料不仅可以取代部分水泥、减少混凝土的水泥用量、降低成本，而且可以改善混凝土拌合物和硬化混凝土的各项性能。因此，混凝土中掺用掺合料，其技术、经济和环境效益是十分显著的。

用作混凝土的掺合料有粉煤灰、硅灰、磨细矿渣粉、磨细煤矸石及其他工业废渣。

1. 粉煤灰

粉煤灰是火力发电厂燃烧煤粉后排放出来的废料。粉煤灰适用于一般工业和民用建筑结构和构筑物的混凝土，尤其适用于泵送混凝土、大体积混凝土、抗渗混凝土、抗化学侵蚀混凝土、蒸汽养护混凝土、地下工程和水下工程混凝土等。

根据国家标准《用于水泥和混凝土中的粉煤灰》(GB 1596—2017)中的规定，按产生粉煤灰的煤种不同，粉煤灰可以分为 F 类粉煤灰和 C 类粉煤灰两种：由无烟煤或烟煤煅烧收集的粉煤灰称为 F 类粉煤灰，F 类粉煤灰是低钙灰；由褐煤或次烟煤煅烧收集的粉煤灰称为 C 类粉煤灰，C 类粉煤灰是高钙灰，其氧化钙含量一般大于 10%。用于拌制混凝土和砂浆用粉煤灰可分 I 级、II 级、III 级等三个等级，技术要求见表 4-13。

表 4-13　拌制混凝土和砂浆用粉煤灰的技术要求

项目		粉煤灰的种类	技术要求		
			I 级	II 级	III 级
细度(45 μm 方孔筛筛余)/%	≤	F 类粉煤灰	12.0	30.0	45.0
		C 类粉煤灰			

项目	粉煤灰的种类	技术要求		
		Ⅰ级	Ⅱ级	Ⅲ级
需水量比/% ≤	F类粉煤灰	95.0	105.0	115.0
	C类粉煤灰			
烧失量/% ≤	F类粉煤灰	5.0	8.0	10.0
	C类粉煤灰			
含水量/% ≤	F类粉煤灰	1.0		
	C类粉煤灰			
三氧化硫(SO_3)质量分数/% ≤	F类粉煤灰	3.0		
	C类粉煤灰			
游离氧化钙(f-CaO)质量分数/% ≤	F类粉煤灰	1.0		
	C类粉煤灰	4.0		
二氧化硅(SiO_2)、三氧化二铝(Al_2O_3)和三氧化二铁(Fe_2O_3)总质量分数/% ≥	F类粉煤灰	70.0		
	C类粉煤灰	50.0		
密度/(g·cm^{-3}) ≤	F类粉煤灰	2.6		
	C类粉煤灰			
安定性(雷氏法)/mm ≤	C类粉煤灰	5.0		
强度活性指数/% ≥	F类粉煤灰	70.0		
	C类粉煤灰			

2. 硅灰

硅灰是铁合金厂在生产金属硅或硅铁时得到的产品，又称为硅粉、硅尘。硅灰在混凝土工程中可以提高混凝土的早期和后期强度，但自干燥收缩大，且不利于降低混凝土温升。因此，复掺时，可充分发挥它们各自的优点，取长补短。例如，可复掺粉煤灰和硅灰，用硅灰提高混凝土的早期强度，用优质粉煤灰降低混凝土需水量和自干燥收缩，再加之颗粒的填充作用，使混凝土更密实。

硅灰中 SiO_2 含量高达 80% 以上，硅灰颗粒的平均粒径为 0.1～0.2 μm，比表面积为 20 000～25 000 m^2/kg，密度为 2.2 g/cm^3，堆积密度为 250～300 kg/m^3。硅灰属于火山灰活性物质，但由于其较高的 SiO_2 含量和很大的比表面积，因而加入混凝土中其作用效果比粉煤灰要好得多。

3. 矿渣微粉

粒化高炉矿渣粉，又称为矿粉。矿渣是在炼铁炉中浮于铁水表面的熔渣，排出时用水急速冷却，得到粒化高炉矿渣。将粒化高炉矿渣经干燥、磨细达到相当细度且符合相应活性指数的粉状材料，细度大于 350 m^2/kg，其活性比粉煤灰高。

4. 煤矸石

煤矸石是煤矿开采或洗煤过程中排除的一种碳质岩。将煤矸石经过高温煅烧，使所含黏性矿物脱水分解，并除去碳分，烧掉有害杂质，就可使其具有较好的活性，是一种可以很好利用的黏性质混合材。

煤矸石除可作为火山灰混合材外，还可以生产湿碾混凝土制品和烧制混凝土集料等。由于煤矸石中含有一定数量的氧化铝，故还能促使水泥的快凝和早强，获得较好的效果。

第二节 混凝土的基本性能

一、混凝土的和易性

1. 和易性的概念

和易性是指混凝土拌合物在一定的施工条件和环境下，是否易于进行各种施工工序的操作，以获得均匀、密实混凝土的性能。和易性在搅拌时体现为各种组成材料易于均匀混合、均匀卸出；在运输过程中体现为拌合物不离析，稀稠程度不变化；在浇筑过程中体现为易于浇筑、振实、流满模板；在硬化过程中体现为能保证水泥水化及水泥石和集料的良好黏结。可见，混凝土的和易性是一项综合性质。

目前普遍认为，混凝土拌合物和易性应包括以下三个方面的技术要求。

（1）流动性。流动性是指混凝土拌合物在本身质量或机械振捣作用下能产生流动并均匀、密实地流满模板的性能。流动性的大小反映了拌合物的稀稠，故又称为稠度。稠度大小直接影响施工时浇筑捣实的难易及混凝土的浇筑质量。

（2）黏聚性。黏聚性是指混凝土拌合物的各种组成材料在施工过程中具有一定的黏聚力，能保持成分的均匀性，在运输、浇筑、振捣、养护过程中不发生离析、分层现象。它反映了混凝土拌合物的均匀能力。

（3）保水性。保水性是指拌合物保持水分，不致产生泌水的性能。拌合物发生泌水现象会使混凝土内部形成贯通的孔隙，不但会影响混凝土的密实性、降低强度，而且会影响混凝土的抗渗、抗冻等耐久性能。它反映了混凝土拌合物的稳定性。

混凝土的和易性是一项由流动性、黏聚性、保水性构成的综合指标体系，各性能之间有联系也有矛盾。在实际操作中，要根据具体工程的特点、材料情况、施工要求及环境条件，既有所侧重，又全面考虑。

2. 和易性的指标与测定

混凝土的和易性很复杂，很难找到一个指标加以全面反映。目前评定和易性的方法是定量测定混凝土的流动性，辅以直观地检查黏聚性和保水性。

混凝土拌合物的流动性以坍落度或维勃稠度作为指标。

（1）坍落度法。坍落度法只适用于集料公称最大粒径不大于 31.5 mm、坍落度大于 10 mm 的混凝土的坍落度测定。按规定拌和混凝土混合料，将坍落度筒按要求润湿，然后分三层将拌合物装入筒内，每层装料高度为筒高的 1/3，每层用捣棒捣实 25 次，装满刮平后，立即将筒垂直提起，提筒在 5～10 s 内完成。通常以新拌混凝土拌合物在自重作用下的坍落高度 H(mm) 即坍落度作为流动性指标，如图 4-4 所示。

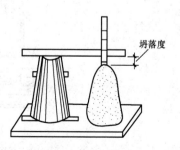

图 4-4 坍落度测定

试验的同时，还需观察稠度、含砂情况、黏聚性、保水性，以评定新拌混凝土和易性。

混凝土的坍落度宜根据构件截面尺寸大小、钢筋的疏密程度和施工工艺等要求确定。流动性大的混凝土拌合物，虽施工容易，但水泥浆用量多，不利于节约水泥，易产生离析和泌水现象，对硬化后混凝土的性质不利；流动性小的混凝土拌合物，施工较困难，但水泥浆用量少，有利于节约水泥，对硬化后混凝土的性质较为有利。因此，在不影响施工操作和保证密实成型的前提下，应尽量选择较小流动性的混凝土拌合物。对于混凝土结构断面较大、配筋较疏且采用机械振捣的，应尽量选择流动性小的混凝土。依据《混凝土结构工程施工质量及验收规范》(GB 50204—2015)，坍落度可参照表 4-14 选用。

视频：坍落度测试

表 4-14　混凝土浇筑入模时的坍落度

结构类别	坍落度(振动器振动)/mm
小型预制块及便于浇筑振动的结构	0～20
桥涵基础、墩台等无筋或少筋的结构	10～30
普通配筋率的钢筋混凝土结构	30～50
配筋较密、断面较小的钢筋混凝土结构	50～70
配筋极密、断面高而窄的钢筋混凝土结构	70～90
注：1. 本表建议的坍落度未考虑掺用外加剂而产生的作用。 　　2. 水下混凝土、泵送混凝土的坍落度不在此列。 　　3. 用人工捣实时，坍落度宜增加 20～30 mm。 　　4. 浇筑较高结构物混凝土时，坍落度宜随混凝土浇筑高度上升而分段变动。	

(2)维勃稠度法。维勃稠度法只适用于集料公称最大粒径不大于 31.5 mm 及维勃稠度时间为 5～30 s 的干硬性混凝土的稠度测定。测定方法是将坍落度筒放在直径为 240 mm、高为 200 mm 的圆筒中，将圆筒安装在专用的振动台上。按坍落度试验方法将新拌混凝土装于坍落度筒中，小心垂直提起坍落度筒，在新拌混凝土顶上置一透明圆盘，开动振动台并记录时间。从开始振动至透明圆盘底面布满水泥浆的瞬间所经历时间，即为新拌混凝土的维勃稠度值，以秒计。维勃稠度试验仪如图 4-5 所示。

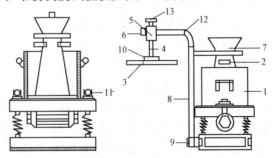

图 4-5　维勃稠度试验仪

1—容器；2—坍落度筒；3—圆盘；4—滑棒；5—套筒；

6、13—螺栓；7—漏斗；8—支柱；9—定位螺钉；

10—荷重；11—元宝螺钉；12—旋转架

3. 和易性的影响因素

混凝土的和易性受到各组成材料的影响，包括水泥特性与用量，细集料和粗集料的级配、形状、砂率、引气量及火山灰材料的数量，用水量和外加剂的用量和特性等。这些因素的影响主要有以下几个方面：

(1)水泥浆的数量。水泥浆越多则流动性越大，但水泥浆过多时，拌合料易产生分层、离析，即黏聚性明显变差；水泥浆太少则流动性和黏聚性均较差。

(2)水泥浆的稠度(水胶比)。稠度大则流动性差，但黏聚性和保水性则一般较好；稠度小则流动性大，但黏聚性和保水性较差。

影响混凝土和易性的最主要因素是水的含量。增加水量可以增加混凝土的流动性和密实性。同时，增加水量可能会导致离析和泌水，当然还会影响强度。混凝土拌合物需要一定的水量来达到可塑性，即必须有足够的水吸附在颗粒表面，水泥浆要填满颗粒之间的空隙，多余的水分包围在颗粒周围形成一层水膜润滑颗粒。颗粒越细，比表面积越大，需要的水量越多，但没有一定的细小颗粒，混凝土也不可能表现出可塑性。拌合物的用水量与集料的级配密切相关，越细的集料需要越多的水。

《普通混凝土配合比设计标准》(JGJ 55—2011)给出了塑性和干硬性混凝土的单位用水量，当水胶比在 0.4~0.8 时，根据粗集料品种、粒径和施工坍落度或维勃稠度要求，按表 4-15 及表 4-16 选取。

表 4-15　塑性混凝土的单位用水量　　　　　　　　　　　　　　kg/m³

拌合物稠度		卵石最大粒径/mm				碎石最大粒径/mm			
项目	指标	10	20	31.5	40	16	20	31.5	40
坍落度/mm	10~30	190	170	160	150	200	185	175	165
	35~50	200	180	170	160	210	195	185	175
	55~70	210	190	180	170	220	205	195	185
	75~90	215	195	185	175	230	215	205	195

注：1. 本表用水量采用中砂时的平均值。采用细砂时，每立方米混凝土用水量可增加 5~10 kg；采用粗砂时，则减少 5~10 kg。

2. 掺加各种外加剂和掺合料时，用水量应当调整。

表 4-16　干硬性混凝土的单位用水量　　　　　　　　　　　　　kg/m³

拌合物稠度		卵石最大粒径/mm			碎石最大粒径/mm		
项目	指标	10	20	40	16	20	40
维勃稠度/s	16~20	175	160	145	180	170	155
	11~15	180	165	150	185	175	160
	5~10	185	170	155	190	180	165

(3)砂率的影响。砂率是指混凝土中砂的质量占砂、石总质量的百分率。试验证明，砂率对拌合物和易性有很大影响。当砂率过大时，集料的总表面积和空隙率均增大，在混凝土中水泥浆量一定的情况下，集料颗粒表面的浆层将相对减薄，拌合物就显得干稠，流动性就小，若要保持流动性不变，则需增加水泥浆量，多耗用水泥。反之，若砂率过小，则拌合物中石子过多而砂过少，形成的砂浆量不足以包裹石子表面，

且不能填满石子间空隙。在石子之间没有足够的砂浆润滑层，不但会降低混凝土拌合物的流动性，而且会严重影响其黏聚性和保水性，使混凝土产生粗集料离析、水泥浆流失，甚至出现溃散等现象。

由上可知，在配制混凝土时，砂率不能过大，也不能太小，应选用合理砂率。合理砂率是指在用水量及水泥用量一定的情况下，能使混凝土拌合物获得最大的流动性，且保持黏聚性及保水性良好时的砂率值，如图 4-6 所示。或者，当采用合理砂率时，能在混凝土拌合物获得所要求的流动性及良好的黏聚性及保水性条件下，使水泥（胶凝材料）用量最少，如图 4-7 所示。

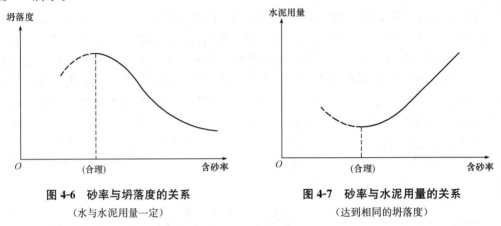

图 4-6　砂率与坍落度的关系
（水与水泥用量一定）

图 4-7　砂率与水泥用量的关系
（达到相同的坍落度）

（4）其他影响因素。水泥品种、集料种类、粒形和级配及外加剂等，都对混凝土拌合物的和易性有一定影响。

集料的外形和特征影响和易性。一般认为，集料越接近球形，和易性越好，因为球形颗粒容易在拌合物内滚动，其表面所需的水泥浆数量也少一些。有棱角的颗粒滚动性差，粗集料中扁平或细长的颗粒也会使和易性变差。光滑的颗粒比粗糙的颗粒和易性好。集料的孔隙率也会影响和易性。开孔隙率大，则集料吸水性大，可能会使拌合物和易性变差。掺入减水剂、引气剂等外加剂可以显著改善混凝土的和易性。

4. 和易性的调整措施

在工程实践中要改善混凝土的和易性，一般可采取的措施有：尽可能降低砂率，采用合理砂率；改善砂、石级配，采用良好级配；尽可能采用粒径较大的砂、石；采用减水剂、引气剂等合适的外加剂。

如果和易性不能满足要求，则可以视具体情况做调整：坍落度小，黏聚性和保水性好时，调整方法为增加水泥浆数量；坍落度大，黏聚性和保水性好时，调整方法为保持砂率不变，增加集料用量；黏聚性和保水性不好时，调整方法为提高砂率。在进行和易性调整时，要注意不能轻易改变混凝土的水胶比，因为水胶比的变化会引起混凝土的强度、耐久性等性能发生变化。

二、混凝土的强度

硬化后混凝土的强度包括立方体抗压强度、棱柱体抗压强度、劈裂抗拉强度、抗弯强度、抗剪强度等。其中，抗压强度最大，故混凝土主要用来承受压力作用。混凝土的抗压强度与各强度及其他性能之间有一定的相关性。因此，混凝土的抗压强度是结构设计的主要参数，也是混凝土质量评定的指标。在结构设计中，也经常用到混凝土的抗拉强度。

1. 混凝土的抗压强度与强度等级

（1）立方体抗压强度。根据《混凝土结构设计规范（2015 年版）》（GB 50010—2010）规定，混凝土立方体抗压强度是按照标准制作方法制成边长为 150 mm 的立方体试件，在标准养护温度（20±2）℃，95％以上相对湿度的养护室中养护，或在温度为（20±2）℃的不流动的 $Ca(OH)_2$ 饱和溶液中养护 28 d，测其抗压强度，所测得的抗压强度值称为立方体抗压强度，以 f_{cu} 表示。其计算公式如下：

$$f_{cu} = \frac{F}{A} \tag{4-3}$$

式中　F——试件破坏荷载（N）；

　　　A——试件承压面积（mm²）。

混凝土的立方体抗压强度试验，也可根据粗集料的最大粒径而采用非标准试件得出的强度值，但必须经换算。现行国家标准《混凝土结构工程施工质量验收规范》（GB 50204—2015）规定的换算系数见表 4-17。

表 4-17　混凝土试件尺寸及强度的尺寸换算系数

试件尺寸/(mm×mm×mm)	强度的尺寸换算系数	最大粒径/mm
100×100×100	0.95	≤31.5
150×150×150	1.00	≤40.0
200×200×200	1.05	≤65.0

（2）立方体抗压强度标准值。影响混凝土强度的因素非常复杂，大量的统计分析和试验研究表明，同一等级的混凝土，在龄期、生产工艺和配合比基本一致的条件下，其强度（在同等间隔的不同的强度范围内，某一强度范围的试件的数量占试件总数量的比例）呈正态分布，如图 4-8（a）所示。图中平均强度指该批混凝土的立方体抗压强度的平均值，若以此值作为混凝土的试配强度，则只有 50％的混凝土的强度大于或等于试配强度，显然满足不了要求。为提高强度的保证率（我国规定为 95％），试配强度必须提高。图 4-8（a）中 σ 为均方差，即正态分布曲线拐点处的相对强度范围，代表强度分布的不均匀性。立方体抗压强度的标准值是指按标准试验方法测得的立方体抗压强度总体分布中的一个值，强度低于该值的百分率不超过 5％（即具有 95％的强度保证率）。立方体抗压强度标准值用 $f_{cu,k}$ 表示，如图 4-8（b）所示。

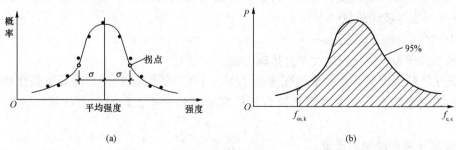

(a)　　　　　　　　　　　　　　　　　(b)

图 4-8　砂率与坍落度和水泥用量的关系

(a)混凝土的强度分布；(b)混凝土的立方体抗压强度标准值

(3)强度等级。根据《混凝土强度检验评定标准》(GB/T 50107—2010)的要求，混凝土的强度等级按立方体抗压强度标准值划分。混凝土的强度等级采用符号 C 与立方体抗压强度标准值 $f_{cu,k}$(以 N/mm² 计)表示。立方体抗压强度标准值是指按标准方法制作和养护的边长为 150 mm 的立方体试件在 28 d 龄期，用标准试验方法测得的抗压强度总体分布中的一个值，强度低于该值的百分率不超过 5%。现行规范《混凝土质量控制标准》(GB 50164—2011)规定，普通混凝土按其立方体抗压强度标准值共划分为 19 个等级，依次是 C10、C15、C20、C25、C30、C35、C40、C45、C50、C55、C60、C65、C70、C75、C80、C85、C90、C95 和 C100。例如，C25 表示立方体抗压强度标准值为 25 MPa，即混凝土立方体抗压强度大于 25 MPa 的概率为 95% 以上。

(4)轴心抗压强度。混凝土的立方体抗压强度只是评定强度等级的一个标准，其不能直接作为结构设计的依据。为了符合实际情况，在结构设计中，混凝土受压构件的计算采用混凝土的轴心抗压强度(也称为棱柱强度)。国家标准规定，混凝土轴心抗压强度试验采用 150 mm×150 mm×300 mm 的棱柱体为标准试件。试验表明，混凝土的轴心抗压强度与立方体的抗压强度 f_{cp} 之比为 0.7~0.8，按式(4-4)计算。

$$f_{cp}=\frac{F}{A} \tag{4-4}$$

式中　F——试件破坏荷载(N)；

　　　A——试件承压面积(mm²)。

2. 混凝土的抗拉强度

混凝土在受到拉伸作用，在变形很小时就会开裂，呈现出脆性破坏。混凝土很少承受拉力，但抗拉强度对减少混凝土裂缝有重要意义。在结构设计中，抗拉强度是确定结构抗裂度的重要指标，有时也用抗拉强度间接衡量混凝土与钢筋的黏结强度。

混凝土抗拉强度可用直接轴心拉伸试验来测定，采用的试件为 100 mm×100 mm×500 mm 的棱柱体，破坏时试件中部产生横向裂缝，破坏截面上的平均拉应力即为轴心抗拉强度 f_t。由于直接测定抗拉强度时存在试件内部的不均匀性，安装偏差引起的试件偏心、受扭等问题会影响测试结果。所以，通常又采用劈裂抗拉试验间接测定抗拉强度的方法。

劈裂试验中采用边长(直径)为 150 mm 的立方体标准试件，通过弧形钢垫条施加压力 F，试件中间截面有着均匀分布的拉应力，当拉应力达到混凝土的抗拉强度时试件劈裂成两半。劈裂抗拉强度的计算公式如下：

$$f_{ts}=\frac{2F}{\pi A}=0.637\frac{F}{A} \tag{4-5}$$

式中　f_{ts}——混凝土劈裂抗拉强度(MPa)，精确至 0.01 MPa；

　　　F——试件破坏荷载(N)；

　　　A——试件劈裂面积(mm²)。

混凝土的劈裂抗拉强度略大于直接轴心的抗拉强度。

混凝土抗拉强度只有立方抗压强度的 1/17~1/8，平均为 1/10，混凝土强度越高，比值越小。提高混凝土的强度等级对提高抗拉强度的效果不大，对提高抗压强度的作用比较大。

3. 混凝土强度的影响因素

(1)水泥实际抗压强度和水胶比。水泥(28 d 胶砂)实际抗压强度和水胶比是影响混凝土抗压强度的最主要因素，也可以说是决定性因素。因为混凝土的强度主要取决于水泥与集料之间的黏结力，而水泥石的强度及水泥与集料之间的黏结力又取决于水泥强度等级和水胶比的大小。由于拌制混凝土拌合物时，为了获得必要的流动性，常需要加入较多的水，多余的水所占空间在混凝土硬化后成为毛细孔，使得混凝土密实度降低，强度下降。

大量试验结果表明，在原材料一定的情况下，当混凝土强度等级小于 C60 时，混凝土 28 d 龄期的强度与水胶比(W/B)的关系呈近似双曲线形状，也就是说混凝土 28 d 龄期的强度与胶水比(B/W)呈线性关系，则有如下混凝土强度经验公式：

$$f_{cu} = A \cdot f_{ce} \cdot \left(\frac{B}{W} - B \right) \tag{4-6}$$

式中　f_{cu}——混凝土 28 d 龄期的立方体抗压强度(MPa)；

　　　f_{ce}——水泥 28 d 龄期的胶砂抗压强度(MPa)；

　　　B/W——混凝土的胶水比；

　　　A，B——与粗集料有关的回归系数。

随着现代混凝土技术的发展，在配制混凝土时常掺入矿物掺合料以改善混凝土的性能。《普通混凝土配合比设计规程》(JGJ 55—2011)中将掺入混凝土中的活性矿物掺合料和水泥统称为混凝土中的胶凝材料。此时，混凝土强度经验公式如下：

$$f_{cu} = \alpha_a \cdot f_b \cdot \left(\frac{B}{W} - \alpha_b \right) \tag{4-7}$$

式中　f_{cu}——混凝土 28 d 龄期的立方体抗压强度(MPa)；

　　　f_b——胶凝材料 28 d 龄期的胶砂抗压强度(MPa)；

　　　B/W——胶水比；

　　　α_a，α_b——与粗集料有关的回归系数。

(2)养护温度和湿度。混凝土的强度极大地受所处的环境条件的影响。一定的温度和湿度条件是混凝土中胶凝材料正常水化的条件，也是混凝土强度发展的必要条件。

混凝土中水泥的水化作用受养护温度的影响极大，养护温度越高，初期的水化作用越快，早期强度也越大。温度降低，则水泥水化减慢，早期强度将明显降低。

当环境温度低于混凝土中水的冰点时，混凝土就会产生冻结。水泥混凝土在 $-0.5\ ^\circ\text{C} \sim 2.0\ ^\circ\text{C}$ 时冻结。假如冻结，水泥就不发生水化作用。冻结的混凝土，如在适当温度下养护，强度会有某种程度的增长，但与标准养护的混凝土相比，强度明显降低。但是，如果混凝土有某种程度的硬化，冻结后养护充分，也可恢复其强度。当抗压强度达到 40 MPa 时，冻害的影响就不大了。

混凝土在连续不断的湿润养护下，其强度随着龄期的增长而增长。如果混凝土干燥，水泥的水化作用马上就会停滞。刚浇筑后就暴露在室外的试件，龄期为 6 个月的抗压强度，是连续潮湿养护、同龄期 6 个月的抗压强度的 40%。

由于混凝土的强度受温度和湿度影响很大，在工程中，要特别注意对混凝土进行养护。养护就是在混凝土浇筑后给予一定的温度、湿度环境条件，使其正常凝结硬化。许多混凝土质量事故都是由于养护不当所造成的。

按养护的条件不同，混凝土的养护可分为标准养护、自然养护、蒸汽养护和蒸压养护。

1)标准养护是在温度为(20±2)℃、相对湿度≥95%条件下进行的养护,评定强度等级时需采用该养护条件。

2)自然养护是指对在自然条件(或气候条件)下的混凝土适当地采取一定的保温、保湿措施,并定时定量地向混凝土浇水,保证混凝土材料强度能正常发展的一种养护方式。

3)蒸汽养护是将混凝土在温度<100 ℃、压力为1 atm的水蒸气中进行的一种养护。蒸汽养护可提高混凝土的早期强度,缩短养护时间。蒸汽养护的温度与混凝土所采用的水泥品种有关,对普通水泥为80 ℃左右,矿渣、火山灰水泥为90 ℃左右。普通水泥和硅酸盐水泥在蒸汽养护后早期强度提高,但后期强度则较正常养护的混凝土低。

4)蒸压养护是将混凝土材料在8~16 atm[①]下,175 ℃~203 ℃的水蒸气中进行的一种养护。蒸压养护可大大提高混凝土材料的早期强度,后期强度也不降低。

(3)龄期。龄期是指混凝土在正常养护条件下所经历的时间。混凝土的强度随龄期的增长而提高,一般早期(7~14 d)增长较快,以后逐渐变缓,28 d后增长更加缓慢,但可延续几年甚至几十年之久,如图4-9(a)所示。

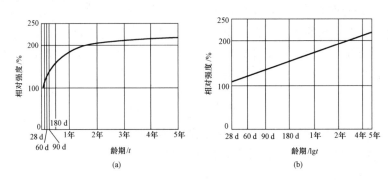

图4-9 混凝土强度与龄期的关系

(a)相对强度与龄期(t)关系;(b)相对强度与龄期对数($\lg t$)关系

混凝土强度与龄期的关系,对于用早期强度推算长期强度和缩短混凝土强度判定的时间具有重要的实践意义。图4-9(b)是D. 阿布拉姆斯提出的在潮湿养护条件下,混凝土的强度与龄期(以对数表示)的直线关系。其经验公式如下:

$$\frac{f_n}{f_{28}}=\frac{\lg n}{\lg 28} \tag{4-8}$$

式中　f_n——混凝土 n d 龄期的抗压强度(MPa);

　　　f_{28}——混凝土28 d龄期的抗压强度(MPa);

　　　n——养护龄期(d)$n \geqslant 3$。

上式仅适用于正常条件硬化的中等强度等级的普通混凝土,且实际情况要复杂得多,仅作为参考。

(4)试验条件对混凝土强度的影响。试验条件包括试件尺寸、试件形状、试件表面状态、加荷速度等。

1)试件尺寸。混凝土试件尺寸越小,测得的抗压强度值就越大。我国标准规定,采用边长为150 mm的立方体试件作为标准试件,当采用非标准试件时,应将其抗压强度乘以

———————

① 1 atm=101.325 kPa。

尺寸折算系数，折算成边长为 150 mm 的标准尺寸试件抗压强度。根据《混凝土强度检验评定标准》(GB/T 50107—2010)的要求，尺寸折算系数按下列规定采用：当混凝土强度等级低于 C60 时，对边长为 100 mm 的立方体试件取 0.95，对边长为 200 mm 的立方体试件取 1.05；当混凝土强度等级不低于 C60 时，宜采用标准尺寸试件；使用非标准尺寸试件时，尺寸折算系数应由试验确定，其试件数量不应少于 30 组。

2) 试件形状。当试件受压面积相同，而高度不同时，高宽比越大，抗压强度越小。这是由于环箍效应所致。当试件受压时，试件受压面与试件承压板之间的摩擦力对试件相对于承压板的横向膨胀起着约束作用，如图 4-10 所示，该约束有利于强度的提高。越接近试件的断面，这种约束作用就越大，在距离断面大约 $\frac{\sqrt{3}}{2}a$(a 为立方体试件边长)的范围以外，约束作用才会消失。试件破坏后，其上、下部分各呈现一个较完整的棱锥体，如图 4-11 所示，这就是约束作用的结果，称为环箍效应。

3) 试件表面状态。混凝土试件承压面的状态，也是影响混凝土强度的重要因素。当试件受压面有润滑剂时，试件受压时的环箍效应大大减小，测出的强度值较低，试件将出现直裂破坏，如图 4-12 所示。

4) 加荷速度。同一批混凝土试件，在不同的试验条件下，所测抗压强度值会有差异，其中，最主要的影响因素是加荷速度。加荷速度越快，测得的强度值也越大，反之则小。当加荷速度超过 1.0 MPa/s 时，强度增大更加显著。

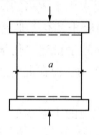
图 4-10　压力机压板试件的破坏情况

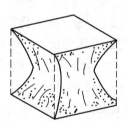
图 4-11　试件破坏后残存的棱锥体

图 4-12　不受压板约束时对试件的约束作用

4. 混凝土强度的提高措施

现代混凝土的强度不断提高，强度等级为 C40、C50 的普通混凝土应用已很普遍，提高混凝土强度的技术措施主要有以下几个：

(1) 采用高强度等级的水泥。提高水泥的强度等级可有效提高混凝土的强度，但由于水泥强度等级的增加受到原料、生产工艺的制约，故单纯靠提高水泥强度来达到提高混凝土强度的目的，往往是不现实的，也是不经济的。

(2) 降低水胶比。降低水胶比是提高混凝土强度的有效措施。混凝土拌合物的水胶比降低，可降低硬化混凝土的孔隙率，明显增加胶凝材料与集料之间的黏结力，使混凝土强度提高。但降低水胶比会使混凝土拌合物的工作性下降。因此，必须有相应的技术措施配合，如采用机械强力振捣、掺加提高混凝土工作性的外加剂。

(3) 掺加外加剂。掺加外加剂是提高混凝土强度的有效方法之一。减水剂和早强剂都能对混凝土的强度发展起到明显的促进作用，尤其是在高强度混凝土(强度等级大于 C60 的)

设计中，采用高效减水剂已成为关键的技术措施。但需指出的是，早强剂只可提高混凝土的早期(≤10 d)强度，而对 28 d 强度影响不大。

(4)采用湿热养护。除采用蒸汽养护、蒸压养护、冬季集料预热等技术措施外，还可利用蓄存水泥本身的水化热来提高强度增长速度。

(5)改进施工工艺。采用机械搅拌、强力振捣，都可使混凝土拌合物在低水胶比的情况下更加均匀、密实地浇筑，从而使混凝土获得更高的强度。近年来，高速搅拌法、二次投料搅拌法及高频振捣法等新的施工工艺在工程中的应用，都取得了较好的效果。

(6)龄期的调整。如前所述，混凝土随龄期的延续，强度会持续上升。实践证明，混凝土的龄期在 3~6 个月时，强度较 28 d 的会提高 25%~50%。工程某些部位的混凝土如在 6 个月后才能满载使用，则该部位的强度可适当降低，以节约水泥。但具体应用时，应得到设计、管理单位的批准。

三、混凝土的变形

混凝土的变形包括非荷载作用下的变形和荷载作用下的变形。非荷载作用下的变形分为混凝土的化学收缩、干湿变形及温度变形；荷载作用下的变形分为短期荷载作用下的变形及长期荷载作用下的变形——徐变。

1. 非荷载作用下的变形

(1)化学收缩(自身体积变形)。在混凝土硬化过程中，由于水泥水化生成物的固体体积比反应前物质的总体积小，引起混凝土的收缩，称为化学收缩。混凝土的化学收缩是不能恢复的，其收缩量随混凝土硬化龄期的延长而增加，一般在 40 d 内趋于稳定。化学收缩的特点是不能恢复，收缩值较小(小于 1%)，对混凝土结构没有破坏作用，但在混凝土内部可能产生微细裂缝而影响承载状态(产生应力集中)和耐久性。

(2)干湿变形。由于混凝土周围环境湿度的变化，故会引起混凝土的干湿变形，表现为干缩湿胀。

混凝土在干燥过程中，由于毛细孔水的蒸发，使毛细孔中形成负压，随着空气湿度的降低，负压逐渐增大，产生收缩力，导致混凝土收缩。同时，水泥凝胶体颗粒的吸附水也发生部分蒸发，凝胶体因失水而产生紧缩。混凝土的这种体积收缩，在重新吸水后可大部分恢复。当混凝土在水中硬化时，体积产生轻微膨胀，这是由凝胶体中胶体粒子的吸附水膜增厚，胶体粒子之间的距离增大所致。

混凝土的湿胀变形量很小，一般无破坏作用。但干缩变形对混凝土危害较大，干缩能使混凝土表面产生较大的拉应力而导致开裂，降低混凝土的抗渗、抗冻、抗侵蚀等耐久性能。

一般条件下，混凝土的极限收缩值达 $(50\sim90)\times10^{-5}$ mm/mm。在工程设计时，混凝土的线性收缩采用 $(15\sim20)\times10^{-5}$ mm/mm，即 1 m 收缩 0.15~0.20 mm。

(3)温度变形。温度变形是指混凝土随着温度的变化而产生热胀冷缩变形。混凝土的温度变形系数为 $(1\sim1.5)\times10^{-5}$ mm/℃，即温度每升高 1 ℃，每 1 m 胀缩 0.01~0.015 mm。温度变形对大体积混凝土、纵长的混凝土结构、大面积混凝土工程极为不利，易使这些混凝土产生温度裂缝。在大体积混凝土施工时，可采取的措施有采用低热水泥、减少水泥用量、掺加缓凝剂、采用人工降温、设温度伸缩缝，以及在结构内配置温度钢筋等，以减少因温度变形而引起的混凝土质量问题。

2. 荷载作用下的变形

(1)短期荷载作用下的变形。混凝土是一种由胶凝材料、砂、石、游离水、气泡等组成的不匀质的多组分三相复合材料，为弹塑性体。其在受力时既产生弹性变形，又产生塑性变形。其应力与应变的关系呈曲线，如图 4-13 所示。

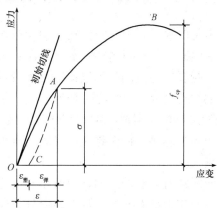

图 4-13　混凝土在压力作用下的应力-应变曲线

在静力试验的加荷过程中，若加荷至应力为 σ、应变为 ε 的 A 点，然后将荷载逐渐卸去，则卸荷时的应力-应变曲线如 AC 所示(微向上弯曲)。卸荷后能恢复的应变 $\varepsilon_{弹}$ 是由混凝土的弹性引起的，称为弹性应变；剩余的不能恢复的应变 $\varepsilon_{塑}$ 是由混凝土的塑性引起的，称为塑性应变。

弹性模量是反映应力与应变关系的物理量，因混凝土是弹塑性体，随荷载不同，应力与应变之间的比值也在变化，也就是说混凝土的弹性模量不是定值。在计算钢筋混凝土结构的变形、裂缝开展及大体积混凝土的温度应力时，需知道该混凝土的弹性模量。《混凝土物理力学性能试验方法标准》(GB/T 50081—2019)中规定，采用 150 mm×150 mm×300 mm 的标准试件，以标准方法来测定混凝土的静力受压弹性模量。

影响混凝土弹性模量的主要因素有混凝土的强度、集料的含量及其弹性模量，以及养护条件等。混凝土的强度越高，弹性模量越大，当混凝土的强度等级由 C15 增加到 C80 时，其弹性模量大致由 $2.20×10^4$ N/mm² 增加到 $3.80×10^4$ N/mm²；集料的含量越多，弹性模量越大，混凝土的弹性模量越高；当混凝土的水胶比较小、养护较好及龄期较长时，混凝土的弹性模量较大。

(2)长期荷载作用下的变形——徐变。混凝土在持续荷载作用下，除产生瞬间的弹性变形和塑性变形外，还会产生随时间增长的变形，该变形称为徐变，如图 4-14 所示。

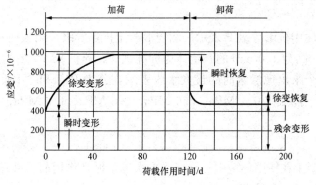

图 4-14　徐变变形与徐变恢复

在加荷瞬间，混凝土产生瞬时变形，随着时间的延长，又产生徐变变形。在荷载初期，徐变变形增长较快，以后逐渐变慢并稳定下来，最终徐变变形可达 $(3 \sim 15) \times 10^{-4}$ mm/mm，即 0.3~1.5 mm/m。卸荷后，一部分变形瞬时恢复，其值小于在加荷瞬间产生的瞬时变形。在卸荷后的一段时间内变形还会继续恢复，称为徐变恢复。最后残存的不能恢复的变形，称为残余变形。

混凝土的徐变，一般认为是由水泥石中凝胶体在长期荷载作用下的黏性流动，使凝胶孔水向毛细孔内迁移所致。在混凝土的较早龄期加载，水泥尚未充分水化，所含凝胶体较多，且水泥石中毛细孔较多，凝胶体易流动，所以徐变发展较快。在晚龄期，水泥继续水化，凝胶体含量相对减少，毛细孔也少，徐变发展渐慢。

混凝土的徐变受许多因素的影响。混凝土的水胶比较小或在水中养护时，徐变较小；水胶比相同的混凝土，其水泥用量越多，徐变越大；混凝土所用集料弹性模量越大，徐变越小；所受应力越大，徐变越大。

混凝土的徐变对结构物的影响有有利的方面，也有不利的方面。有利的是，徐变可减弱钢筋混凝土内的应力集中，使应力重新分布，从而使混凝土构件中局部应力集中得到缓解；对大体积混凝土则能消除一部分由于温度变形所产生的破坏应力。不利的是，在预应力钢筋混凝土中，混凝土的徐变将使钢筋的预应力受到损失。

四、混凝土的耐久性

混凝土的耐久性是指材料在外部和内部不利因素的长期作用下，保持其原有性能和作用功能的性质。以往人们过于注重混凝土的强度，而在实际应用中，许多混凝土结构的破坏不是由于强度不足，而是在长期遭受了自然界的侵蚀后出现了裂缝、碳化、风化、锈蚀等问题，需要修复、加固，甚至不得不废弃。因此，提高混凝土耐久性，对于延长结构寿命、减少修复工作量、提高经济效益具有重要的意义。

耐久性是反映材料抵抗外界不利因素的综合性质，通常包括混凝土的抗渗性、抗冻性、抗碳化性、抗侵蚀性、碱-集料反应和表面磨损。

1. 抗渗性

抗渗性是指混凝土抵抗压力介质（水、油、溶液等）渗透的性能。混凝土的抗渗性是决定混凝土耐久性最主要的因素，抗渗能力的大小主要与其本身的密实度、内部孔隙的大小及构造有关。混凝土渗水（或油）是由于内部存在相互连通的孔隙和裂缝，这些孔道除由于施工振捣不密实外，主要源于水泥浆中多余的水分蒸发和泌水后留下或形成的毛细管孔道及粗集料下界面聚积的水所形成的孔隙。渗水孔道的多少主要与水胶比有关。水胶比小，则抗渗性能越好。

混凝土的抗渗性用抗渗等级 P 表示。测定混凝土抗渗等级采用顶面直径为 175 mm、底面直径为 185 mm、高为 150 mm 的圆台体为标准试件，养护 28 d，在标准试验方法下，以每组六个试件中四个未出现渗水时的最大水压表示，分为 P4、P6、P8、P10、P12 五个等级，分别表示混凝土能抵抗 0.4 MPa、0.6 MPa、0.8 MPa、1.0 MPa、1.2 MPa 的水压力而不渗水。

2. 抗冻性

抗冻性是指混凝土在使用环境中，能经受多次冻融循环作用而不破坏，同时，不严重降低强度的性能。对于受冻害影响的寒冷地区的混凝土，要求具有一定的抗冻能力。混凝土吸水饱和受冻，其内部孔隙中的水就会在负温下结冰，产生体积膨胀。当膨胀力超过混凝土的抗拉强度时，混凝土产生细微裂缝。经多次冻融循环，细微裂缝逐渐扩展，使混凝土表面疏松剥落，质量损失，强度降低，直至破坏。混凝土的抗冻性取决于其本身的密实度、孔隙构造和数量、孔隙的充水程度。密实的混凝土和具有封闭孔隙的混凝土，其抗冻性较高。

混凝土抗冻性以抗冻等级 F 表示，它以 28 d 龄期的混凝土标准试件，在饱水后承受反复冻融循环，以抗压强度损失不超过 25%，且质量损失不超过 5% 时的最大循环次数来确定。混凝土的抗冻等级有 F10、F15、F25、F50、F100、F150、F200、F250 和 F300 九个等级，分别表示混凝土能承受冻融循环的最大次数不小于 10、15、25、50、100、150、200、250 和 300。抗冻等级等于或大于 F50 的混凝土，称为抗冻混凝土。

3. 抗碳化性

混凝土碳化作用是碳酸气或含碳酸的水与混凝土中氢氧化钙作用生成碳酸钙的反应。碳化过程是外界环境中的 CO_2 通过混凝土表层的孔隙和毛细孔，不断地向内部扩散的过程。

混凝土的碳化一定要有水分存在。当环境的相对湿度为 50%～60% 时碳化的反应最快，但当孔隙全部为水分所充满时也会妨碍 CO_2 的扩散。CO_2 扩散的深度，通常用来作为评价混凝土抗碳化性能的技术参数。掺混合材料配成的混凝土易产生碳化。混凝土的孔隙率越小、孔径越细，CO_2 的扩散速率越慢，碳化作用也越小。施工中由于振捣不密实所产生的蜂窝麻面及混凝土表面开裂，均会使碳化大大加快。

碳化作用通常是指 CO_2 气体的作用，它不会直接引起混凝土性能的劣化，经过碳化的水泥混凝土，表面强度、硬度、密度还能有所提高。

碳化又称为混凝土的中性化，混凝土中的钢筋受碱环境保护不易受到腐蚀，但碳化发生后保护作用消除，钢筋容易产生锈蚀。另外，碳化作用产生碳化收缩，有可能在混凝土表面产生裂缝。

碳化深度通常可用无色酚酞试液来鉴定。将无色酚酞涂在断面上，混凝土表层碳化后不呈现红色，而未碳化的混凝土则会变成红色。

4. 抗侵蚀性

混凝土在使用过程中会与酸、碱、盐类化学物质接触，这些化学物质会导致水泥石腐蚀，从而降低混凝土的耐久性。有关酸、碱、盐类化学物质对水泥石的腐蚀参见水泥石的腐蚀的内容。

5. 碱-集料反应

碱-集料反应是指水泥中的碱（Na_2O、K_2O）与集料中的活性二氧化硅反应，在集料表面生成复杂的碱-集料凝胶，吸水后体积膨胀导致混凝土开裂破坏使混凝土的耐久性严重降低的现象。

碱-集料反应的产生有三个条件：水泥中含碱量高；砂石集料中含有活性二氧化硅成分；有水存在。

防止碱-集料反应发生的主要措施有：采用含碱量小于 0.6% 的水泥；选用非活性集料；掺入活性混合材料吸收溶液中的碱，使反应产物分散而减少膨胀值；掺入引气剂产生微小气泡，降低膨胀压力；防止水分侵入，设法使混凝土处于干燥状态。

第三节　混凝土的配合比设计

一、配合比设计原则

（1）所配制的混凝土质量应均匀而密实，在可能浇筑施工的条件下应采用较小的用水量，拌合物的坍落度不宜过大，混凝土应能满足结构设计的强度要求。

（2）从经济观点考虑，水泥用量在满足耐久性和施工和易性要求的条件下应尽量少一些。同理，对于粗集料的最大粒径，在适应构件尺寸、钢筋间距和施工要求的条件下，应尽可能选用大一些。

普通混凝土配
合比设计规程

（3）应具有与建筑物相适应的耐久性，并满足特殊条件下的抗冻、抗渗、耐侵蚀、耐磨等要求。保证混凝土耐久性的基本措施是在配合比设计中限制最大水胶比和最小水泥用量。

二、配合比设计基本参数的确定

混凝土的配合比设计，实际上就是单位体积混凝土拌合物中水、水泥、粗集料（石子）、细集料（砂）四种材料的用量的确定。反映四种组成材料间关系的三个基本参数，即水胶比、单位用水量和砂率，它们一旦确定，混凝土的配合比也就确定了。

（一）水胶比的确定

水胶比的确定，主要取决于混凝土的强度和耐久性。从强度角度看，水胶比应小些，水胶比可根据混凝土的强度公式来确定；从耐久性角度看，水胶比小些，水泥用量多些，混凝土的密度就高，耐久性则优良，这可通过控制最大水胶比和最小水泥用量来满足。由强度和耐久性分别决定的水胶比往往是不同的，此时应取较小值。但在强度和耐久性都已满足的前提下，水胶比应取较大值，以获得较高的流动性。

（二）单位用水量的确定

用水量的多少，是影响混凝土拌合物流动性大小的重要因素。单位用水量在水胶比和水泥用量不变的情况下，实际反映的是水泥浆量与集料用量之间的比例关系。水泥浆量要满足包裹粗、细集料表面并保持足够流动性的要求，但用水量过大会降低混凝土的耐久性。水胶比在 0.40～0.80 范围内时，考虑粗集料的品种、最大粒径，单位用水量按表 4-15 和表 4-16 确定。

（三）砂率的确定

砂率的大小不仅影响拌合物的流动性，而且对其黏聚性和保水性也有很大的影响。因此，配合比设计应选用合理砂率。砂率主要应从满足工作性和节约水泥两个方面考虑。在水胶比和水泥用量（水泥浆量）不变的前提下，应取坍落度最大而黏聚性和保水性又好的砂率，即合理砂率，这可由表 4-18 初步决定，经试拌调整而最终确定。在工作性满足的情况下，砂率应尽可能取小值，以达到节约水泥的目的。

表 4-18　混凝土的砂率 %

水胶比	卵石最大公称粒径/mm			碎石最大公称粒径/mm		
	10.0	20.0	40.0	16.0	20.0	40.0
0.40	26～32	25～31	24～30	30～35	29～34	27～32
0.50	30～35	29～34	28～33	33～38	32～37	30～35
0.60	33～38	32～37	31～36	36～41	35～40	33～38
0.70	36～41	35～40	34～39	39～44	38～43	36～41

注：1. 表中数值是中砂的选用砂率，对细砂或粗砂可相应地减小或增大砂率。
　　2. 采用人工砂配制混凝土时，砂率可适当增大。
　　3. 只用一个单粒级粗集料配制混凝土时，砂率应适当增大。

三、配合比设计步骤

根据《普通混凝土配合比设计规程》(JGJ 55—2011)规定，按以下步骤和方法通过计算的方式确定。

(一)确定计算配合比

计算配合比是指按原材料性能、混凝土技术要求和施工条件，利用混凝土强度经验公式和图表进行计算所得到的配合比。

1. 确定混凝土配制强度

(1)混凝土配制强度应按下列规定确定：

1)当混凝土的强度等级小于 C60 时，配制强度应按下式确定：

$$f_{cu,0} \geqslant f_{cu,k} + 1.645\sigma \tag{4-9}$$

式中　$f_{cu,0}$——混凝土配制强度(MPa)；

$f_{cu,k}$——混凝土立方体抗压强度标准值，这里取混凝土的设计强度等级值(MPa)；

σ——混凝土强度标准差(MPa)。

2)当设计强度等级不小于 C60 时，配制强度应按下式确定：

$$f_{cu,0} \geqslant 1.15 f_{cu,k} \tag{4-10}$$

当具有近 1～3 个月的同一品种、同一强度等级混凝土的强度资料，且试件组数不小于30 时，混凝土强度标准差可由下式计算得出：

$$\sigma = \sqrt{\frac{\sum\limits_{i=1}^{N} f_{cu,i}^2 - nm_{f_{cu}}^2}{n-1}} \tag{4-11}$$

式中　σ——混凝土强度标准差；

$f_{cu,i}$——第 i 组的试件强度(MPa)；

$m_{f_{cu}}$——组试件的强度平均值(MPa)；

n——试件组数。

当没有近期的同一品种、同一强度等级混凝土的强度资料时，其强度标准差可按表 4-19 取值。

表 4-19 标准差 σ 值   MPa

混凝土强度等级	≤C20	C25～C45	C50～C55
σ	4.0	5.0	6.0

(2)确定混凝土水胶比。当混凝土的强度等级小于 C60 时，混凝土水胶比宜按下式计算：

$$W/B=\frac{\alpha_a f_b}{f_{cu,0}+\alpha_a \alpha_b f_b} \tag{4-12}$$

式中 W/B——混凝土水胶比；

    α_a，α_b——回归系数，有条件时可以通过试验测定，无条件时按表 4-20 中取值；

    f_b——胶凝材料 28 d 胶砂抗压强度(MPa)。

表 4-20 回归系数(α_a、α_b)取值表

系数 \ 粗集料品种	碎石	卵石
α_a	0.53	0.49
α_b	0.20	0.13

当无实测值时，f_b 可按下式确定：

$$f_b=\gamma_f \gamma_s f_{ce} \tag{4-13}$$

式中 γ_f，γ_s——粉煤灰影响系数和粒化高炉矿渣粉影响系数，可按表 4-21 确定。

    f_{ce}——水泥 28 d 胶砂抗压强度(MPa)。

表 4-21 粉煤灰影响系数(γ_f)和粒化高炉矿渣粉影响系数(γ_s)

掺量/% \ 种类	粉煤灰影响系数 γ_f	粒化高炉矿渣粉影响系数 γ_s
0	1.00	1.00
10	0.85～0.95	1.00
20	0.75～0.85	0.95～1.00
30	0.65～0.75	0.90～1.00
40	0.55～0.65	0.80～0.90
50	—	0.70～0.85

注：1. 采用 Ⅰ 级、Ⅱ 级粉煤灰宜取上限值。

    2. 采用 S75 级粒化高炉矿渣粉宜取下限值，采用 S95 级粒化高炉矿渣粉宜取上限值，采用 S105 级粒化高炉矿渣粉可取上限值加 0.05。

    3. 当超出表中的掺量时，粉煤灰和粒化高炉矿渣粉影响系数应经试验确定。

计算出的水胶比，应小于规定的最大水胶比。若计算得出的水胶比大于最大水胶比，则取最大水胶比，以保证混凝土的耐久性。

2. 确定用水量 m_{w0} 和外加剂用量 m_{a0}

(1)干硬性和塑性混凝土用水量的确定。混凝土水胶比在 0.40~0.80 范围时，可按表 4-15 和表 4-16 确定；混凝土水胶比小于 0.40 时，可通过试验确定。

(2)流动性和大流动性混凝土用水量的确定。掺外加剂时，每立方米流动性或大流动性混凝土的用水量 m_{w0} 可按下式计算：

$$m_{w0} = m'_{w0}(1-\beta) \tag{4-14}$$

式中　m_{w0}——计算配合比每立方米混凝土的用水量（kg/m³）；

　　　m'_{w0}——未掺外加剂时推定的满足实际坍落度要求的每立方米混凝土的用水量（kg/m³），以表 4-15 中 90 mm 坍落度的用水量为基础，按每增大 20 mm 坍落度相应增加 5 kg/m³ 用水量来计算；当坍落度增大到 180 mm 以上时，随坍落度相应增加的用水量可减少；

　　　β——外加剂的减水率（%），应经混凝土试验确定。

(3)每立方米混凝土中外加剂用量（m_{a0}）应按下式计算：

$$m_{a0} = m_{b0}\beta_a \tag{4-15}$$

式中　m_{a0}——计算配合比每立方米混凝土中外加剂用量（kg/m³）；

　　　m_{b0}——计算配合比每立方米混凝土中胶凝材料用量（kg/m³）；

　　　β_a——外加剂掺量（%），应经混凝土试验确定。

3. 计算胶凝材料用量 m_{b0}、矿物掺合料用量 m_{f0} 和水泥用量 m_{c0}

(1)每立方米混凝土的胶凝材料用量 m_{b0} 按下式计算，并进行试拌调整，在拌合物性能满足的情况下，取经济、合理的胶凝材料用量：

$$m_{b0} = \frac{m_{w0}}{W/B} \tag{4-16}$$

式中　m_{b0}——计算配合比每立方米混凝土中胶凝材料用量（kg/m³）；

　　　m_{w0}——计算配合比每立方米混凝土的用水量（kg/m³）；

　　　W/B——混凝土水胶比。

(2)每立方米混凝土的矿物掺合料用量按下式计算：

$$m_{f0} = m_{b0}\beta_f \tag{4-17}$$

式中　m_{f0}——计算配合比每立方米混凝土中矿物掺合料用量（kg/m³）；

　　　β_f——矿物掺合料掺量（%）。

(3)每立方米混凝土的水泥用量 m_{c0} 按下式计算：

$$m_{c0} = m_{b0} - m_{f0} \tag{4-18}$$

式中　m_{c0}——计算配合比每立方米混凝土中水泥用量（kg/m³）。

4. 选取合理砂率 β_s

砂率应根据集料的技术指标、混凝土拌合物性能和施工要求，参考既有历史资料确定。当缺乏砂率的历史资料时，混凝土砂率的确定应符合下列规定：

(1)坍落度小于 10 mm 的混凝土，其砂率应经试验确定；

(2)坍落度为 10~60 mm 的混凝土，其砂率可根据粗集料品种、最大公称粒径及水胶比按表 4-18 选取；

(3)坍落度大于 60 mm 的混凝土，其砂率可经试验确定，也可在表 4-18 的基础上按坍落度每增大 20 mm、砂率增大 1% 的幅度予以调整。

5. 计算粗、细集料用量(m_{g0}、m_{s0})

在已知砂率的情况下，粗、细集料的用量可用质量法或体积法求得。

(1)质量法：假定各组成材料的质量之和(拌合物的体积密度)接近一个固定值。当采用质量法计算混凝土配合比时，粗、细集料用量应按式(4-19)计算，砂率应按式(4-20)计算。

$$m_{f0}+m_{c0}+m_{g0}+m_{s0}+m_{w0}=m_{cp} \tag{4-19}$$

$$\beta_s=\frac{m_{s0}}{m_{g0}+m_{s0}}\times 100\% \tag{4-20}$$

式中　m_{g0}——计算配合比每立方米混凝土的粗集料用量(kg/m^3)；

　　　m_{s0}——计算配合比每立方米混凝土的细集料用量(kg/m^3)；

　　　β_s——砂率(%)；

　　　m_{cp}——每立方米混凝土拌合物的假定质量(kg)，可取 2 350～2 450 kg/m^3。

(2)体积法：假定混凝土拌合物的体积等于各组成材料的体积与拌合物中所含空气的体积之和。当采用体积法计算混凝土配合比时，砂率应按式(4-20)计算，粗、细集料用量应按式(4-21)计算：

$$\frac{m_{c0}}{\rho_c}+\frac{m_{f0}}{\rho_f}+\frac{m_{g0}}{\rho_g}+\frac{m_{s0}}{\rho_s}+\frac{m_{w0}}{\rho_w}+0.01\alpha=1 \tag{4-21}$$

式中　ρ_c——水泥密度(kg/m^3)，应按《水泥密度测定方法》(GB/T 208—2014)测定，也可取 2 900～3 100 kg/m^3；

　　　ρ_f——矿物掺合料密度(kg/m^3)，可按《水泥密度测定方法》(GB/T 208—2014)测定；

　　　ρ_g——粗集料的表观密度(kg/m^3)，应按现行行业标准《普通混凝土用砂、石质量及检验方法标准》(JGJ 52—2006)测定；

　　　ρ_s——细集料的表观密度(kg/m^3)，应按现行行业标准《普通混凝土用砂、石质量及检验方法标准》(JGJ 52—2006)测定；

　　　ρ_w——水的密度(kg/m^3)，可取 1 000 kg/m^3；

　　　α——混凝土的含气量百分数，在不使用引气剂或引气型外加剂时，α 可取为 1。

经过上述计算，即可求出计算配合比。

(二)检测和易性，确定试拌配合比

按计算配合比进行混凝土试拌配合比的试配和调整。试配时，每盘混凝土试配的最小搅拌量应符合规定，并不应小于搅拌机公称容量的 1/4 且不应大于搅拌机公称容量。

试拌后立即测定混凝土的工作性。当试拌得出的拌合物坍落度比要求值小时，应在水胶比不变的前提下增加用水量(同时增加水泥用量)；当比要求值大时，应在砂率不变的前提下增加砂、石用量；当黏聚性、保水性差时，可适当加大砂率。调整时，应及时记录调整后的各材料用量(m_{cb}，m_{wb}，m_{sb}，m_{gb})，并实测调整后混凝土拌合物的体积密度 ρ_{0h}(kg/m^3)，令工作性调整后的混凝土试样总质量为 m_{Qb}，其计算公式如下：

$$m_{Qb}=m_{cb}+m_{wb}+m_{sb}+m_{gb}(体积\geqslant 1\ m^3) \tag{4-22}$$

由此得出基准配合比(调整后的 1 m^3 混凝土中各材料用量)：

$$m_{cj}=\frac{m_{cb}}{m_{Qb}}\rho_{0h}(kg/m^3)$$

$$m_{wj} = \frac{m_{wb}}{m_{Qb}}\rho_{0h}(kg/m^3)$$

$$m_{sj} = \frac{m_{sb}}{m_{Qb}}\rho_{0h}(kg/m^3)$$

$$m_{gj} = \frac{m_{gb}}{m_{Qb}}\rho_{0h}(kg/m^3) \tag{4-23}$$

(三)检验强度，确定设计配合比

经过和易性调整得出的试拌配合比，不一定满足强度要求，应进行强度检验。既满足设计强度又比较经济、合理的配合比，称为设计配合比(试验室配合比)。在试拌配合比的基础上做强度试验时，应采用三个不同的配合比，其中一个为试拌配合比中的水胶比，另外两个较试拌配合比的水胶比分别增加和减少 0.05。其用水量应与试拌配合比的用水量相同，砂率可分别增加和减少 1%。当不同水胶比的混凝土拌合物坍落度与要求值的差超过允许偏差时，可通过增、减用水量进行调整。

制作混凝土强度试验试件时，应检验混凝土拌合物的和易性及表观密度，并以此结果作为代表相应配合比的混凝土拌合物性能。每种配合比至少应制作一组(三块)试件，标准养护到 28 d 时试压。

根据试验得出的混凝土强度与其相对应的胶水比 B/W 关系，用作图法或计算法求出与混凝土配制强度 $f_{cu,0}$ 相对应的胶水比，并应按下列原则确定每立方米混凝土的材料用量。

(1)用水量 m_w 应在基准配合比用水量的基础上，根据制作强度试件时测得的坍落度或维勃稠度进行调整确定。

(2)水泥用量 m_c 应以用水量乘以选定出来的胶水比计算确定。

(3)粗集料(m_g)和细集料(m_s)用量应在基准配合比的粗集料和细集料用量的基础上，按选定的胶水比进行调整后确定。

经试配确定配合比后，还应按下列步骤进行校正。

(1)据前述已确定的材料用量，按下式计算混凝土的表观密度计算值 $\rho_{c,c}$：

$$\rho_{c,c} = m_c + m_g + m_s + m_w \tag{4-24}$$

式中　$\rho_{c,c}$——混凝土拌合物的表观密度计算值(kg/m^3)；

　　　m_c——每立方米混凝土的水泥用量(kg/m^3)；

　　　m_g——每立方米混凝土的粗集料用量(kg/m^3)；

　　　m_s——每立方米混凝土的细集料用量(kg/m^3)；

　　　m_w——每立方米混凝土的用水量(kg/m^3)。

(2)按下式计算混凝土配合比校正系数 δ：

$$\delta = \frac{\rho_{c,t}}{\rho_{c,c}} \tag{4-25}$$

式中　$\rho_{c,t}$——混凝土表观密度实测值(kg/m^3)；

　　　$\rho_{c,c}$——混凝土表观密度计算值(kg/m^3)。

当混凝土表观密度实测值 $\rho_{c,t}$ 与计算值 $\rho_{c,c}$ 之差的绝对值不超过计算值的 2% 时，上述配合比可不做校正；当两者之差超过 2% 时，应将配合比中每项材料用量均乘以校正系数 δ，即确定的设计配合比。

根据生产单位常用的材料，可设计出常用的混凝土配合比备用。在使用过程中，应根据原材料情况及混凝土质量检验的结果予以验证或调整。但遇有下列情况之一时，应重新进行配合比设计：

(1)对混凝土性能指标有特殊要求时。

(2)水泥、外加剂或矿物掺合料等原材料品种、质量有显著变化时。

（四）根据含水率，换算施工配合比

试验室得出的设计配合比值中，集料是以干燥状态为准的，而施工现场集料含有一定的水分，因此，应根据集料的含水率对配合比设计值进行修正，修正后的配合比为施工配合比。

经测定施工现场砂的含水率为 w_s，石子的含水率为 w_g，则施工配合比为

$$水泥用量\ m'_c = m_c$$
$$砂用量\ m'_s = m_s(1+w_s)$$
$$石子用量\ m'_g = m_g(1+w_g)$$
$$用水量\ m'_w = m_w - m_s \cdot w_s - m_g \cdot w_g \tag{4-26}$$

式中 m_c，m_w，m_s，m_g——调整后的试验室配合比中每立方米混凝土中的水泥、水、砂和石子的用量（kg/m^3）。

进行混凝土配合比计算时，其计算公式和有关参数表格中的数值均以干燥状态集料（含水率小于 0.05% 的细集料或含水率小于 0.2% 的粗集料）为基准。当以饱和面干集料为基准进行计算时，则应做相应的调整，即施工配合比式(4-26)中的用水量分别表示现场砂石含水率与其饱和面干含水率之差。

第四节　混凝土的质量控制与强度评定

混凝土的质量是影响钢筋混凝土结构可靠性的一个重要因素，为保证结构的可靠，必须在施工过程的各个工序对原材料、混凝土拌合物及硬化后的混凝土进行必要的质量检验和控制。

一、混凝土的质量控制

在实际工程中，由于原材料质量的波动、施工配料称量误差、施工条件和试验条件的变异等许多复杂因素的影响，混凝土质量必然产生一定程度的波动。为了使所生产的混凝土能按规定的保证率满足设计要求，必须加强混凝土的质量控制。

混凝土质量
控制标准

混凝土质量控制包括原材料质量控制、施工过程中的质量控制和养护后的质量控制三个方面，具体应遵循《混凝土质量控制标准》（GB 50164—2011）。

1. 混凝土原材料的质量控制

混凝土是由多种材料混合制作而成的，任何一种组成材料的质量偏差或不稳定，都会造成混凝土整体质量的波动。水泥要严格按其技术质量标准进行检验，并按有关条件进行品种的合理选用，特别要注意水泥的有效期；粗集料、细集料应控制其杂质和有害物质含

量；若不符合要求，应经处理并检验合格后方能使用；采用天然水现场进行拌和的混凝土，对拌和用水的质量应按标准进行检验。对水泥、砂、石、外加剂等主要材料，应检查产品合格证、出厂检验报告或进场复验报告。

2. 混凝土施工过程中的质量控制

混凝土的原材料必须称量准确，每盘称量的允许偏差应控制在水泥、掺合料±2%，粗、细集料±3%，水、外加剂±2%。每工作班抽查不少于一次，各种衡器应定期检验。

混凝土的运输、浇筑及间歇的全部时间不应超过混凝土的初凝时间，要及时观察、检查施工记录。在运输、浇筑过程中，要防止离析、泌水、流浆等不良现象发生，并分层按顺序振捣，严防漏振。

混凝土浇筑完毕后，应按施工技术方案及时采取有效的养护措施，随时观察并检查施工记录。

3. 混凝土养护后的质量控制

混凝土必须养护至表面强度达到 1.2 MPa 以上，才能准许在其上行人或安装模板和支架，否则将损伤构件边角，严重时可能破坏混凝土的内部结构而造成工程质量事故。底模及其支架拆除时的混凝土强度应符合设计要求；当无设计要求时，应符合《混凝土结构工程施工质量验收规范》(GB 50204—2015)的规定。底模拆除时的混凝土强度应符合表 4-22 的要求。

表 4-22　底模拆除时的混凝土强度要求

构件类型	构件跨度/m	达到设计的混凝土立方体抗压强度标准值的百分率/%
板	≤2	≥50
	>2，≤8	≥75
	>8	≥100
梁、拱、壳	≤8	≥75
	>8	≥100
悬臂构件	—	≥100

二、混凝土的质量评定

在混凝土施工中，既要保证混凝土达到设计要求的性能，又要保持其质量的稳定性，但实际上，混凝土的质量不可能是均匀稳定的。造成其质量波动的因素有：水泥、集料等原材料质量的波动；原材料计量的误差；水胶比的波动；搅拌、浇筑、振捣和养护条件的波动；取样方法、试件制作、养护条件和试验操作等因素。

在正常施工条件下，这些影响因素是随机的，混凝土的性能也是随机变化的，因此，可以采用数理统计方法来评定混凝土强度和性能是否达到质量要求。混凝土的抗压强度与其他性能有较好的相关性，能反映混凝土的质量。所以，通常是以混凝土抗压强度作为评定混凝土质量的一项重要指标。

1. 混凝土强度的波动规律

在施工条件一定的情况下，对同一批混凝土进行随机抽样，制作成型，养护28 d，测其抗压强度并绘出强度概率分布曲线，该曲线符合正态分布规律，如图 4-15 所示。正态分布曲线呈钟形，以平均强度为对称轴，两边对称，距离对称轴越远，出现的概率越小，最后逐渐趋向于零；在对称轴两侧曲线上各有一个拐点，拐点与对称轴距离为标准差 σ；曲线和横坐标之间围成的面积为概率总和(100%)。用数理统计方法评定混凝土质量时，常用强度平均值、标准差、变异系数和强度保证率统计参数进行综合评定。

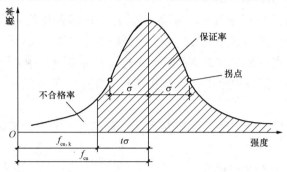

图 4-15 混凝土强度概率分布曲线

(1)强度平均值。强度平均值的计算公式如下：

$$f_{cu} = \frac{1}{n} \sum_{i=1}^{n} f_{cu,i} \tag{4-27}$$

式中 n——试件组数；

$f_{cu,i}$——第 i 组抗压强度值(MPa)。

强度平均值只能反映该批混凝土总体强度的平均水平，而不能反映混凝土强度波动性的情况。

(2)标准差。标准差的计算公式如下：

$$\sigma = \sqrt{\frac{\sum_{n}^{i=1} (f_{cu,i} - f_{cu})^2}{n-1}} = \sqrt{\frac{\sum_{n}^{i=1} f_{cu,i}^2 - n f_{cu}^2}{n-1}} \tag{4-28}$$

标准差也称均方差，是评定混凝土质量均匀性的指标。它是强度分布曲线上拐点距平均强度的差距。σ 值越小，曲线高而窄，说明强度值分布较集中，混凝土质量越稳定，均匀性越好。

(3)变异系数。变异系数按下式计算：

$$C_v = \frac{\sigma}{f_{cu}} \times 100\% \tag{4-29}$$

变异系数又称离差系数。C_v 也是用来评定混凝土质量均匀性的指标。C_v 数值越小，说明混凝土质量越均匀。

(4)混凝土强度保证率。强度保证率 P 是指混凝土强度总体分布中，强度不低于设计强度等级 $f_{cu,k}$ 的概率，以图 4-15 所示正态分布曲线的阴影部分面积来表示。由图 4-15 可知

$$f_{cu} = f_{cu,k} + t\sigma \tag{4-30}$$

式中 t——概率度。

由概率度再根据正态分布曲线可求强度保证率 $P(\%)$，或利用表 4-23 查到 P 值。

$$P = \frac{1}{\sqrt{2\pi}} \int_{t}^{\infty} e^{\frac{t^2}{2}} dt \tag{4-31}$$

表 4-23 不同 t 值的保证率

t	0.00	0.50	0.80	0.84	1.00	1.04	1.20	1.28	1.40	1.50	1.60
$P/\%$	50.0	69.2	78.8	80.0	84.1	85.1	88.5	90.0	91.9	93.3	94.5
t	1.645	1.70	1.75	1.81	1.88	1.96	2.00	2.05	2.33	2.50	3.00
$P/\%$	95.0	95.5	96.0	96.5	97.0	97.5	97.7	98.0	99.0	99.4	99.87

在工程中，P 值可根据统计周期内混凝土试件强度不低于强度等级的组数 N_0 与试件总数 N 之比求得

$$P=\frac{N_0}{N}\times 100\% \tag{4-32}$$

2. 混凝土的试配强度

在配制混凝土时，由于各种因素的影响，混凝土的质量会出现不稳定现象。如果按设计强度等级配制混凝土，则混凝土强度保证率只有 50%，因此，配制混凝土时，为保证 95% 强度保证率，必须使混凝土的配制强度大于设计强度。

根据《普通混凝土配合比设计规程》(JGJ 55—2011)的规定，混凝土配制强度 $f_{cu,0}$ 应按式(4-9)计算。

(1)当施工单位具有近期同一品种混凝土资料时，混凝土强度标准差 σ 可按式(4-28)求得，且符合表 4-24 中的规定。

表 4-24　强度标准差 MPa

生产场所	强度标准差 σ		
	$<$C20	C20～C40	$\geqslant$C45
预拌混凝土搅拌站 预制混凝土构件厂	$\leqslant$3.0	$\leqslant$3.5	$\leqslant$4.0
施工现场搅拌站	$\leqslant$3.5	$\leqslant$4.0	$\leqslant$4.5

当施工单位无统计资料时，σ 可按表 4-25 取值。

表 4-25　混凝土 σ 取值

混凝土强度等级	$\leqslant$C20	C25～C35	C40～C55
σ	4.0	5.0	6.0

(2)当设计强度等级不小于 C60 时，配置强度应按式(4-10)确定。

3. 混凝土强度的评定

根据《混凝土强度检验评定标准》(GB/T 50107—2010)的规定，对混凝土强度应分批进行检验评定。一个验收批的混凝土应由强度等级相同、龄期相同及生产工艺条件和配合比基本相同的混凝土组成。对施工现场的现浇混凝土，应按单位工程的验收项目划分验收批，每个验收项目应按照现行国家标准《混凝土结构工程施工质量验收规范》(GB 50204—2015)确定。

(1)统计方法一(已知标准差法)。当混凝土的生产条件在较长时间内能保持一致，且同

一品种混凝土的强度变异性能保持稳定时，强度评定应由连续三组试件组成一个验收批，其强度应同时满足下列要求：

$$m_{f_{cu}} \geqslant f_{cu,k} + 07\sigma_0 \tag{4-33}$$

$$f_{cu,min} \geqslant f_{cu,k} - 0.7\sigma_0 \tag{4-34}$$

检验批混凝土立方体抗压强度的标准差应按式(4-28)计算。

当混凝土强度等级不高于 C20 时，其强度的最小值尚应满足下式要求：

$$f_{cu,min} \geqslant 0.85 f_{cu,k} \tag{4-35}$$

当混凝土强度等级高于 C20 时，其强度最小值尚应满足下式要求：

$$f_{cu,min} \geqslant 0.90 f_{cu,k} \tag{4-36}$$

式中　$m_{f_{cu}}$——同一验收批混凝土立方体抗压强度的平均值(N/mm^2)，精确至 0.1 N/mm^2；

$f_{cu,k}$——混凝土立方体抗压强度标准值(N/mm^2)，精确至 0.1 N/mm^2；

σ_0——检验批混凝土立方体抗压强度的标准差(N/mm^2)，精确至 0.01 N/mm^2；当检验批混凝土强度标准差 σ_0 计算值小于 2.5 N/mm^2 时，应取 2.5 N/mm^2；

$f_{cu,i}$——前一个检验期内同一品种、同一强度等级的第 i 组混凝土试件的立方体抗压强度代表值(N/mm^2)，精确至 0.1 N/mm^2；该检验期不应少于 60 d，也不得大于 90 d；

$f_{cu,min}$——同一检验批混凝土立方体抗压强度的最小值(N/mm^2)，精确至 0.1 N/mm^2。

(2)统计方法二(未知标准差法)。当混凝土的生产条件在较长时间内不能保持一致，且混凝土强度变异性不能保持稳定，或前一个检验期内的同一品种混凝土没有足够的数据以确定验收批混凝土立方体强度的标准差时，应由不少于 10 组的试件组成一个验收批，其强度应同时满足下列要求：

$$m_{f_{cu}} \geqslant f_{cu,k} + \lambda_1 \cdot S_{f_{cu}} \tag{4-37}$$

$$f_{cu,min} \geqslant \lambda_2 \cdot f_{cu,k} \tag{4-38}$$

式中　$S_{f_{cu}}$——同一验收批混凝土立方体抗压强度标准差(N/mm^2)，精确至 0.1 N/mm^2；当检验批混凝土强度标准差 $S_{f_{cu}}$ 计算值小于 2.5 N/mm^2 时，应取 2.5 N/mm^2；

λ_1，λ_2——合格判定系数，按表 4-26 取用；

表 4-26　混凝土强度的合格判定系数

试件组数	10~14	15~19	≥20
λ_1	1.15	1.05	0.95
λ_2	0.90	0.85	

同一检验批混凝土立方体抗压强度的标准差应按下列公式计算：

$$S_{f_{cu}} = \sqrt{\frac{\sum_{i}^{n} f_{cu,i}^2 - n m_{f_{cu,i}}^2}{n-1}} \tag{4-39}$$

式中　$f_{cu,i}$——第 i 组混凝土试件的立方体抗压强度值(N/mm^2)。

n——本检验期内的样本容量。

(3)非统计方法。按非统计方法评定混凝土强度时，其强度应同时满足下列要求：

$$m_{f_{cu}} \geqslant \lambda_3 \cdot f_{cu,k} \tag{4-40}$$

$$f_{cu,min} \geqslant \lambda_4 \cdot f_{cu,k} \tag{4-41}$$

式中 λ_3，λ_4——合格评定系数，应按表 4-27 取用。

表 4-27   混凝土强度的非统计法合格评定系数

混凝土强度等级	<C60	≥C60
λ_3	1.15	1.10
λ_4	0.95	

(4)混凝土强度的合格性判定。若混凝土强度分批检验结果能满足以上评定的规定，则该批混凝土判为合格；否则，为不合格。对评定不合格批混凝土，可按现行国家的有关标准处理。

第五节   其他品种混凝土

一、轻集料混凝土

轻集料混凝土是指用轻粗集料、轻砂(或普通砂)、水泥和水配制而成的干表观密度不大于 1 950 kg/m³ 的混凝土。按其细集料不同，可分为全轻混凝土(由轻砂作为细集料配制而成的轻集料混凝土)和砂轻混凝土(由普通砂或部分轻砂作为细集料配制而成的轻集料混凝土)。按用途不同可分为保温、结构保温和结构轻集料混凝土。若不掺加细集料，则称为大孔轻集料混凝土。

1. 轻集料

《轻集料及其试验方法   第 1 部分：轻集料》(GB/T 17431.1—2010)中规定：轻集料是指堆积密度不大于 1 200 kg/m³ 的粗、细集料的总称。轻集料可分为轻粗集料和轻细集料。凡粒径大于 5 mm 的轻质集料，均称为轻粗集料；凡粒径小于 5 mm 的轻质集料，均称为轻细集料(或轻砂)。

轻集料按其来源可分为工业废渣轻集料，如粉煤灰陶粒、自燃煤矸石、膨胀矿渣珠、煤渣及其轻砂；天然轻集料，如浮石、火山渣及其轻砂；人造轻集料，如页岩陶粒、黏土陶粒、膨胀珍珠岩及其轻砂。按其粒形可分为圆球型、普通型和碎石型三种。

2. 轻集料混凝土的技术性能

(1)和易性。由于轻集料表面粗糙，吸水率较大，故对拌合物的流动性影响较大。为准确控制流动性，常将轻集料混凝土的拌合水量(总用水量)分成附加水量和净用水量两部分。附加水量是轻集料吸收的，其数量相当于 1 h 的吸水量。这部分水量对拌合物的工作性作用不大。净用水量是指不包括轻集料 1 h 吸水量的混凝土拌合用水量。该部分水量是拌合物流动性的主要影响因素。附加水量及净水量之和为总用水量。同普通混凝土一样，拌合用水量过大，流动性可加大，但会降低其强度。对轻集料混凝土，拌合水量过大还会造成轻集料上浮，造成离析，故须控制用水量。选择坍落度指标时，考虑到振捣成型时轻集料吸入的水可能释出，加大流动性，因此，应比普通混凝土拌合物的坍落度值低10～20 mm。轻集料混凝土与普通混凝土一样，砂率是影响拌合物工作性的另一主要因素，尤其是采用轻砂时，随着砂率的提高，拌合物的工作性有所改善。在轻集料混凝土的配合比设计中，砂率计算采用的是体积比，即细集料与粗、细集料总体积之比。

(2)强度等级与密度等级。轻集料混凝土按其立方体抗压强度标准值划可分为CL5.0、CL7.5、CL10、CL15、CL20、CL25、CL30、CL35、CL40、CL45、CL50、CL55、CL60，共13个强度等级。

轻集料混凝土按其干表观密度可分为14个等级(表4-28)。某一密度等级轻集料混凝土的密度标准值，可取该密度等级干表观密度变化范围的上限值。

轻集料混凝土按其用途可分为三大类，见表4-29。

表 4-28　轻集料混凝土的密度等级

密度等级	干表观密度变化范围 /(kg·m^{-3})	密度等级	干表观密度变化范围 /(kg·m^{-3})
600	560～650	1 300	1 260～1 350
700	660～750	1 400	1 360～1 450
800	760～850	1 500	1 460～1 550
900	860～950	1 600	1 560～1 650
1 000	960～1 050	1 700	1 660～1 750
1 100	1 060～1 150	1 800	1 760～1 850
1 200	1 160～1 250	1 900	1 860～1 950

表 4-29　轻集料混凝土按其用途分类

类别名称	混凝土强度等级的合理范围	混凝土密度等级的合理范围	用途
保温轻集料混凝土	CL5.0	≤800	主要用于保温的围护结构或热工构筑物
结构保温轻集料混凝土	CL5.0 CL7.5 CL10 CL15	800～1 400	主要用于既承重又保温的围护结构
结构轻集料混凝土	CL15 CL20 CL25 CL30 CL35 CL40 CL45 CL50 CL55 CL60	1 400～1 900	主要用于承重构件或构筑物

轻集料强度虽低于普通集料，但轻集料混凝土仍可达到较高强度。其原因在于轻集料表面粗糙而多孔，轻集料的吸水作用使其表面呈低水胶比，提高了轻集料与水泥石的界面黏结强度，使弱结合面变成了强结合面。混凝土受力时不是沿界面破坏，而是轻集料本身先遭到破坏。对低强度的轻集料混凝土，也可能是水泥石先开裂，然后裂缝向集料延伸。因此，轻集料混凝土的强度主要取决于轻集料的强度和水泥石的强度。

轻集料混凝土的强度和表观密度是说明其性能的主要指标。强度越高、表观密度越小的轻集料混凝土性能越好。性能优良的轻集料混凝土，虽然其干表观密度为 $1\,500\sim1\,800\ \text{kg/m}^3$，但其 28 d 抗压强度却可达到 $40\sim70$ MPa。

(3)变形性能。轻集料混凝土较普通混凝土的弹性模量小 $25\%\sim65\%$，而且不同强度等级的轻集料混凝土弹性模量可相差 3 倍多。这有利于改善普通建筑物的抗震性能和抵抗动荷载的作用。增加混凝土组分中普通砂的含量，可以提高轻集料混凝土的弹性模量。

由于轻集料的弹性模量较普通集料小，所以，不能有效抵抗水泥石的干缩变形。故轻集料混凝土的干缩和徐变较大。同强度的结构轻集料混凝土构件的轴向收缩约为普通混凝土的 $1\sim1.5$ 倍。轻集料混凝土这种变形的特点，在设计和施工中都应给予足够的重视，在《轻骨料混凝土应用技术标准》(JGJ/T 12—2019)中，对弹性模量、收缩变形和徐变值的计算都有明确规定。

轻集料混凝土的泊松比可取 0.2。泊松比是材料横向应变与纵向应变的比值，也称横向变形系数，它是反映材料横向变形的弹性常数。

轻集料混凝土的温度线膨胀系数，当温度为 0 ℃～100 ℃时可取 $7\times10^{-6}\sim10\times10^{-6}$。低密度等级者可取下限值，高密度等级者可取上限值。

(4)热工性能。轻集料混凝土具有良好的保温隔热性能，对建筑物的节能有重要的意义。在干燥条件和平衡含水率条件下的各种热物理系数应符合表 4-30 中的要求。

表 4-30　轻集料混凝土的各种热物理系数

密度等级	导热系数		比热容		导温系数		蓄热系数	
	λ_d	λ_c	C_d	C_c	a_d	a_c	S_{d24}	S_{c24}
	W/(m·K)		kJ/(kg·K)		×10³(m²/h)		W/(m²·K)	
600	0.18	0.25	0.84	0.92	1.28	1.63	2.56	3.01
700	0.20	0.27	0.84	0.92	1.25	1.50	2.91	3.38
800	0.23	0.30	0.84	0.92	1.23	1.38	3.37	4.17
900	0.26	0.33	0.84	0.92	1.22	1.33	3.73	4.55
1 000	0.28	0.36	0.84	0.92	1.20	1.37	4.10	5.13
1 100	0.31	0.41	0.84	0.92	1.23	1.36	4.57	5.62
1 200	0.36	0.47	0.84	0.92	1.29	1.43	5.12	6.28
1 300	0.42	0.52	0.84	0.92	1.38	1.48	5.73	6.93
1 400	0.49	0.59	0.84	0.92	1.50	1.56	6.43	7.65
1 500	0.57	0.67	0.84	0.92	1.63	1.66	7.19	8.44
1 600	0.66	0.77	0.84	0.92	1.78	1.77	8.01	9.30
1 700	0.76	0.87	0.84	0.92	1.91	1.89	8.81	10.20

密度等级	导热系数		比热容		导温系数		蓄热系数	
	λ_d	λ_c	C_d	C_c	a_d	a_c	S_{d24}	S_{c24}
	W/(m·K)		kJ/(kg·K)		×10³(m²/h)		W/(m²·K)	
1 800	0.87	1.01	0.84	0.92	2.08	2.07	9.74	11.30
1 900	1.01	1.15	0.84	0.92	2.26	2.23	10.70	12.40

注：1. 轻集料混凝土的体积平衡含水率取 6%；
2. 用膨胀矿渣珠作粗集料的混凝土导热系数可按表列数值降低 25% 取用或经试验确定。

(5)耐久性。大量试验表明，轻集料混凝土具有较好的抗冻性的主要原因，是其在正常使用条件下，当受冻时很少达到孔隙吸水饱和，故孔隙内有较大的未被水充满的空间，当外界温度下降，孔隙内水结冰体积发生膨胀时可有效释放膨胀压力，故有较高的抗冻能力。另一方面，轻集料混凝土较小的导热系数，也减弱了冬季室内外温差在墙体上引起的水分负向迁移，故进一步降低了冻害作用。

轻集料混凝土不同使用条件的抗冻性应符合表 4-31 中的要求。

表 4-31 轻集料混凝土不同使用条件的抗冻性

使用条件		抗冻标号
1. 非采暖地区		F15
2. 采暖地区	相对湿度≤60%	F25
	相对湿度>60%	F35
	干湿交替部位和水位变化部位	≥F50

注：1. 非采暖地区指最冷月份的平均气温高于−5 ℃的地区；
2. 采暖地区指最冷月份的平均气温低于或等于−5 ℃的地区。

结构用砂轻混凝土的抗碳化耐久性应按快速碳化标准试验方法检测，其 28 d 碳化深度应符合表 4-32 中的要求。

表 4-32 砂轻混凝土的碳化深度值

等级	使用条件	碳化深度值，不大于/mm
1	正常湿度，室内	40
2	正常湿度，室外	35
3	潮湿，室外	30
4	干湿交替	25

注：1. 正常湿度指相对湿度为 55%～65%；
2. 潮湿指相对湿度为 65%～80%；
3. 碳化深度值相当于在正常大气条件下，即 CO_2 的体积浓度为 0.03%、温度为 (20±3) ℃环境条件下，自然碳化 50 年时轻集料混凝土的碳化深度。

结构用砂轻混凝土的抗渗性应满足工程设计抗渗等级和有关标准的要求。

次轻混凝土(在轻粗集料中掺入适量普通粗集料，干表观密度大于 1 950 kg/m³、小于或等于 2 300 kg/m³ 的混凝土)的强度标准值、弹性模量、收缩、徐变等有关性能，应通过试验确定。

3. 轻集料混凝土生产施工要点

(1)轻集料混凝土在温度高于或等于 5 ℃的季节施工时，可根据工程需要，对轻粗集料进行预湿处理，这样搅拌的拌合物和易性和水胶比比较稳定。预湿时间可根据外界气温和集料的自然含水状态确定，应提前 0.5 d 或 1 d 对集料进行淋水预湿，然后滤干水分进行投料。在气温低于 5 ℃时不宜进行预湿处理。

(2)轻集料混凝土生产时，砂轻混凝土拌合物中各组成材料应以质量计。全轻混凝土拌合物中的轻集料组分可采用体积计量，但宜按质量进行校核。轻粗、细集料和掺合料的质量计量允许偏差为±3%。水、水泥和外加剂的质量计量允许偏差为±2%。

(3)轻集料易上浮，不易搅拌均匀。因此，应采用强制式搅拌机，且搅拌时间要比普通混凝土略长。

(4)拌合物在运输中应采取措施，以减少坍落度损失和防止离析。当产生拌合物稠度损失和离析较严重时，浇筑前应采用二次拌和，但不得二次加水。拌合物从搅拌机卸料起到浇入模内止的延续时间不宜超过 45 min。

(5)为减少轻集料上浮，施工中最好采用加压振捣。浇筑上表面积较大的构件，当厚度小于或等于 200 mm 时，宜采用表面振动成型；当厚度大于 200 mm 时，宜先用插入式振捣器振捣密实后，再表面振捣。振捣延续时间应以拌合物捣实和避免集料上浮为原则。振捣时间应根据拌合物稠度和振捣部位确定，宜为 10～30 s。

(6)轻集料混凝土浇筑成型后应及时覆盖和喷水养护。采用自然养护时，用普通硅酸盐水泥、硅酸盐水泥、矿渣水泥拌制的轻集料混凝土，湿养护时间不应少于 7 d。用粉煤灰水泥、火山灰水泥拌制的轻集料混凝土及在施工中掺入缓凝剂的混凝土，湿养护时间不应少于 14 d。轻集料混凝土构件用塑料薄膜覆盖养护时，全部表面应覆盖严密，以保持膜内有凝结水。

(7)保温和结构保温类轻集料混凝土构件及构筑物的表面缺陷，宜采用原配合比的砂浆修补。结构轻集料混凝土构件及构筑物的表面缺陷可采用水泥砂浆修补。

4. 轻集料混凝土的应用

轻集料混凝土的强度等级可达 C60，但表观密度较小。轻集料混凝土与普通混凝土的最大不同在于集料中存在大量孔隙，因而，其质量轻、弹性模量小，有很好的防震性能，同时，导热系数大大降低，有良好的保温防热性及抗冻性，是一种典型的轻质、高强、多功能的建筑材料。因此，其综合效益良好，可使结构尺寸减小，增加建筑物的使用面积，降低工程费用和材料运输费用。轻集料混凝土主要适用于高层和多层建筑、软土地基、大跨度结构、抗震结构、要求节能的建筑和旧建筑的加层等。

二、高强度混凝土

高强度混凝土是指强度等级为 C60 及其以上强要等级的混凝土，C100 强度等级以上的混凝土称为超高强度混凝土。

高强度混凝土的特点是强度高、耐久性好、变形小，能适应现代工程结构向大跨度、重载、高耸发展和承受恶劣环境条件的需要。使用高强度混凝土可获得明显的工程效益和经济效益。高效减水剂的使用，使在普通施工条件下制得高强度混凝土成为可能。目前，我国实际应用的高强度混凝土为 C60～C80，主要用于混凝土桩基、预应力轨枕、电杆、大跨度薄壳结构、桥梁等。

提高混凝土强度的途径很多,通常是采取几种技术措施增强效果显著。目前常用的配制原理及其措施有以下几种。

(1)减少混凝土内孔隙,改善孔结构,提高混凝土密实度。掺加高效减水剂,以大幅度降低水胶比,再配合加强振捣,这是目前提高混凝土强度最有效而简便的措施。

(2)提高水泥与集料界面的黏结强度。除采用高强度等级水泥之外,在混凝土中掺加优质掺和料(如硅灰、超细粉煤灰等)及聚合物,可大大减少粗集料周围薄弱区的影响,明显改善混凝土内部结构,提高密实程度。

(3)改善水泥石灰中水化产物的性质。通过蒸压养护及掺入适量掺合料,减少水泥石中低强度游离石灰的数量,使其转化为高强度的低碱性水化硅酸钙。

(4)提高集料强度。选择高强度的集料,其最大粒径要求不大于31.5 mm,针、片状颗粒含量不宜大于5.0%。细集料宜采用中砂,其细度模数不宜大于2.6。砂、石集料级配要良好。另外,还可以用各种短纤维代替部分集料,以改善胶结材料的韧性,提高高强度混凝土的抗拉和抗弯强度。

三、高性能混凝土

高性能混凝土是指各方面性能都很优秀的混凝土。具体来说,高性能混凝土应具有高的耐久性、强度满足设计要求、好的体积稳定性(干缩、徐变、温度变形都要小,弹性模量大)、良好的工作性(流动性满足施工要求,黏聚性和保水性要好)。人们通常关注的是高性能混凝土的工作性和耐久性。

1. 高性能混凝土的实现途径

(1)使用优质的原材料。

1)水泥:水泥可采用硅酸盐水泥或普通硅酸盐水泥。为了提高混凝土的性能和强度,现在人们正在研制和应用球状水泥、调粒水泥和活化水泥等水泥。

2)集料:应选用洁净、致密、强度高、表面粗糙、针片状颗粒少、级配优良的集料,同时,控制粗集料的最大粒径。

3)掺合料:配制高性能混凝土必须掺入细的或超细的优质活性掺合料,如硅灰、磨细矿渣、优质粉煤灰和沸石粉等。加入混凝土中的优质掺合料能改善混凝土的孔结构,改善集料与水泥石的界面结构,提高界面的黏结强度。

4)高效减水剂:配制高性能混凝土必须加入高效减水剂。由于高性能混凝土的水胶比(水的质量与胶凝材料总质量之比)都很小,为保证混凝土有一定的流动性,必须使用高效减水剂,应选用减水效率高、坍落度经时损失小的减水剂,同时,应通过试验确定减水剂的合理用量。

(2)优化混凝土的配合比。

1)严格控制水胶比,水胶比应小于0.4,目前最低的已达到0.22~0.25。

2)控制单位用水量的数量和胶凝材料的总量。单位用水量一般小于160 kg,胶凝材料的总量一般不大于500 kg/m³,掺合料等量取代水泥量可达30%~40%。

3)砂率:应采用合理砂率,通常高性能混凝土的砂率为34%~44%。

4)粗集料的体积含量为0.4左右,最大粒径为10~25 mm。

(3)采用良好的施工工艺。搅拌要均匀、振捣要密实、养护要充分等。

2. 高性能混凝土的特性

（1）自密实性：高性能混凝土掺入高效减水剂，流动性好，同时配合比得到优化，拌合物黏聚性好，抗离析能力强，从而拌合物具有较好的自密实性。

（2）体积稳定性：高性能混凝土弹性模量大，收缩和徐变小，温度变形小。

（3）水化热：由于高性能混凝土中掺合料的用量较多，水泥用量相对较少，因而其水化热较低，放热速度也较慢。

（4）耐久性：高性能混凝土的抗冻性、抗渗性、抗化学腐蚀性和抗氯离子渗透性能明显好于普通混凝土。另外，由于高性能混凝土中加入的活性掺合料能抑制碱-集料反应，其抵抗碱-集料反应的能力明显强于普通混凝土。

四、多孔混凝土

多孔混凝土是一种不用集料，且内部均匀分布着大量微小气泡的轻质混凝土。多孔混凝土孔隙率可达85%，表观密度在300～800 kg/m³，保温性能优良。其导热系数随其表观密度降低而减小，一般为0.09～0.17 W/(m·K)，兼有承重及保温隔热功能。其容易切割，易于施工，可制成砌块、墙板、屋面板及保温制品，广泛用于工业与民用建筑及保温工程中。根据气孔产生的方式不同，多孔混凝土可分为加气混凝土和泡沫混凝土。

1. 加气混凝土

加气混凝土用含钙材料（水泥、石灰）、含硅材料（石英砂、粉煤灰、粒化高炉矿渣等）和引气剂为原料，经过磨细、配料、搅拌、浇筑、成型、切割和蒸压养护（0.8～1.5 MPa下养护6～8 h）等工序生产而成。

一般采用铝粉作为引气剂，将它加入加气混凝土浆料中，与含钙材料中的氢氧化钙发生化学反应放出氢气，形成气泡，使浆料体积膨胀形成多孔结构，其化学反应过程如下：

$$2Al+3Ca(OH)_2+6H_2O \Longrightarrow 3CaO \cdot Al_2O_3 \cdot 6H_2O+3H_2 \uparrow$$

浆料在高压蒸汽养护下，含钙材料和含硅材料发生反应，产生水化硅酸钙，使坯体具有强度。

加气混凝土属于一种高分散多孔结构制品。根据孔径的不同，可将气孔分为毫米级（0.1～5 mm）的宏观气孔和大小为0.007 5～0.1 μm的细微孔。孔径在很大程度上取决于成型方法、原材料性质、引气剂用量、水料之间的比例及发气凝结过程。孔径的大小、孔的均匀性、孔壁厚度与孔壁的性质对加气混凝土的性能有很大影响。一般来说，孔径为0.2～0.5 mm，且主要为球形闭孔结构的加气混凝土技术性能最佳。

加气混凝土制品主要有砌块和条板两种。蒸压加气混凝土砌块按其强度和干密度划分产品等级，其强度级别有A1.0、A2.0、A2.5、A3.5、A5.0、A7.5、A10共7个。干密度级别有B03、B04、B05、B06、B07、B08共6个。蒸压加气混凝土砌块适用于各类建筑地面（±0.000）以上的内外填充墙和地面以下的内填充墙（有特殊要求的墙体除外）。用于外墙的蒸压加气混凝土砌块，强度级别不宜小于A7.5，不应小于A5.0，干密度级别不宜小于B07，也不宜大于B08。蒸压加气混凝土砌块不得用在下列部位：建筑物±0.000以下（地下室的室内填充墙除外）部位；长期浸水或经常干湿交替的部位；受化学侵蚀的环境，如强酸、强碱或高浓度二氧化碳等的环境；砌体表面经常处于80 ℃以上的高温环境；屋面女儿墙。

加气混凝土条板可用于工业和民用建筑中,作为承重和保温合一的屋面板和墙板。条板均配有钢筋,钢筋必须预先经防锈处理。另外,还可用加气混凝土和普通混凝土预制成复合墙板,用作外墙板。蒸压加气混凝土还可做成各种保温制品,如管道保温壳等。

由于加气混凝土能利用工业废料,产品成本较低,能大幅度降低建筑物自重,保温效果良好,因此具有较好的技术经济效益。

2. 泡沫混凝土

泡沫混凝土是将水泥浆与泡沫剂拌和后成型、硬化而成的一种多孔混凝土。

泡沫混凝土在机械搅拌作用下,能产生大量均匀而稳定的气泡。常用的泡沫剂有松香泡沫剂及水解性血泡沫剂。松香泡沫剂是用烧碱加水溶入松香粉,再与溶化的胶液(皮胶或骨胶)搅拌制成浓松香胶液,使用时用温水稀释,经强力搅拌即形成稳定的泡沫。水解性血是用动物血加苛性钠、盐酸、硫酸亚铁、水等配成,使用时经稀释成稳定的泡沫。

配制自然养护的泡沫混凝土时,水泥强度等级不宜低于 32.5 级,否则强度太低。当生产中采用蒸汽养护和蒸压养护时,不仅可缩短养护时间,且能提高强度,还能掺用粉煤灰、炉渣或矿渣等工业废料,以节省水泥,甚至可以全部利用工业废渣代替水泥。如以粉煤灰、石灰、石膏等为胶凝材料,再经蒸压养护,则制成蒸压泡沫混凝土。

泡沫混凝土的技术性能和应用,与相同表观密度的加气混凝土相同。泡沫混凝土还可在现场直接浇筑,用作屋面保温层。

五、大孔混凝土

大孔混凝土是指无细集料的混凝土。按其粗集料的种类,可分为普通无砂大孔混凝土和轻集料大孔混凝土两类。普通大孔混凝土是用碎石、卵石、重矿渣等配制而成。轻集料大孔混凝土是用陶粒、浮石、碎砖、炉渣等配制而成。有时为了提高大孔混凝土的强度,也可掺入少量细集料,这种混凝土称为少砂混凝土。

普通大孔混凝土的表观密度为 1 500～1 900 kg/m³,抗压强度为 3.5～10 MPa。轻集料大孔混凝土的表观密度为 500～1 500 kg/m³,抗压强度为 1.5～7.5 MPa。

大孔混凝土的导热系数小,保温性能好,收缩一般较普通混凝土小 30%～50%,抗冻性能优良。

大孔混凝土宜采用单一粒级的粗集料,如粒级为 10～20 mm 或 10～30 mm,不允许采用小于 5 mm 和大于 40 mm 的集料,宜采用 32.5 级或 42.5 级的水泥。水胶比(对轻集料大孔混凝土为净用水量的水胶比)可为 0.30～0.40,应以水泥浆能均匀包裹在集料表面而不流淌为准。

大孔混凝土适用于制作墙体小型空心砌块、砖和各种板材,也可用于现浇墙体。普通大孔混凝土还可制成滤水管、滤水板等应用于市政工程。

六、纤维混凝土

纤维混凝土也称纤维增强混凝土,它由不连续的短纤维无规则地均匀分散于混凝土中而形成。根据所用的纤维不同,纤维混凝土有金属金属性纤维混凝土、无机非金属纤维混凝土、有机纤维混凝土。

1. 常用的纤维材料

(1) 金属纤维材料：主要是钢纤维。钢纤维形状有多种，如直条形、波浪形、扭曲形、端钩形、S形等，不同形状的纤维对其所配制混凝土的力学性能的改善会有不同。

(2) 无机非金属纤维材料：主要有玻璃纤维、碳纤维、陶瓷纤维、石棉纤维等。

(3) 有机纤维材料：主要有聚丙烯纤维、尼龙纤维、聚乙烯纤维、木纤维等。

2. 纤维混凝土的特性

(1) 在混凝土中加入纤维后，由于纤维的阻裂、增韧和增强作用，能显著降低混凝土的脆性，提高混凝土的韧性。

(2) 混凝土中的纤维能限制混凝土的各种早期收缩，有效地抑制混凝土早期收缩裂纹的产生和发展，可大大增强混凝土的抗裂、抗渗能力。

(3) 钢纤维、玻璃纤维和碳纤维等高弹性模量的纤维，加入混凝土后，不但能提高混凝土的韧性，还可提高混凝土的抗拉强度、刚度和承受动荷载的能力。像尼龙、聚乙烯纤维和聚丙烯纤维等低弹性模量的纤维，虽不能提高混凝土的强度，但可赋予混凝土较大的变形能力，提高混凝土的韧性和抗冲击能力。

(4) 纤维在混凝土中只有当其取向与荷载一致时才有效。双向配置的纤维增强效果只有50%，而三向任意配置的纤维的增强效果更低。但纤维乱向对提高抗剪能力的效果好。

3. 纤维混凝土的应用

钢纤维混凝土已广泛应用于各种土木工程中，如公路路面、桥面、机场跑道护面、抗冲磨水工混凝土、抗震结构、抗爆炸结构、抗冲击结构、薄壁结构等。玻璃纤维增强水泥基复合材料可以用来生产各种结构构件，如薄壁板材或管材、形状复杂的墙体异型板材、装饰构件、卫生器具与容器等。还有碳纤维增强水泥基复合材料，它具有高抗拉、高抗弯、高断裂能、低干缩率、低热膨胀系数、耐高温、高耐久性、耐大气老化、抗腐蚀等很多优点，有些碳纤维还具有特殊的电学性质，能用来配制智能混凝土。

▷ 本章小结

当前，全世界混凝土年产量约为 30×10^9 m³，我国混凝土的总产量为 1.2×10^9 m³，约占全世界的40%，是使用量最大的建筑材料。混凝土材料的发展与社会生产力的发展及建筑技术的进步有着不可分割的联系，建筑工程中许多技术问题的解决往往依赖于混凝土材料的突破。本章主要介绍混凝土概念、基本性能、配合比设计等。

▷ 思考与练习

一、填空题

1. 混凝土按胶凝材料分类可分为_____、_____。

2. 粒径的大小及其在混凝土中所起的作用不同，将集料可分为_____和_____。

3. 砂的_____是砂颗粒在总体上的大小程度，_____是砂颗粒大小的搭配情况。

3. 砂的粗细程度和颗粒级配，通常采用_____进行测定。

4. 集料粒径大于 4.75 mm 的岩石颗粒称为_____，常用的有碎石和卵石。

5. _____是指能提高混凝土的早期强度并对后期强度无明显影响的外加剂。

6. _____是指能延缓混凝土凝结的时间，并对混凝土后期强度发展无不利影响的外加剂。

7. 混凝土拌合物的流动性以_____或_____作为指标。

8. 混凝土的强度等级采用_____与_____表示。

9. 在结构设计中，_____是确定结构抗裂度的重要指标，有时也用来间接衡量混凝土与钢筋的黏结强度。

10. 荷载作用下的变形分为_____及_____。

11. _____的确定，主要取决于混凝土的强度和耐久性。

12. 在已知砂率的情况下，粗集料、细集料的用量可用_____或_____求得。

13. 根据气孔产生的方式不同，多孔混凝土可分为_____和_____。

二、判断题

1. 机制砂是自然生成的，经人工开采和筛分的粒径小于 4.75 mm 的岩石颗粒。（   ）

2. 砂级配好时，大、小颗粒搭配合理，可以达到最小的空隙率，所需的水泥浆数量就少，混凝土也容易达成密实。　　　　　　　　　　　　　　　　　　　　　　　（   ）

3. 水泥加水拌和后，由于水泥颗粒及水化产物的吸附作用，会形成絮凝结构，流动性很低。　　　　　　　　　　　　　　　　　　　　　　　　　　　　　　　　　　（   ）

4. 提高混凝土的强度等级对提高抗拉强度的效果较大，对提高抗压强度的作用比不大。　　　　　　　　　　　　　　　　　　　　　　　　　　　　　　　　　　　（   ）

5. 水胶比相同的混凝土，其水泥用量越多，徐变越大。　　　　　　　　　　（   ）

6. 抗碳化性是指混凝土在使用过程中会与酸、碱、盐类化学物质接触，这些化学物质会导致水泥石腐蚀，从而降低混凝土的耐久性。　　　　　　　　　　　　　　　（   ）

7. 砂率的大小不仅影响拌合物的流动性，而且对黏聚性和保水性也有很大的影响。（   ）

8. 强度平均值能反映该批混凝土总体强度的平均水平，也能反映混凝土强度波动性的情况。　　　　　　　　　　　　　　　　　　　　　　　　　　　　　　　　　　（   ）

三、选择题

1. （   ）是表观密度大于 2 500 kg/m³，用特别密实和特别重的集料制成的混凝土。

　　A. 重混凝土　　　　B. 普通混凝土　　　　C. 轻质混凝土　　　　D. 多孔混凝土

2. 混凝土（   ）不属于按施工工艺分类的。

　　A. 真空混凝土　　　B. 灌浆混凝土　　　　C. 喷射混凝土　　　　D. 防水混凝土

3. Ⅰ类砂石宜用于强度等级（   ）的混凝土。

　　A. 大于 C60　　　　B. 小于 C60　　　　　C. C30～C60　　　　　D. 小于 C30

4. 集料中若含有（   ），在一定的条件下集料会与水泥中的碱发生碱-集料反应，产生膨胀并导致混凝土开裂。

　　A. 硫酸钠溶液法　　B. 硫铁矿　　　C. 活性成分　　　D. 石膏

5. （   ）是指在混凝土搅拌过程中，能引入大量分布均匀的微小气泡，以减少混凝土拌合物的泌水、离析，改善和易性，并能显著提高硬化混凝土抗冻性、耐久性的外加剂。

　　A. 速凝剂　　　　　B. 膨胀剂　　　　　　C. 缓凝剂　　　　　　D. 引气剂

6. 混凝土拌合物和易性应不包括(　　　)。

    A. 流动性　　　　　B. 黏聚性　　　　　C. 保水性　　　　　D. 缓凝性

7. (　　　)是指混凝土抵抗压力介质(水、油、溶液等)渗透的性能。

    A. 抗渗性　　　　　B. 抗冻性　　　　　C. 抗碳化性　　　　　D. 抗侵蚀性

四、简答题

1. 混凝土是由哪些材料组成的？其特点主要反映在哪些方面？

2. 细集料中常含有的有害杂质主要有哪些？

3. 目前在工程中常用的外加剂主要有哪些？

4. 影响和易性的因素有哪些？

5. 提高混凝土强度的措施有哪些？

6. 配合比设计原则是什么？

7. 混凝土质量控制包括哪些？

8. 高强度混凝土的特点是什么？提高高强度混凝土的措施有哪几种？

第五章　建筑砂浆

知识目标

1. 熟悉砂浆的组成材料；掌握砌筑砂浆的技术性质、砌筑砂浆的配合比设计。
2. 了解抹面砂浆的组成材料；掌握普通抹面砂浆的选择、作用与施工。
3. 了解防水砂浆、装饰砂浆、特种砂浆的概念。

能力目标

能够对砌筑砂浆进行配合比设计，能够根据各种抹面砂浆的特性对其进行应用。

建筑砂浆是由胶凝材料、细集料、掺合料和水按适当比例配制而成的。建筑砂浆与普通混凝土的区别在于没有粗集料，因此，它又称为细集料混凝土。建筑砂浆具有细集料用量大、胶凝材料用量多、干燥收缩大、强度低等特点。

建筑砂浆常用于砌筑砌体(如砖、砌块、石)结构，建筑物内、外表面(如墙面、地面、天棚)的抹面，大型墙板和砖石墙的勾缝及装饰材料的贴面等。

砂浆根据用途不同，可分为砌筑砂浆和抹面砂浆(如普通抹面砂浆、装饰抹面砂浆和特种抹面砂浆等)；根据胶凝材料不同，可分为水泥砂浆、石灰砂浆、聚合物砂浆和混合砂浆等；根据生产方式不同，分为现场配制砂浆(水泥砂浆、水泥混合砂浆)和预拌砂浆(湿拌砂浆、干混砂浆)。

第一节　砌筑砂浆

砌筑砂浆是指将砖、石、砌块等块材经砌筑成为砌体，起黏结、衬垫和传力作用的砂浆。

一、砌筑砂浆的组成材料

1. 胶凝材料

用于砌筑砂浆的胶凝材料有水泥和石灰。

常用品种的水泥都可以用来配制砌筑砂浆。为了合理利用资源、节约原材料，在配制砂浆时应尽量采用强度较低的水泥或砌筑水泥。对于一些特殊用途如配制构件的接头、接缝或用于结构加固、修补裂缝，应采用膨胀水泥。水泥的强度等级一般为砂浆强度等级的4~5倍，常用强度等级为32.5、32.5 R。

石灰膏或熟石灰应符合各自的质量要求，它们在砂浆中的作用是使砂浆具有良好的保水性，所以也称掺合料。石灰膏的沉入度应控制在12 cm左右，体积密度约为1 350 g/cm³。

2. 细集料(砂)

砂浆所用的砂应符合混凝土用砂的质量要求。但由于砂浆浆层较薄，砂的最大粒径应有所限制。理论上不应超过砂浆浆层厚度的 1/4～1/5，砖砌体用砂浆宜选用中砂，砂的最大粒径不大于 2.5 mm，应用 5 mm 孔径的筛子过筛，筛好后保持洁净。中砂既可满足和易性要求，又可节约水泥。毛石砌体宜选用粗砂，砂的最大粒径不大于 5.0 mm。光滑的抹面及勾缝的砂浆宜采用细砂，其最大粒径不大于 1.2 mm。

另外，为了保证砂浆的质量，对砂中的含泥量也有要求。对强度等级大于或等于 M5 的砂浆，砂中含泥量不应超过 5%；对强度等级为 M2.5 的水泥混合砂浆，砂中含泥量不应超过 10%。

3. 拌合用水

砂浆拌合用水的技术要求与混凝土拌和用水相同，应选用无杂质的洁净水来拌制砂浆。

4. 掺加料

掺加料是指为了改善砂浆的和易性而加入的无机材料。常用的掺加料有石灰膏、黏土膏、电石膏、粉煤灰及一些其他工业废料等。为了保证砂浆的质量，需将石灰预先充分"陈伏"熟化制成石灰膏，然后掺入砂浆中搅拌均匀。如采用生石灰粉或消石灰粉，则可直接掺入砂浆搅拌均匀后使用。当利用其他工业废料或电石膏等作为掺加料时，必须经过砂浆的技术性质检验，在不影响砂浆质量的前提下才能够采用。

5. 外加剂

与混凝土相似，为改善或提高砂浆的某些技术性能，更好地满足施工条件和使用功能的要求，可在砂浆中掺入一定种类的外加剂。对所选择的外加剂品种和掺量必须通过试验来确定。

二、砌筑砂浆的技术性质

砂浆的技术性质主要是新拌砂浆的和易性和硬化砂浆的强度，还有砂浆的黏结力、变形等性能。新拌砂浆应具有良好的和易性，使砂浆能较容易地铺成均匀的薄层，且与基面紧密黏结。砂浆的和易性包括流动性和保水性两个方面。

1. 流动性

砂浆的流动性(又称稠度)是指在自重或外力作用下能产生流动的性能。流动性采用砂浆稠度测定仪测定，以沉入度(mm)表示。

砂浆的流动性与许多因素有关，胶凝材料的用量、用水量、砂粒粗细、形状、级配、砂浆搅拌时间都会影响砂浆的流动性。

砂浆流动性的选择与砌体材料的种类、施工条件及施工天气情况等有关。对于吸水性强的砌体材料和高温干燥的天气，要求砂浆稠度要大些；反之，对于密实不吸水的砌体材料和湿冷天气，砂浆稠度可以小些。根据《砌筑砂浆配合比设计规程》(JGJ/T 98—2010)规定，砌筑砂浆的施工稠度要满足表 5-1 的要求。

表 5-1 砂浆稠度选择

砌体种类	砂浆稠度/mm
烧结普通砖砌体、粉煤灰砖砌体	70～90

砌体种类	砂浆稠度/mm
混凝土砖砌体、普通混凝土小型空心砌块砌体、灰砂砖砌体	50～70
烧结多孔砖砌体、烧结空心砖砌体 轻集料混凝土小型空心砌块砌体、 蒸压加气混凝土砌块砌体	60～80
石砌体	30～50

2. 保水性

保水性是指新拌砂浆保持其内部水分不泌出流失的能力。保水性不好的砂浆在运输、停放和施工过程中，不仅容易产生离析和泌水现象，如果铺抹在吸水的基层上，还会因水分被吸收，使砂浆变得干稠，既造成施工困难，又影响胶凝材料正常水化硬化，使强度和黏结力下降。为了提高砂浆的保水性，往往掺入适量的石灰膏和保水增稠材料。砌筑砂浆的保水性并非越高越好，对于不吸水基层的砌筑砂浆，保水性太高会使砂浆内部水分早期无法蒸发释放，不利于砂浆强度的增长，还会增大砂浆的干缩裂缝，降低砌体的整体性。

根据《砌筑砂浆配合比设计规程》(JGJ/T 98—2010)的规定，砂浆的保水性用保水率表示。砌筑砂浆保水率应符合表 5-2 的规定。

表 5-2　砌筑砂浆保水率(JGJ/T 98—2010)

砂浆种类	保水率/%
水泥砂浆	≥80
水泥混合砂浆	≥84
预拌砌筑砂浆	≥88

3. 强度

砂浆的强度通常指立方体抗压强度，是将砂浆制成边长为 7.07 cm 的立方体试块，在 (20 ± 3) ℃温度、相对湿度(水泥砂浆大于 90%，混合砂浆 60%～80%)的条件下养护至 28 d 的抗压强度值(单位为 MPa)。砌筑砂浆按抗压强度划分为 M15、M10、M7.5、M5、M2.5 五个强度等级。如 M10 表示砂浆的抗压强度为 10 MPa。

砂浆的强度除与砂浆本身的组成材料和配合比有关，还与基层材料的吸水性有关。对于普通水泥配制的砂浆可参考以下两种方法计算其强度：

(1)不吸水基层(如致密石材)。当基层为不吸水材料时，影响砂浆强度的因素与普通混凝土类似，主要为水泥强度等级和水胶比。砂浆强度可采用式(5-1)计算：

$$f_{m,0} = A f_{ce} \left(\frac{B}{W} - B \right) \tag{5-1}$$

式中　$f_{m,0}$——砂浆 28 d 抗压强度(MPa)；

　　　f_{ce}——水泥的实际强度，确定方法与混凝土相同(MPa)；

　　　B/W——胶水比(水泥与水质量比)；

　　　A，B——回归系数，其中，$A=0.29$，$B=0.4$。

(2)吸水基层(如砖或其他多孔材料)。当基层为吸水材料时，砂浆中多余的水分被基层吸收。砂浆中水分的多少取决于砂浆的保水性，与砂浆初始水胶比关系不大。因此，砂浆的强度主要与水泥用量和水泥强度等级有关，与水胶比关系不大。砂浆强度可采用式(5-2)计算：

$$f_{m,0} = \frac{\alpha \cdot f_{ce} \cdot Q_c}{1\,000} + \beta \quad\quad (5\text{-}2)$$

式中　Q_c——每立方米砂浆的水泥用量(kg)；

　　　$f_{m,0}$——砂浆的配制强度(MPa)；

　　　f_{ce}——水泥的实测强度(MPa)；

　　　α，β——砂浆的特征系数，当为水泥混合砂浆时，$\alpha = 3.03$，$\beta = -15.09$。

4. 黏结力

砂浆黏结力的大小影响砌体的强度、耐久性、稳定性、抗震性等，与工程质量有密切关系。一般砂浆的抗压强度越高，黏结力越大。另外，砂浆的黏结力还与基层材料的表面状态、润湿情况、清洁程度及施工养护等条件有关。粗糙的、润湿的、清洁基层上使用且养护良好的砂浆与基层的黏结较好。因此，砌筑墙体前应将块材表面清理干净，浇水润湿，必要时凿毛。砌筑后应加强养护，从而提高砂浆与块材之间的黏结力，以保证砌体的质量。

5. 变形性

砂浆在承受荷载、温度变化或湿度变化时，均会产生变形。变形过大或不均匀会降低砌体的整体性，引起沉降或裂缝。砂浆中混合料掺量过多或使用轻集料，会产生较大的收缩变形。砂浆变形过大会产生裂纹或剥离等质量问题，因此，要求砂浆具有较小的变形性。

三、砌筑砂浆的配合比设计

砌筑砂浆要根据工程类别及砌体部位的设计要求，选择其强度等级，再按砂浆强度等级来确定配合比。

确定砂浆配合比，一般情况可查阅有关手册或资料来选择。重要工程用砂浆或无参考资料时，可根据《砌筑砂浆配合比设计规程》(JGJ/T 98—2010)，按下列步骤计算。

砌筑砂浆配合
比设计规程

1. 砂浆配合比计算

(1)确定砂浆的试配强度($f_{m,0}$)。砂浆的试配强度应按下式计算：

$$f_{m,0} = kf_2 \quad\quad (5\text{-}3)$$

式中　$f_{m,0}$——砂浆的试配强度(MPa)，精确至 0.1 MPa；

　　　f_2——砂浆强度等级值(MPa)，精确至 0.1 MPa；

　　　k——系数，按表 5-3 取值。

表 5-3　砂浆强度标准差 σ 及 k 值

砂浆强度等级 施工水平	强度标准差 σ/MPa							k
	M5.0	M7.5	M10	M15	M20	M25	M30	
优　良	1.00	1.50	2.00	3.00	4.00	5.00	6.00	1.15
一　般	1.25	1.88	2.50	3.75	5.00	6.25	7.50	1.20
较　差	1.50	2.25	3.00	4.50	6.00	7.50	9.00	1.25

砌筑砂浆现场强度标准差的确定应符合下列规定：

1)当有统计资料时，应按下式计算：

$$\sigma = \sqrt{\frac{\sum\limits_{i=1}^{n} f_{m,i}^2 - n\mu_{fm}^2}{n-1}} \qquad\qquad (5\text{-}4)$$

式中 $f_{m,i}$——统计周期内同一品种砂浆第 i 组试件的强度(MPa);

μ_{fm}——统计周期内同一品种砂浆 n 组试件强度的平均值(MPa);

n——统计周期内同一品种砂浆试件的总组数,$n \geqslant 25$。

2)当无近期统计资料时,砂浆现场强度标准差 σ 可按表 5-3 取用。

(2)水泥用量计算。水泥用量的计算应符合下列规定:

1)每立方米砂浆中的水泥用量,应按下式计算:

$$Q_c = \frac{1\,000(f_{m,0} - \beta)}{\alpha \cdot f_{ce}} \qquad\qquad (5\text{-}5)$$

式中 Q_c——每立方米砂浆的水泥用量(kg),精确至 1 kg;

$f_{m,0}$——砂浆的试配强度(MPa),精确至 0.1 MPa;

f_{ce}——水泥的实测强度(MPa),精确至 0.1 MPa;

α,β——砂浆的特征系数,其中 $\alpha = 3.03$,$\beta = -15.09$。

注:各地区可用本地区试验资料确定 α、β 值,统计用的试验组数不得少于 30 组。

2)在无法取得水泥的实测强度值时,可按下式计算 f_{ce}:

$$f_{ce} = \gamma_c \cdot f_{ce,k} \qquad\qquad (5\text{-}6)$$

式中 $f_{ce,k}$——水泥强度等级值(MPa);

γ_c——水泥强度等级值的富余系数,该值应按实际统计资料确定;无统计资料时,可取 1.0。

(3)石灰膏用量计算。水泥混合砂浆石灰膏用量,应按下式计算:

$$Q_D = Q_A - Q_c \qquad\qquad (5\text{-}7)$$

式中 Q_D——每立方米砂浆的石灰膏用量(kg),精确至 1 kg(石灰膏使用时的稠度为 120 mm$\pm$5 mm);

Q_c——每立方米砂浆的水泥用量(kg),精确至 1 kg;

Q_A——每立方米砂浆中水泥和石灰膏的总量,精确至 1 kg,可为 350 kg。

(4)砂用量计算。每立方米砂浆中的砂用量应按干燥状态(含水率小于 0.5%)的堆积密度值作为计算值(kg)。

(5)用水量计算。每立方米砂浆中的用水量可根据砂浆稠度等要求选用 210~310 kg。混合砂浆中的用水量,不包括石灰膏中的水;当采用细砂或粗砂时,用水量分别取上限或下限;稠度小于 70 mm 时,用水量可小于下限;施工现场气候炎热或干燥季节,可酌量增加用水量。

(6)提出砂浆的基准配合比。

(7)现场配制水泥砂浆的试配应符合表 5-4 的规定。

表 5-4 每立方米水泥砂浆材料用量   kg/m³

强度等级	水泥	砂	水
M5	200~230	砂的堆积密度值	270~330
M7.5	230~260		

强度等级	水泥	砂	水
M10	260～290		
M15	290～330		
M20	340～400	砂的堆积密度值	270～330
M25	360～410		
M30	430～480		

注：1. M15 及 M15 以下强度等级的水泥砂浆，水泥强度等级为 32.5 级；M15 以上强度等级的水泥砂浆，水泥强度等级为 42.5 级；

2. 当采用细砂或粗砂时，用水量分别取上限或下限；

3. 稠度小于 70 mm 时，用水量可小于下限；

4. 施工现场气候炎热或干燥季节，可酌量增加用水量；

5. 试配强度应按式(5-3)计算。

(8)配合比试配、调整与确定。

1)试配时应采用工程中实际使用的材料；砂浆试配时应采用机械搅拌。搅拌时间应自投料结束算起，对水泥砂浆和水泥混合砂浆，不得少于 120 s；对掺用粉煤灰和外加剂的砂浆，不得少于 180 s。

2)按计算或查表所得配合比进行试拌时，应测定其拌合物的稠度和保水率，当不能满足要求时，应调整材料用量，直到符合要求为止，然后确定为试配时的砂浆基准配合比。

3)试配时至少应采用三个不同的配合比，其中一个为按上述 2)条规定得出的基准配合比，其他配合比的水泥用量应按基准配合比分别增加及减少 10%。在保证稠度、保水率合格的条件下，可将用水量、石灰膏、保水增稠材料或粉煤灰等活性掺合料用量做相应调整。

4)砌筑砂浆试配时稠度应满足施工要求，并应按现行行业标准《建筑砂浆基本性能试验方法标准》(JGJ/T 70—2009)分别测定不同配合比砂浆的表观密度和强度，并应选定符合试配强度及和易性要求，水泥用量最低的配合比作为砂浆的试配配合比。

5)砌筑砂浆试配配合比还应按下列步骤进行校正：

①应根据上述 1)条确定的砂浆配合比材料用量，按下式计算砂浆的理论表观密度值：

$$\rho_t = Q_c + Q_d + Q_s + Q_w \tag{5-8}$$

式中 ρ_t——砂浆的理论表观密度值(kg/m³)，精确至 10 kg/m³。

②应按下式计算砂浆配合比校正系数 δ：

$$\delta = \frac{\rho_c}{\rho_t} \tag{5-9}$$

式中 ρ_c——砂浆的实测表观密度值(kg/m³)，精确至 10 kg/m³。

③当砂浆的实测表观密度值与理论表观密度值之差的绝对值不超过理论值的 2% 时，可将上述 4)条得出的试配配合比确定为砂浆设计配合比；当超过 2% 时，应将试配配合比中每项材料用量均乘以校正系数(δ)后，确定为砂浆设计配合比。

2. 砂浆配合比设计实例

要求设计用于砌筑砖墙的 M7.5 等级、稠度为 70～100 mm 的水泥石灰混合砂浆配合比。水泥为 32.5 级复合硅酸盐水泥；石灰膏稠度为 120 mm；中砂堆积密度为 1 450 kg/m³，含水率为 2%；施工水平优良。

(1)计算试配强度：

$$f_{m,0}=kf_2=1.15\times7.5=8.6(MPa)$$

(2)计算水泥用量：

$$Q_c=\frac{1\ 000(f_{m,0}-\beta)}{\alpha\cdot f_{ce}}=1\ 000\times(8.6+15.09)/(3.03\times32.5)=241(kg/m^3)\geqslant200\ kg/m^3$$

式中，$\alpha=3.03$，$\beta=-15.09$；$f_{ce}=\gamma_c\cdot f_{ce,k}=1.0\times32.5=32.5(MPa)$。

(3)计算石灰膏用量：

$$Q_D=Q_A-Q_c=350-241=109(kg/m^3)$$

式中，$Q_A=350\ kg/m^3$（按水泥和掺合料总量规定选取）。

(4)根据砂子堆积密度和含水率，计算砂用量：

$$Q_s=1\ 450\times(1+2\%)=1\ 479(kg/m^3)$$

(5)选择用水量：

$$Q_w=300\ kg/m^3$$

砂浆试配时各材料的用量比例：

水泥：石灰膏：砂：水＝241：109：1 479：300＝1：0.45：6.11：1.24

根据《砌体结构工程施工质量验收规范》(GB 50203—2011)规定，砌筑砂浆试块强度验收时，其强度合格标准必须符合下列要求：同一验收批砂浆试块抗压强度平均值应大于或等于设计强度等级值的1.10倍；同一验收批砂浆试块抗压强度的最小一组平均值应大于或等于设计强度等级值的85%。

第二节　抹面砂浆

抹面砂浆是指涂抹于建筑内、外表面，保护建筑物墙体并使其平整美观的砂浆。

一、抹面砂浆的组成材料

抹面砂浆的主要组成材料仍是水泥、石灰或石膏及天然砂等，对这些原材料的质量要求同砌筑砂浆，但根据抹面砂浆的使用特点，对其主要技术要求不是抗压强度，而是其和易性及其与基层材料的黏结力，为此，常需多用一些胶凝材料，并加入适量的有机聚合物以增强黏结力。同时，为了减少抹面砂浆因收缩而引起开裂，常在砂浆中加入一定量纤维材料，砂浆常用的纤维材料有麻刀、纸筋、稻草和玻璃纤维等。

二、普通抹面砂浆选择

普通抹面砂浆有石灰砂浆、水泥混合砂浆、水泥砂浆、麻刀石灰浆（简称麻刀灰）、纸筋石灰砂浆（简称纸筋灰）等。

为了保证砂浆与基层黏结牢固、表面平整、防止灰层开裂，应采用分层薄涂的方法，通常分底层、中层和面层抹面施工。各层抹面的作用和要求不同，所以，每层所选用的砂浆也不一样。同时，基层材料的特性和工程部位不同，对砂浆技术性能要求也不同，这也是选择砂浆种类的主要依据。

底层抹灰的作用是使砂浆与基面能牢固地黏结。中层抹灰主要是为了找平，有时可省略。面层抹灰是为了获得平整、光洁的表面效果。用于砖墙的底层抹灰，多为石灰砂浆；有防水、防潮要求时用水泥砂浆。用于混凝土基层的底层抹灰，多为水泥混合砂浆。中层抹灰多用水泥混合砂浆或石灰砂浆。面层抹灰多用水泥混合砂浆、麻刀灰或纸筋灰。水泥砂浆不得涂抹在石灰砂浆层上。

在容易碰撞或潮湿部位，应采用水泥砂浆，如墙裙、踢脚板、地面、雨篷、窗台、水池、水井等处。在硅酸盐砌块墙面上做砂浆抹面或粘贴饰面材料时，最好在砂浆层内夹一层事先固定好的钢丝网，以免日后剥落。

三、普通抹面砂浆的作用与施工

抹面砂浆常分两层或三层进行施工：

(1)底层砂浆的作用是使砂浆与基层能牢固地黏结，应有良好的保水性。施工时在基层表面刷掺水量 10% 的 108 胶水泥浆一道(水胶比为 0.4～0.5)，紧接着抹 1:3 水泥砂浆，每遍厚度为 5～7 mm，应分层与所充筋抹平，并用大杠刮平、找直，木抹子搓毛。

(2)中层砂浆作用主要是为了找平，有时可省去不做。

(3)面层砂浆作用主要为了获得平整、光洁的表面效果。底层砂浆抹好后，第二天即可抹面层砂浆，首先将墙面润湿，按图纸尺寸弹线分格，粘分格条、滴水槽，抹面层砂浆。面层砂浆的配合比为 1:2.5 水泥砂浆或 1:0.5:3.5 水泥混合砂浆，厚度为 5～8 mm。先用水湿润，抹时先薄薄地刮一层素水泥膏，使其与底灰粘牢，紧跟着抹罩面灰与分格条平，并用杠横竖刮平，木抹子搓毛，铁抹子溜光、压实。待其表面无明水时，用软毛刷蘸水垂直于地面的同一方向轻刷一遍，以保证面层灰的颜色一致，避免和减少收缩裂缝。随后，将分格条取出，待灰层干后，用素水泥膏将缝勾好。对于难取的分格条，则不应硬取，防止棱角损坏，应待灰层干透后补取，并补勾缝。

普通抹灰：表面光滑、洁净，接槎平整，线角顺直，分隔线清晰(毛面纹路均匀一致)。

高级抹灰：表面光滑、洁净，颜色均匀，无抹纹，线角和灰线平直、方正、清晰美观。

第三节　其他种类建筑砂浆

一、防水砂浆

防水砂浆是一种制作防水层用的抗渗性高的砂浆。砂浆防水层又称刚性防水层，适用于不受振动和具有一定刚度的混凝土或砖石砌体工程中，如水塔、水池、地下工程等的防水。

防水砂浆可用普通水泥砂浆制作，也可以在水泥砂浆中掺入防水剂制得。水泥砂浆宜选用强度等级为 42.5 级及以上的普通硅酸盐水泥和级配良好的中砂。在砂浆配合比中，水泥与砂的质量比不宜大于 1:2.5，水胶比宜控制在 0.5～0.6，稠度不应大于 80 mm。

在水泥砂浆中掺入防水剂，可促使砂浆结构密实，堵塞毛细孔，提高砂浆的抗渗能力，这是目前最常用的方法。常用的防水剂有氯化物金属盐类防水剂、金属皂类防水剂和水玻璃防水剂。

防水砂浆应分 4～5 层分层涂抹在基面上，每层涂抹厚度约 5 mm，总厚度为 20～30 mm。每层在初凝前压实一遍，最后一遍要压光并精心养护，以减少砂浆层内部连通的毛细孔通道，提高密实度和抗渗性。防水砂浆还可以用膨胀水泥或无收缩水泥来配制，属于刚性防水层。

二、装饰砂浆

装饰砂浆即直接用于建筑物内、外表面，是以提高建筑物装饰艺术性为主要目的的抹面砂浆。它是常用的装饰手段之一。装饰砂浆的底层和中层抹灰与普通抹面砂浆基本相同，主要是装饰砂浆的面层，要选用具有一定颜色的胶凝材料和集料及采用某种特殊的操作工艺，使表面呈现出各种不同的色彩、线条与花纹等装饰效果。

装饰砂浆所采用的胶凝材料有普通水泥、矿渣水泥、火山灰水泥和白水泥、彩色水泥，或在常用的水泥中掺加耐碱矿物颜料配成彩色水泥及石灰、石膏等。集料常采用大理石、花岗石等带颜色的细石渣或玻璃、陶瓷碎粒。

外墙面的装饰砂浆有如下的常用工艺做法：

(1)拉毛。先用水泥砂浆做底层，再用水泥石灰砂浆做面层，在砂浆尚未凝结之前，用抹刀将表面拍拉成凹凸不平的形状。

(2)水磨石。水磨石是一种人造石，用普通水泥、白色水泥或彩色水泥拌和各种色彩的大理石石渣做面层，硬化后用机械磨平抛光表面。水磨石多用于地面装饰，可事先设计图案和色彩，抛光后更具其艺术效果，除可用作地面外，还可预制做成楼梯踏步、窗台板、柱面、台度、踢脚板和地面板等多种建筑构件。水磨石一般都用于室内。

(3)水刷石。水刷石是一种假石饰面，其原料与水磨石同，用颗粒细小(约 5 mm)的石渣所拌成的砂浆做面层，在水泥初始凝固时，即喷水冲刷表面，使其石渣半露而不脱落。水刷石多用于建筑物的外墙装饰，具有一定的质感，经久耐用。

(4)干粘石。干粘石的原料同水刷石，也是一种假石饰层。在水泥浆面层的整个表面上，黏结粒径为 5 mm 以下的彩色石渣小石子、彩色玻璃碎粒。要求石渣黏结牢固、不脱落。干粘石的装饰效果与水刷石相同，而且避免了湿作业，施工效率高，也节约材料。

(5)斩假石。斩假石又称为剁假石，是一种假石饰面，制作情况与水刷石基本相同。在水泥硬化后，用斧刃将表面剁毛并露出石渣。斩假石表面具有粗面花岗岩的效果。

装饰砂浆还可采取喷涂、弹涂、辊压等工艺方法，可做成多种多样的装饰面层，操作很方便，施工效率可大大提高。

三、特种砂浆

1. 绝热砂浆

采用水泥、石灰、石膏等胶凝材料与膨胀珍珠岩、膨胀蛭石或陶粒砂等轻质多孔集料，按一定比例配制的砂浆，称为绝热砂浆。绝热砂浆具有轻质和良好的绝热性能，其导热系数为 0.07~0.1 W/(m·K)。绝热砂浆可用于屋面、墙壁或供热管道的绝热保护。

2. 吸声砂浆

一般绝热砂浆因由轻质多孔集料制成，所以，都具有吸声性能。同时，还可以用水泥、石膏、砂、锯末(体积比为 1:1:3:5)配制吸声砂浆，或在石灰、石膏砂浆中掺入玻璃纤维、矿物棉等松软纤维材料。吸声砂浆主要应用于室内墙壁和吊顶的吸声处理。

3. 耐酸砂浆

用水玻璃和氟硅酸钠配制成耐酸涂料，掺入石英岩、花岗岩、铸石等粉状细集料，可拌制成耐酸砂浆。水玻璃硬化后具有很好的耐酸性能。耐酸砂浆多用作耐酸地面和耐酸容器的内壁防护层。

4. 防射线砂浆

在水泥浆中掺入重晶石粉、砂可配制成有防 X 射线能力的砂浆，其配合比约为水泥：重晶石粉：重晶石砂＝1∶0.25∶4.5。如在水泥浆中掺加硼砂、硼酸等可配制有抗中子辐射能力的砂浆。此类防射线砂浆应用于射线防护工程。

5. 膨胀砂浆

在水泥砂浆中掺入膨胀剂，或使用膨胀型水泥可配制膨胀砂浆。膨胀砂浆可在修补工程及大板装配工程中填充缝隙，达到黏结密封的作用。

6. 自流平砂浆

在现代施工技术条件下，地坪常采用自流平砂浆，从而使施工迅捷方便、质量优良。自流平砂浆中的关键性技术是掺用合适的化学外加剂，严格控制砂的级配、含泥量、颗粒形态，同时选择合适的水泥品种。良好的自流平砂浆可使地坪平整光洁，强度高，无开裂，技术经济效果良好。

本章小结

建筑砂浆是建筑工程中一项用量大、用途广的建筑材料，其由胶凝擦材料、细集料、掺合料和水按试适当的比例配制而成。本章介绍砌筑砂浆、抹面砂浆等，通过本章的学习掌握建筑砂浆的组成材料、技术性质、配合比设计等内容。

思考与练习

一、填空题

1. 用于砌筑砂浆的胶凝材料有_____和_____。

2. 水泥的强度等级一般为砂浆强度等级的_____倍，常用强度等级为_____、_____。

3. 砂浆的强度通常指_____是将砂浆制成边长为 7.07 cm 的立方体试块，在 (20±3)℃温度、相对湿度的条件下养护至_____的抗压强度值。

4. 对于吸水基层的砂浆来说，_____和_____成为影响砂浆强度的主要因素。

5. _____是指涂抹于建筑内、外表面，保护建筑物墙体并使其平整美观的砂浆。

6. 防水砂浆是一种制作防水层用的_____高的砂浆。

7. 在现代施工技术条件下，地坪常采用_____，从而使施工迅捷方便、质量优良。

二、判断题

1. 为了合理利用资源、节约原材料，在配制砂浆时要尽量采用强度较高的水泥或砌筑水泥。　　　　　　　　　　　　　　　　　　　　　　　　　　　　（　　）

2. 用于砖墙的底层抹灰，多为水泥砂浆；有防水、防潮要求时用石灰砂浆。用于混凝土基层的底层抹灰，多为水泥混合砂浆。 （　　）

3. 面层抹灰多用水泥混合砂浆、麻刀灰或纸筋灰。水泥砂浆不得涂抹在石灰砂浆层上。 （　　）

4. 在水泥砂浆中掺入防水剂，可促使砂浆结构密实，堵塞毛细孔，提高砂浆的抗渗能力。 （　　）

三、选择题

1. 石灰膏或熟石灰在砂浆中的作用是使砂浆具有良好的（　　），所以也称掺合料。
   A. 保水性　　　　　B. 吸水性　　　　　C. 抗冻性　　　　　D. 抗渗性

2. （　　）即直接用于建筑物内、外表面，以提高建筑物装饰艺术性为主要目的的抹面砂浆。
   A. 装饰砂浆　　　　B. 绝热砂浆　　　　C. 吸声砂浆　　　　D. 耐酸砂浆

3. 采用水泥、石灰、石膏等胶凝材料与膨胀珍珠岩、膨胀蛭石或陶粒砂等轻质多孔集料，按一定比例配制的砂浆，称为（　　）。
   A. 吸声砂浆　　　　B. 耐酸砂浆　　　　C. 防射线砂浆　　　　D. 绝热砂浆

4. 经过试配与调整最终选用符合试配强度要求且（　　）的配合比作为砂浆配合比。
   A. 水泥用量最少　　B. 水泥用量最多　　C. 流动性最小　　　D. 和易性最好

四、简答题

1. 砌筑砂浆的组成材料有哪些？
2. 简述普通抹面砂浆的作用与施工。
3. 外墙面的装饰砂浆的常用工艺做法有哪些？

第六章 墙体及屋面材料

知识目标

1. 掌握烧结普通砖、烧结多孔砖、烧结空心砖的技术要求及应用；熟悉蒸压灰砂砖、粉煤灰砖、炉渣砖的概念及技术要求。

2. 掌握蒸压加气混凝土砌块的尺寸规格、砌块抗压强度和干密度级别、标记及应用。

3. 熟悉普通混凝土小型空心砌块、轻集料混凝土小型空心砌块、粉煤灰砌块的尺寸偏差和外观质量、应用。

4. 熟悉蒸压加气混凝土板、轻集料混凝土墙板、玻璃纤维增强水泥(GRC)空心轻质墙板的规格、构造。

5. 了解纸面石膏板、石膏纤维板、石膏空心条板、复合墙板的概念及规格。

能力目标

能够根据工程实际需要合理选择砌墙砖、墙用砌块和墙用板材的种类；能够识别墙用板材及屋面材料的种类、特性。

墙体在建筑中起承重、围护、分隔作用。墙体材料约占建筑总质量的一半，用量较大，特别是在砖混结构中。墙体材料除必须具有一定强度、能承受荷载外，还应具有一定的防水、抗冻、绝热、隔声等使用功能，而且要求质量轻、价格适当、耐久性好。墙体材料是房屋建筑的主要围护材料和结构材料，常用的墙体材料有石材、砖、砌块和板材几大类。

第一节 砌墙砖

砌墙砖是指以黏土、工业废料或其他地方材料为主要原料，以不同工艺制造的、用于砌筑承重和非承重墙体的墙砖。

砌墙砖按照生产工艺分为烧结砖和非烧结砖。经焙烧制成的砖为烧结砖；经碳化或蒸汽(压)养护硬化而成的砖属于非烧结砖。按照孔洞率(砖上孔洞和槽的体积总和与按外廓尺寸算出的体积之比的百分率)的大小，砌墙砖分为实心砖、多孔砖和空心砖。实心砖是没有孔洞或孔洞率小于15%的砖；孔洞率等于或大于15%，孔的尺寸小而数量多的砖称为多孔砖；孔洞率等于或大于15%，孔的尺寸大而数量少的砖称为空心砖。下面以烧结砖和非烧结砖为分类标准进行介绍。

一、烧结砖

砖的种类很多，按所用原料可分为黏土砖、页岩砖、煤矸石砖、粉煤灰砖、建筑渣土砖、淤泥砖、固体废弃物砖；按生产工艺可分为烧结砖和非烧结砖，其中，非烧结砖又可分为压制砖、蒸养砖和蒸压砖等；按有无孔洞可分为多孔砖和实心砖。

（一）烧结普通砖

烧结普通砖是指规格为 240 mm×115 mm×53 mm 的无孔或孔洞率小于 15％ 的烧结砖。在烧结普通砖砌体中，加上 10 mm 砌筑灰缝尺寸，则 4 块砖长或 8 块砖宽、16 块砖厚均为 1 m。1 m³ 砌体需砖 512 块。普通砖标准规格如图 6-1 所示。

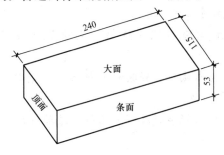

图 6-1　普通砖标准规格

1. 烧结普通砖的技术要求

《烧结普通砖》(GB/T 5101—2017)规定，烧结普通砖的技术要求包括尺寸偏差、外观质量、强度等级、抗风化性能、泛霜、石灰爆裂及欠火砖、酥砖和螺旋纹砖等。强度、抗风化性能和放射性物质合格的砖，根据尺寸偏差、外观质量、泛霜、石灰爆裂分为合格和不合格两个质量等级。

烧结普通砖

(1)尺寸偏差。烧结普通砖根据 20 块试样的公称尺寸检验结果，尺寸偏差应符合表 6-1 的规定；否则，判为不合格。

表 6-1　烧结普通砖的尺寸偏差(GB/T 5101—2017)　　　　mm

公称尺寸	指标	
	样本平均偏差	样本极差 ≤
240	±2.0	6.0
115	±1.5	5.0
53	±1.5	4.0

(2)外观质量。烧结普通砖的外观质量应符合表 6-2 的规定；否则，判为不合格。

表 6-2　烧结普通砖的外观质量(GB/T 5101—2017)　　　　mm

项目		指标
两条面高度差	≤	2
弯曲	≤	2
杂质凸出高度	≤	2
缺棱掉角的三个破坏尺寸	不得同时大于	5

项目			指标
裂纹长度	a. 大面上宽度方向及其延伸至条面的长度	≤	30
	b. 大面上长度方向及其延伸顶面的长度或条顶面上水平裂纹的长度	≤	50
完整面		不得少于	一条面和一顶面
注：1. 为砌筑挂浆面施加的凹凸纹、槽、压花等不算作缺陷。 2. 凡有下列缺陷之一者，不得称为完整面：①缺损在条面或顶面上造成的破坏面尺寸同时大于 10 mm×10 mm；②条面或顶面上裂纹宽度大于 1 mm，其长度超过 30 mm；③压陷、粘底、焦花在条面或顶面上的凹陷或凸出超过 2 mm，区域尺寸同时大于 10 mm×10 mm。			

(3)强度等级。《烧结普通砖》(GB/T 5101—2017)规定，烧结普通砖按抗压强度划分为 MU30、MU25、MU20、MU15 和 MU10 五个强度等级。各强度等级的抗压强度应符合表 6-3 的规定；否则，判为不合格。

表 6-3　烧结普通砖和烧结多孔砖强度等级(GB/T 5101—2017)　　　　MPa

强度等级	抗压强度平均值 $\bar{f}$ ≥	强度标准值 f_k ≥
MU30	30.0	22.0
MU25	25.0	18.0
MU20	20.0	14.0
MU15	15.0	10.0
MU10	10.0	6.5

表中抗压强度标准值和变异系数按下式计算：

$$f_k = \bar{f} - 1.8S \tag{6-1}$$

$$S = \sqrt{\frac{1}{9} \sum_{i=1}^{10} (f_i - \bar{f})^2} \tag{6-2}$$

$$\delta = \frac{S}{\bar{f}} \tag{6-3}$$

式中　f_k——烧结普通砖的抗压强度标准值(MPa)；

　　　$\bar{f}$——10 块试样的抗压强度平均值(MPa)；

　　　f_i——第 i 块试样的抗压强度测定值(MPa)；

　　　S——10 块试样的抗压强度标准差(MPa)；

　　　δ——变异系数。

(4)抗风化性能。在干湿变化、温度变化、冻融变化等物理因素作用下，材料不破坏并长期保持原有性能的能力，称为抗风化性能。抗风化性能是评定烧结普通砖的耐久性的一项重要的综合性能。烧结普通砖的抗风化性能越好，表明砖的耐久性越好。烧结普通砖的抗风化性能除与其本身性质有关外，还与其所处环境的风化指数有关。地域不同，风化作用程度就不同。我国按风化指数分为严重风化区(风化指数≥12 700)，如我国的东北、华北、西北地区。非严重风化区(风化指数＜12 700)，如我国的华东、华南、华中、西南等地区，以及西藏自治区和台湾地区等。

烧结普通砖的抗风化性能通常用砖的吸水率、饱和系数、抗冻性等指标评定。严重风化地区，如黑龙江省、吉林省、辽宁省、内蒙古自治区、新疆维吾尔自治区使用的砖，其抗冻性试验必须合格，抗风化性能指标要满足表6-4中的要求。其他省区和非严重风化地区的烧结普通砖，若各项指标符合表6-4中的要求，则可评定为抗风化性合格，不再进行冻融试验。

表6-4　烧结普通砖的抗风化性能指标

砖的种类	严重风化区				非严重风化区			
	5 h沸煮吸水率/%（≤）		饱和系数（≤）		5 h沸煮吸水率/%（≤）		饱和系数（≤）	
	平均值	单块最大值	平均值	单块最大值	平均值	单块最大值	平均值	单块最大值
黏土砖、建筑渣土砖	18	20	0.85	0.87	19	20	0.88	0.90
粉煤灰砖	21	23			23	25		
页岩砖	16	18	0.74	0.77	18	20	0.78	0.80
煤矸石砖								

注：1. 粉煤灰掺量（体积比）小于30％时，抗风化性能指标按黏土砖规定评定；
　　2. 饱和系数为常温24 h吸水量与5 h沸煮吸水量之比。

（5）泛霜（也称起霜、盐析、盐霜等）。泛霜是指黏土原料中的可溶性盐类（如硫酸钠等盐类），随着砖内水分蒸发而在砖或砌块表面产生的盐析现象，一般呈白色粉末、絮团或絮片状。这些结晶的粉状物不仅有损于建筑物的外观，而且结晶膨胀也会引起砖表层的酥松，甚至剥落，破坏砖与砂浆的黏结，严重的还可降低墙体的承载力。轻微泛霜会对清水墙建筑外观产生较大影响；中等泛霜的砖用于潮湿部位时，7～8年后因盐析结晶膨胀将使砖体表面产生粉化剥落，在干燥环境中使用10年后也会脱落；严重泛霜对建筑结构的破坏性更大。

（6）石灰爆裂。石灰爆裂是指烧结砖的砂质黏土原料中掺有石灰石，焙烧时被烧成生石灰留在砖内，在使用过程中生石灰会吸水形成消石灰而导致体积膨胀破坏，严重时甚至使砖砌体强度降低，直至发生破坏的现象。石灰爆裂对墙体的危害很大，轻者影响外观，缩短使用寿命；重者会造成强度下降，危及建筑物的安全。

（7）质量等级。强度、抗风化性能和放射性物质合格的砖，根据尺寸偏差、外观质量、泛霜和石灰爆裂等指标分为优等品（A）、一等品（B）、合格品（C）三个质量等级。优等品适用于清水墙和装饰墙，一等品、合格品可用于混水墙。

烧结普通砖的质量等级标准见表6-5。

表6-5　烧结普通砖的质量等级标准

项目	优等品		一等品		合格品	
尺寸偏差/mm	样本平均偏差/mm	样本极差/mm（≤）	样本平均偏差/mm	样本极差/mm（≤）	样本平均偏差/mm	样本极差/mm（≤）
长度240	±2.0	6	±2.5	7	±3.0	8
宽度115	±1.5	5	±2.0	6	±2.5	7
高度53	±1.5	4	±1.6	5	±2.0	6

项目	优等品	一等品	合格品
外观质量			
两条面高度差/mm （≤）	2	3	4
弯曲/mm（≤）	2	3	4
杂质凸出高度/mm （≤）	2	3	4
缺棱掉角的三个破坏尺寸不得同时大于/mm	15	20	30
裂纹长度			
(1)大面上宽度方向及其延伸至条面的长度/mm （≤）	30	60	80
(2)大面上长度方向及其延伸至顶面或条面上水平裂纹的长度/mm （≤）	50	80	100
完整面不得少于	两条面和两顶面	一条面和一顶面	—
颜色	基本一致	—	—
泛霜	无泛霜	不允许出现中等泛霜	不允许出现严重泛霜
石灰爆裂	不允许出现最大破坏尺寸大于2 mm的爆裂区域	(1)最大破坏尺寸>2 mm且≤10 mm的爆裂区域，每组样砖不得多于15处； (2)不允许出现最大破坏尺寸>10 mm的爆裂区域	(1)最大破坏尺寸>2 mm且≤15 mm的爆裂区域，每组样砖不得多于15处，其中>10 mm的不得多于7处； (2)不允许出现最大破坏尺寸>15 mm的爆裂区域

2. 烧结普通砖的应用

在土木工程中烧结普通砖主要用作墙体材料，其中优等品可用于清水墙和墙体装饰，一等品、合格品可用于混水墙，中等泛霜的砖不能用于潮湿部位，烧结普通砖也可用于砌筑柱、拱、烟囱、基础等。在砌体中配置钢筋或钢丝网称为配筋砌体，可代替钢筋混凝土柱或过梁等。烧结普通砖与轻质混凝土等隔热材料符合使用，中间填以轻质材料还可做成复合墙体。

黏土砖会大量毁坏土地，破坏生态环境，是限制发展的产品。

(二)烧结多孔砖

烧结多孔砖是以黏土、页岩、煤矸石为主要原料，经焙烧而成的主要用于承重部位的多孔砖，其孔洞率在20%左右。烧结多孔砖按主要原料分为黏土砖、页岩砖、煤矸石砖、粉煤灰砖、淤泥砖、固体废弃物砖。烧结多孔砖分为M型和P型，如图6-2所示。

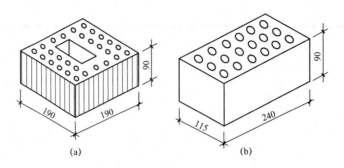

(a)   (b)

图 6-2 烧结多孔砖

(a)M 型；(b)P 型

《烧结多孔砖和多孔砌块》(GB 13544—2011)对多孔砖的主要技术要求有尺寸偏差、外观质量、强度、抗风化性能、泛霜和石灰爆裂等，并规定产品中不允许有欠火砖和酥砖。强度和抗风化性能合格的砖根据尺寸偏差、外观质量、孔型与孔洞排列、泛霜和石灰爆裂等分为优等品(A)、一等品(B)、合格品(C)三个质量等级。

烧结多孔砖和多孔砌块

(1)尺寸偏差。烧结多孔砖的外形为直角六面体，其长度、宽度、高度尺寸应为290 mm、240 mm、190 mm、180 mm、140 mm、115 mm、90 mm。烧结多孔砖的尺寸允许偏差应符合表 6-6 的规定。

表 6-6 烧结多孔砖的尺寸允许偏差　　　　　　　　　　　　　　　　mm

尺　寸	样本平均偏差	样本极差　　　　≤
＞400	±3.0	10.0
300～400	±2.5	9.0
200～300	±2.5	8.0
100～200	±2.0	7.0
＜100	±1.5	6.0

(2)外观质量。烧结多孔砖的外观质量应符合表 6-7 的规定。

表 6-7 烧结多孔砖的外观质量　　　　　　　　　　　　　　　　mm

项目		指标
1. 完整面	不得少于	一条面和一顶面
2. 缺棱掉角的三个破坏尺寸	不得同时大于	30
3. 裂纹长度		
(1)大面(有孔面)上深入孔壁 15 mm 以上宽度方向及延伸到条面的长度	(≤)	80
(2)大面(有孔面)上深入孔壁 15 mm 以上长度方向及延伸到顶面的长度	(≤)	100
(3)条顶面上的水平裂纹	(≤)	100
4. 杂质在砖面上造成的凸出高度	(≤)	5
注：凡有下列缺陷之一者，不能称为完整面： 　　(1)缺损在条面或顶面上造成的破坏面尺寸同时大于 20 mm×30 mm； 　　(2)条面或顶面上裂纹宽度大于 1 mm，其长度超过 70 mm； 　　(3)压陷、焦花、粘底在条面或顶面上的凹陷或凸出超过 2 mm，区域最大投影尺寸同时大于 20 mm×30 mm。		

(3)强度等级。烧结多孔砖根据抗压强度分为 MU30、MU25、MU20、MU15、MU10 五个强度等级，其强度见表 6-8。

表 6-8　烧结多孔砖强度等级　　　　　　　　　　　　MPa

强度等级	抗压强度平均值 $\overline{f}$ （≥）	强度标准值 f_k （≥）
MU30	30.0	22.0
MU25	25.0	18.0
MU20	20.0	14.0
MU15	15.0	10.0
MU10	10.0	6.5

(4)孔形、孔结构及孔率。烧结多孔砖的孔形、孔结构及孔洞率应符合表 6-9 的规定。

表 6-9　烧结多孔砖的孔型、孔结构及孔率

孔形	孔洞尺寸/mm		最小外壁厚/mm	最小肋厚/mm	孔洞率/%　砖	孔洞排列
	孔宽度尺寸 b	孔长度尺寸 L				
矩形条孔或矩形孔	≤13	≤40	≥12	≥5	≥28	1. 所有孔宽应相等。孔采用单向或双向交错排列。 2. 孔洞排列上下、左右应对称，分布均匀，手抓孔的长度方向尺寸必须平行于砖的条面

注：1. 矩形孔的孔长 L、孔宽 b 满足式 $L \geq 3b$ 时，为矩形条孔。
　　2. 孔四个角应做成过渡圆角，不得做成直尖角。
　　3. 如设有砌筑砂浆槽，则砌筑砂浆槽不计算在孔洞率内。
　　4. 规格大的砖应设置手抓孔，手抓孔尺寸为(30~40)mm×(75~85)mm。

(5)泛霜。每块砖不允许出现严重泛霜。

(6)石灰爆裂。破坏尺寸大于 2 mm 且小于或等于 15 mm 的爆裂区域，每组砖不得多于 15 处。其中，大于 10 mm 的不得多于 7 处。不允许出现破坏尺寸大于 15 mm 的爆裂区域。

(7)抗风化性能。严重风化区中的黑龙江、吉林、辽宁、内蒙古、新疆等省区的砖和其他地区以淤泥、固体废弃物为主要原料生产的砖和砌块必须进行冻融试验；其他地区以黏土、粉煤灰、页岩、煤矸石为主要原料生产的砖的抗风化性能符合表 6-10 规定时可不做冻融试验，否则必须进行冻融试验。冻融试验后，每块砖不允许出现分层、掉皮、缺棱、掉角等现象。

表 6-10　烧结多孔砖和砌块的抗风化性能

种　类	项　目							
	严重风化区				非严重风化区			
	5 h 沸煮吸水率/%(≤)		饱和系数	(≤)	5 h 沸煮吸水率/%(≤)		饱和系数	(≤)
	平均值	单块最大值	平均值	单块最大值	平均值	单块最大值	平均值	单块最大值
黏土砖和砌块	21	23	0.85	0.87	23	25	0.88	0.90
粉煤灰砖和砌块	23	25			30	32		
页岩砖和砌块	16	18	0.74	0.77	18	20	0.78	0.80
煤矸石砖和砌块	19	21			21	23		

注：粉煤灰掺加量(质量比)小于30%时，抗风化性能按黏土砖和砌块的规定判定。

(三)烧结空心砖

烧结空心砖是以黏土、页岩、煤矸石为主要原料，经焙烧而成的孔洞率大于35%、孔的尺寸大而数量少的砖。其孔洞垂直于顶面，砌筑时要求孔洞方向与承压面平行。因为它的孔洞大、强度低，所以，主要用于砌筑非承重墙体或框架结构的填充墙。

根据《烧结空心砖和空心砌块》(GB/T 13545—2014)的规定，烧结空心砖的外形为直角六面体，在与砂浆的接合面上应设有增加结合力的深度1~2 mm的凹线槽，尺寸有290 mm×190 mm×90 mm和240 mm×180 mm×115 mm两种，如图6-3所示。

烧结空心砖
和空心砌块

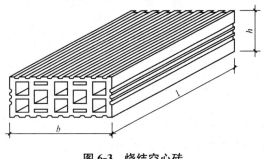

图 6-3　烧结空心砖
l—长度；b—宽度；h—高度

烧结空心砖根据毛体积密度分为800 kg/m³、900 kg/m³、1 100 kg/m³ 三个等级。《烧结空心砖和空心砌块》(GB 13545—2014)对每个密度级的空心砖，根据孔洞及排数、尺寸偏差、外观质量、强度等级和物理性能等，分为优等品(A)、一等品(B)和合格品(C)三个等级，尺寸偏差、外观质量、强度等级的具体要求见表6-11~表6-14。

表 6-11　尺寸允许偏差　　　　　　　　　　mm

尺寸	样本平均偏差	样本极差 （≤）
>300	±3.0	7.0
>200~300	±2.5	6.0
100~200	±2.0	5.0
<100	±1.7	4.0

表 6-12 空心砖和空心砌块的外观质量   mm

项目		指标
1. 弯曲	(≤)	4
2. 缺棱掉角的三个破坏尺寸	不得同时大于	30
3. 垂直度差	(≤)	4
4. 未贯穿裂纹长度		
a)大面上宽度方向及其延伸到条面的长度	(≤)	100
b)大面上长度方向或条面上水平面方向的长度	(≤)	120
5. 贯穿裂纹长度		
a)大面上宽度方向及其延伸到条面的长度	(≤)	40
b)壁、肋沿长度方向、宽度方向及其水平方向的长度	(≤)	40
6. 壁、肋内残缺长度	(≤)	40
7. 完整面	(≥)	一条面或一大面

注：凡有下列缺陷之一者，不能称为完整面：
    (1)缺损在大面、条面上造成的破坏面尺寸同时大于 20 mm×30 mm；
    (2)大面、条面上裂纹宽度大于 1 mm，其长度超过 70 mm；
    (3)压陷、粘底、焦花在大面、条面上的凹陷或凸出超过 2 mm，区域尺寸同时大于 20 mm×30 mm。

表 6-13 强度等级

强度级别	抗压强度/MPa		
	抗压强度平均值 $\bar{f}$ (≥)	变异系数 $\delta \leq 0.21$	变异系数 $\delta > 0.21$
		强度标准值 f_k (≥)	单块最小抗压强度值 f_{min} (≥)
MU10.0	10.0	7.0	8.0
MU7.5	7.5	5.0	5.8
MU5.0	5.0	3.5	4.0
MU3.5	3.5	2.5	2.8

表 6-14 孔洞排列及其结构

孔洞排列	孔洞排数/排		空洞率/%	孔型
	宽度方向	高度方向		
有序或交错排列	$b \geq 200$ mm ≥4 $b < 200$ mm ≥3	≥2	≥40	矩形孔

二、非烧结砖

不经焙烧而制成的砖均为非烧结砖，如碳化砖、免烧免蒸砖、蒸养(压)砖等。目前，应用较广的是蒸养(压)砖。这类砖是以含钙材料(石灰、电石渣等)和含钙材料(砂子、粉煤灰、煤矸石灰渣、炉渣等)与水拌和，经压制成型，在自然条件或人工水热合成条件(蒸养或蒸压)下，反应生成以水化硅酸钙、水化铝酸钙为主要胶结料的硅酸盐建筑制品。其主要品种有灰砂砖、粉煤灰砖、炉渣砖等。

1. 蒸压灰砂砖

以砂、石灰为主要原料，允许掺入颜料和外加剂，经坯料制备、压制成型、高压蒸汽养护而制成的普通砖。

蒸压灰砂实心砖、蒸压灰砂实心砌块、大型蒸压灰砂实心砌块，应考虑工程应用砌筑灰缝的宽度和厚度要求，由供需双方协商后，在订货合约中确定其标示尺寸。

蒸压灰砂砖按抗压强度分为 MU10、MU15、MU20、MU25、MU30 五个强度等级。各等级、抗压强度值及抗冻性指标应符合表 6-15 和表 6-16 中的规定，尺寸偏差和外观质量见表 6-17 和表 6-18。

表 6-15　强度等级　　　　　　　　　　　　　　　　　　　　　　　MPa

强度等级	抗压强度	
	平均值	单块最小值
MU10	10.0	8.5
MU15	15.0	12.8
MU20	20.0	17.0
MU25	25.0	21.2
MU30	30.0	25.5

表 6-16　抗冻性能指标

使用地区[a]	抗冻指标	干质量损失率[b]	抗压强度损失率/%
夏热冬暖地区	D15	平均值≤3.0 单个最大值≤4.0	平均值≤15 单个最大值≤20
温和与夏热冬冷地区	D25		
寒冷地区[c]	D35		
严寒地区[c]	D50		

a　区域划分执行《民用建筑热工设计规范》(GB 50176—2016)的规定。

b　当某个试件的试验结果出现负值时，按 0.0% 计。

c　当产品明确用于室内环境等，供需双方有约定时，可降低抗冻指标要求，但不应低于 D25。

表 6-17　尺寸允许偏差

项目名称	实心砖(LSSB)	实心砌块(LSSU)	大型实心砌块(LLSS)
长度	±2	±2	±3
宽度			±2
高度	±1	+1，−2	±2

表 6-18　外观质量

项目名称		允许范围	
弯曲/mm		≤2	
缺棱掉角	三个方向最大投影尺寸/mm	实心砖(LSSB)	≤10
		实心砌块(LSSU)	≤20
		大型实心砌块(LLSS)	≤30
裂纹延伸的投影尺寸累计/mm		实心砖(LSSB)	≤20
		实心砌块(LSSU)	≤40
		大型实心砌块(LLSS)	≤60

2. 粉煤灰砖

粉煤灰砖是以粉煤灰和石灰为主要原料，掺入适量的石膏和集料，经坯料制备、压制成型、高压或常压蒸汽养护而成的砖。

粉煤灰砖按湿热养护条件不同，分别称为蒸压粉煤灰砖、蒸养粉煤灰砖及自养粉煤灰砖。粉煤灰砖的规格与烧结普通砖相同。

根据《蒸压粉煤灰砖》(JC/T 239—2014)规定，粉煤灰砖按抗压强度和抗折强度划分为MU30、MU25、MU20、MU15、MU10 五个强度等级，其强度等级应符合表 6-19 中的规定，抗冻性应符合表 6-20 中的规定。

表 6-19　粉煤灰砖的强度等级

强度等级	强度指标			
	抗压强度/MPa (≥)		抗折强度/MPa (≥)	
	平均值	单块最小值	平均值	单块最小值
MU30	30.0	24.0	4.8	3.8
MU25	25.0	20.0	4.5	3.6
MU20	20.0	16.0	4.0	3.2
MU15	15.0	12.0	3.7	3.0
MU10	10.0	8.0	2.5	2.0

表 6-20　粉煤灰砖的抗冻性

使用地区	抗冻指标	质量损失率/%	抗压强度损失率/%
夏热冬暖地区	D15		
夏热冬冷地区	D25	≤5	≤25
寒冬地区	D35		
严寒地区	D50		

粉煤灰砖适用于一般工业和民用建筑的墙体、基础。凡长期处于 200 ℃高温且受急冷、急热及具有酸性腐蚀的部位，禁止使用粉煤灰砖。为避免或减少收缩裂缝的产生，用粉煤灰砖砌筑的建筑物，应适当增设圈梁及伸缩缝。

3. 炉渣砖

炉渣砖是以炉渣(煤燃烧后的残渣)为主要原料，掺入适量(水泥、电石渣)石灰、石膏经混合、压制成型、蒸养或蒸压养护而成的实心炉渣砖。炉渣砖主要用于一般建筑物的墙体和基础部位。根据《炉渣砖》(JC/T 525—2007)的规定，炉渣砖的公称尺寸为 240 mm×115 mm×53 mm。炉渣砖按其抗压强度分为 MU25、MU20、MU15 三个强度等级，其尺寸允许偏差、外观质量、各级强度等级应满足表 6-21～表 6-23 的要求。

表 6-21　炉渣砖的尺寸允许偏差　　　　　　　　　　　　　　　　　mm

项目名称	合格品
长度	±2.0
宽度	±2.0
高度	±2.0

表 6-22 炉渣砖的外观质量

项目名称		合格品
弯曲/mm		不大于 2.0
缺棱掉角	个数/个	≤1
	三个方向投影尺寸的最小值/mm	≤10
完整面		不少于一条面和一顶面
裂缝长度 a. 大面上宽度方向及其延伸到条面的长度/mm b. 大面上长度方向及其延伸到顶面上的长度或条、顶面水平裂纹的长度/mm		≤30 ≤50
层裂		不允许
颜色		基本一致

表 6-23 炉渣砖的强度

强度等级	抗压强度平均值 $\overline{f}$ （≥）	变异系数 $\delta \leqslant 0.21$ 强度标准值 f_k （≥）	变异系数 $\delta \geqslant 0.21$ 单块最小抗压强度 f_{min} （≥）
MU25	25.0	19.0	20.0
MU20	20.0	14.0	16.0
MU15	15.0	10.0	12.0

第二节　墙用砌块

砌块为规格尺寸比砖大的人造块材，是建筑工程常用的新型墙体材料之一。其原材料丰富、制作简单、施工效率较高，且适用性强。按尺寸规格可分为小型砌块和中型砌块，按制作用原材料可分为混凝土砌块和粉煤灰砌块等。

一、蒸压加气混凝土砌块

蒸压加气混凝土砌块，是以钙质材料（水泥、石灰等）和硅质材料（砂、矿渣、粉煤灰等）及加气剂（铝粉）等，经配料、搅拌、浇筑、发气（由化学反应形成孔隙）、预养切割、蒸汽养护等工艺过程制成的多孔、轻质、块体硅酸盐材料。

1. 砌块的尺寸规格

砌块公称尺寸的长度 L 为 600 mm，宽度 B 有 100 mm、125 mm、150 mm、200 mm、250 mm、300 mm 及 120 mm、180 mm、240 mm；高度 H 有 200 mm、250 mm、300 mm 等多种规格。

2. 砌块的抗压强度和干密度级别

（1）蒸压加气混凝土砌块的抗压强度。按砌块的抗压强度，划分为 A1.0、A2.0、A2.5、A3.5、A5.0、A7.5、A10.0 七个级别。各等级的立方体抗压强度值应符合表 6-24 的规定。

表 6-24　蒸压加气混凝土砌块的抗压强度

强度级别	立方体抗压强度/MPa	
	平均值 (≥)	单组最小值 (≥)
A1.0	1.0	0.8
A2.0	2.0	1.6
A2.5	2.5	2.0
A3.5	3.5	2.8
A5.0	5.0	4.0
A7.5	7.5	6.0
A10.0	10.0	8.0

(2)蒸压加气混凝土砌块的干密度级别。按砌块的干密度,划分为 B03、B04、B05、B06、B07、B08 六个级别。各级别的干密度值应符合表 6-25 的规定。

表 6-25　蒸压加气混凝土砌块的干密度

干密度级别			B03	B04	B05	B06	B07	B08
干密度/(kg·m⁻³)	优等品(A)	(≤)	300	400	500	600	700	800
	合格品(B)	(≤)	325	425	525	625	725	825

(3)蒸压加气混凝土砌块强度级别。砌块按尺寸偏差与外观质量、干密度和抗压强度分为优等品(A)、合格品(B)两个等级。各级的干密度和相应的强度应符合表 6-26 的规定。

表 6-26　蒸压加气混凝土砌块的强度级别

干密度级别		B03	B04	B05	B06	B07	B08
强度级别	优等品(A)	A1.0	A2.0	A3.5	A5.0	A7.5	A10.0
	合格品(B)			A2.5	A3.5	A5.0	A7.5

3. 砌块的干燥收缩、抗冻性和导热系数

蒸压加气混凝土砌块的干燥收缩、抗冻性和导热系数应符合表 6-27 的规定。

表 6-27　砌块的干燥收缩、抗冻性和导热系数

干密度级别			B03	B04	B05	B06	B07	B08
干燥收缩值①	标准法/(mm·m⁻¹)	(≤)			0.50			
	快速法/(mm·m⁻¹)	(≤)			0.80			
抗冻性	质量损失/%	(≤)			5.0			
	冻后强度/MPa (≥)	优等品(A)	0.8	1.6	2.8	4.0	6.0	8.0
		合格品(B)			2.0	2.8	4.0	6.0
导热系数(干态)/[W·(m·K)⁻¹]		(≤)	0.10	0.12	0.14	0.16	0.18	0.20

①规定采用标准法、快速法测定砌块干燥收缩值,若测定结果发生矛盾不能判定,则以标准法测定的结果为准。

4. 砌块的标记

蒸压加气混凝土砌块的产品标记按产品名称(代号 ACB)、强度级别、体积密度级别、

规格尺寸、产品等级和标准编号组成。如强度级别为 A7.5、体积密度级别为 B07、优等品，规格尺寸为 600 mm×200 mm×150 mm 的蒸压加气混凝土砌块，其产品标记为：ACB A7.5 B07　600×200×150A　GB 11968。

5. 砌块的应用

蒸压加气混凝土砌块质量轻，体积密度约为黏土砖的 1/3，具有保温、隔热、隔声性能好、导热系数低[0.10～0.28 W/(m·K)]、耐火性好、易于加工、施工方便等特点，是应用较多的轻质墙体材料之一，适用于低层建筑的承重墙、多层建筑的间隔墙和高层框架结构的填充墙，也可用于一般工业建筑的围护墙。其作为保温隔热材料还可用于复合墙板和屋面结构。在无可靠的防护措施时，该类砌块不得用于水中或高湿度和有侵蚀介质的环境，也不得用于建筑物的基础和温度长期高于 80 ℃ 的建筑部位。

二、混凝土砌块

1. 普通混凝土小型空心砌块

普通混凝土小型空心块砌块是以水泥、矿物掺合料、砂、石、水等为原材料，经搅拌、振动成型、养护等工艺制成的小型空心砌块，砌块各部位名称如图 6-4 所示。砌块按空心率，分为空心砌块(空心率不小于 25%，代号为 H)和实心砌块(空心率小于 25%，代号为 S)；砌块按使用时砌筑墙体的结构和受力情况，分为承重结构用砌块(代号为 L，简称承重砌块)、非承重结构用砌块(代号为 N，简称非承重砌块)。根据外观质量和尺寸偏差，分为优等品(A)、一等品(B)及合格品(C)三个质量等级。砌块的主规格尺寸为 390 mm×190 mm× 190 mm，其他规格尺寸可由供需双方协商。普通混凝土小型砌块的强度等级应符合表 6-28 的规定。

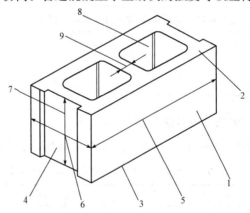

图 6-4　普通混凝土小型空心砌块

1—条面；2—坐浆面(肋厚较小的面)；3—铺浆面(肋厚较大的面)；
4—顶面；5—长度；6—宽度；7—高度；8—壁；9—肋

表 6-28　普通混凝土小型砌块的强度等级　　　　　　　　　　　　MPa

强度等级	抗压强度	
	平均值(≥)	单块最小值(≥)
MU5.0	5.0	4.0
MU7.5	7.5	6.0

强度等级	抗压强度	
	平均值(≥)	单块最小值(≥)
MU10	10.0	8.0
MU15	15.0	12.0
MU20	20.0	16.0
MU25	25.0	20.0
MU30	30.0	24.0
MU35	35.0	28.0
MU40	40.0	32.0

混凝土小型空心砌块具有质量轻、生产简便、施工速度快、适用性强、造价低等优点，适用于建造地震设计烈度为 8 度及 8 度以下地区的一般民用与工业建筑物的墙体（建筑外墙填充、内墙隔断、内外墙承重），也可用于围墙、桥梁、花坛等市政设施。小砌块在砌筑时，一般不允许浇水预湿；但在气候特别干燥炎热时，可以稍喷水湿润。

2. 轻集料混凝土小型空心砌块

轻集料混凝土小型空心砌块，是由水泥、砂（轻砂或普通砂）、轻粗集料等为原料加水搅拌、振动成型而得。

《轻集料混凝土小型空心砌块》（GB/T 15229—2011）的规定，轻集料混凝土小型空心砌块的尺寸偏差和外观质量应符合表 6-29 的规定，其密度等级应符合表 6-30 的规定，轻集料混凝土小型空心砌块的强度等级应符合表 6-31 的规定。

轻集料混凝土
小型空心砌块

表 6-29 轻集料混凝土小型空心砌块的尺寸偏差和外观质量

项目			指标
尺寸偏差/mm	长度		±3
	宽度		±3
	高度		±3
最小外壁厚/mm	用于承重墙体	(≥)	30
	用于非承重墙体	(≥)	20
肋厚/mm	用于承重墙体	(≥)	25
	用于非承重墙体	(≥)	20
缺棱掉角	个数/块	(≤)	2
	三个方向投影的最大值/mm	(≤)	20
	裂缝延伸的累计尺寸/mm	(≤)	30

表 6-30 轻集料混凝土小型空心砌块的密度等级 kg/m³

密度等级	干表观密度范围
700	≥610，≤700
800	≥710，≤800
900	≥810，≤900

密度等级	干表观密度范围
1 000	≥910，≤1 000
1 100	≥1 010，≤1 100
1 200	≥1 110，≤1 200
1 300	≥1 210，≤1 300
1 400	≥1 310，≤1 400

表 6-31　轻集料混凝土小型空心砌块的强度等级

强度等级	抗压强度/MPa		密度等级范围/(kg·m⁻³)
	平均值	最小值	
MU2.5	≥2.5	≥2.0	≤800
MU3.5	≥3.5	≥2.8	≤1 000
MU5.0	≥5.0	≥4.0	≤1 200
MU7.5	≥7.5	≥6.0	≤1 200① ≤1 300②
MU10.0	≥10.0	≥8.0	≤1 200① ≤1 400②

注：当砌块的抗压强度同时满足 2 个强度等级或 2 个以上强度等级要求时，应以满足要求的最高强度等级为准。
①除自燃煤矸石掺量不小于砌块质量 35% 以外的其他砌块；
②自燃煤矸石掺量不小于砌块质量 35% 的砌块。

　　轻集料混凝土小型空心砌块因其轻质、高强、绝热性能好、抗震性能好等特点，广泛应用于非承重结构的围护和框架结构的填充墙，也可用于既承重又保温或专门保温的墙体。

三、粉煤灰砌块

　　粉煤灰混凝土小型空心砌块（FHB）是以粉煤灰、水泥、集料等为原料，加水搅拌、振动成型、蒸汽养护后制成的砌块。其中，水泥用量应不低于原材料干质量的 10%；粉煤灰用量应不低于原材料干质量的 20%，也不高于原材料干质量的 50%。

　　根据《粉煤灰混凝土小型空心砌块》（JC/T 862—2008）的规定，按砌块密度可分为600、700、800、900、1 000、1 200 和 1 400 七个等级。按砌块抗压强度可分为MU3.5、MU5、MU7.5、MU10、MU15 和 MU20 六个等级。粉煤灰混凝土小型空心砌块强度等级见表 6-32。

表 6-32　粉煤灰混凝土小型空心砌块强度等级（JC/T 862—2008）　　　　MPa

强度等级	抗压强度平均值 $\bar{f}$ (≥)	强度最小值 f_{min} (≥)
MU3.5	3.5	2.8
MU5	5.0	4.0
MU7.5	7.5	6.0
MU10	10.0	8.0
MU15	15.0	12.0
MU20	20.0	16.0

干燥收缩率应不大于 0.060%，碳化系数应不小于 0.8，软化系数应不小于 0.8，相对含水率和抗冻性应符合标准规定。

粉煤灰砌块适用于工业与民用建筑的承重墙、非承重墙体和基础，但不宜用于具有酸性侵蚀的、密封性要求高的及受较大振动影响的建筑物，也不宜用于经常受高温和经常受潮湿的承重墙。

第三节　墙用板材

随着装配式大板体系、框架轻板体系等建筑结构体系的改革和大开间多功能框架结构的发展，各种轻质和复杂墙用板材也蓬勃兴起。以板材为围护墙体的建筑体系具有质轻、节能、施工方便、快捷、使用面积大、开间布置灵活等特点，墙用板材日益受到重视且具有良好的发展前景。下面介绍几种常用的墙板。

一、水泥类墙用板材

1. 蒸压加气混凝土板

蒸压加气混凝土板是由石英砂或粉煤灰、石膏、铝粉、水和钢筋等制成的轻质板材。蒸压加气混凝土板按使用功能，分为屋面板（JWB）、楼板（JLB）、外墙板（JQB）、隔墙板（JGB）等常用品种，其外形如图 6-5 所示。

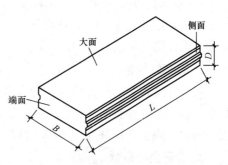

图 6-5　蒸压加气混凝土板外形示意

蒸压加气混凝土板分外墙板和隔墙板，外墙板的长度为 1 500～6 000 mm，厚度为 150 mm、170 mm、180 mm、200 mm、240 mm、250 mm；隔墙板的长度按设计要求，宽度为 500～600 mm，厚度为 75 mm、100 mm、120 mm。蒸压加气混凝土板含有大量微小的、非连通的气孔，孔隙率为 70%～80%。因而，其具有质量轻、绝热性好、隔声、吸声等特性。该种板还具有较好的耐火性与一定的承载能力，可用于单层或多层工业厂房的外墙，也可用于公共建筑及居住建筑的内隔墙和外墙。

2. 轻集料混凝土板

轻集料混凝土配筋墙板是以水泥为胶结材料，陶粒或天然浮石等为粗集料，膨胀珍珠岩、浮石等为细集料，经搅拌、成型、养护而制成的一种轻质墙板。其品种有浮石全轻混凝土墙板、粉煤灰陶粒珍珠岩砂混凝土墙板等。以上墙板规格（宽×高×厚）有：3 300 mm×2 900 mm×32 mm 及 4 480 mm×2 430 mm×22 mm 等。该种墙板生产工艺简单、墙厚较小、质量轻、强度高、绝热性能好、耐火、抗震性能优越、施工方便。浮石全轻混凝土墙板适用于装配式民用住宅大板建筑，粉煤灰陶粒珍珠岩混凝土墙板适用于整体预应力装配式板柱结构。

3. 玻璃纤维增强水泥（GRC）空心轻质板

该空心板是以低碱水泥为胶结料，抗碱玻璃纤维或其网格布为增强材料，膨胀珍珠岩为集料（也可用炉渣、粉煤灰等），并配以发泡剂和防水剂等，经配料、搅拌、浇筑、振动成型、脱水、养护而成。其可用于工业和民用建筑的内隔墙及复合墙体的外墙面。

二、石膏类墙用板材

石膏类墙板在轻质墙体材料中占有很大比例，主要有纸面石膏板、石膏纤维板、石膏空心板和石膏刨花板等。

1. 纸面石膏板

纸面石膏板是以石膏芯材及与其牢固结合在一起的护面纸组成，可分为普通型、耐水型、耐火型和耐水耐火型四种。以建筑石膏及适量纤维类增强材料和外加剂为芯材，与具有一定强度的护面纸组成的石膏板为普通纸面石膏板；若在芯材配料中加入防水、防潮外加剂，并用耐水护面纸，即可制成耐水型纸面石膏板；若在配料中加入无机耐火纤维和阻燃剂等，即可制成耐火型纸面石膏板。

纸面石膏板具有质量轻、保温隔热、隔声、防火、抗震、可调节室内湿度、可加工性好、施工方便等优点；但用纸量较大，成本较高。

普通纸面石膏板可作为室内隔墙板、复合外地板的内壁板、顶棚等。耐水纸面石膏板可用于相对湿度较大（≥75%）的环境，如厕所、盥洗室等。耐火型纸面石膏板主要用于对防火要求较高的房屋建筑中。

2. 石膏纤维板

石膏纤维板是以纤维增强石膏为基材的无面纸石膏板，用无机纤维或有机纤维与建筑石膏、缓凝剂等经打浆、铺装、脱水、成型、烘干而制成，可节省护面纸，具有质轻、高强、耐火、隔声、韧性高、可加工性好等优点。其尺寸规格和用途与纸面石膏板相同。

3. 石膏空心条板

石膏空心条板是以建筑石膏为胶凝材料，适量加入各种轻质集料（膨胀珍珠岩、蛭石等）、改性材料（粉煤灰、矿渣、石灰、外加剂等），经拌和、浇筑、振捣成型、抽芯、脱模、干燥而成。石膏空心条板按原材料，分为石膏珍珠岩空心条板、石膏粉煤灰硅酸盐空心条板和石膏空心条板；按防水性能，分为普通空心条板和耐水空心条板；按强度分为普通型空心条板和增强型空心条板；按材料结构和用途，分为素板、网板、钢埋件网板和木埋件网板。石膏空心条板的长度为 2 100～3 300 mm，宽度为 250～600 mm，厚度为 60～80 mm。该板生产时不用纸、不用胶，安装时不用龙骨，适用于工业与民用建筑的非承重内隔墙。

三、复合墙板

用单一材料制成的板材，常因材料本身不能满足墙体的多功能要求，而使其应用受到限制。如质量较轻及隔热与隔声效果较好的石膏板、加气混凝土板、稻草板等，因其耐水性差或强度较低，通常只能用于非承重的内隔墙。而水泥混凝土类板材虽然强度较高，耐久性较好，但其质量大，隔声、保温性能较差。为克服这些缺点，现代建筑常用两种或两种以上不同材料组合成多功能的复合墙体以减轻墙体质量，并取得良好的效果。

复合墙板主要由承受（或传递）外力的结构层（多为普通混凝土或金属板）、保温层（矿棉、泡沫塑料、加气混凝土等）及面层（各类具有可装饰性的轻质薄板）组成，其优点是承重材料和轻质保温材料的功能都能得到合理利用。

1. 玻璃纤维增强水泥(GRC)外墙内保温板

以玻璃纤维增强水泥砂浆或玻璃纤维增强水泥膨胀珍珠岩砂浆为面板，阻燃型聚苯乙烯泡沫塑料或其他绝热材料为芯材复合而成的外墙内保温板，称为玻璃纤维增强水泥外墙内保温板。

按板的类型分为普通板(PB)、门口板(MB)、窗口板(CB)。普通板为条板，其技术性能指标如下：

(1)主要规格尺寸：长度为 2 500～3 000 mm，宽度为 600 mm，厚度为 60 mm、70 mm、80 mm、90 mm。

(2)尺寸允许偏差：长度±5 mm，宽度±2 mm，厚度±1.5 mm，板面平整度≤2 mm，对角线差≤10 mm。

(3)外观质量要求：板面不允许有贯通裂纹，不允许外露纤维，板面裂纹长度不得超过 30 mm，且不得多于两处；蜂窝气孔的长径尺寸不得超过 5 mm，深度不得超过 2 mm，且不得多于 10 处；缺棱掉角的深度不得超过 10 mm，宽度不得超过 20 mm，长度不得超过 30 mm，且不得多于两处。

2. 外墙外保温板

常用的外墙外保温墙板有 BT 型外保温板、水泥聚苯乙烯外保温板、GRC 外保温板。

采用墙体外保温措施，可消除或降低热桥，使墙体蓄热能力增强，提高室内的热稳定性和舒适感；还能减少墙体内表面的结露，延长墙体的使用寿命等。

(1)BT 型外保温板。以普通水泥砂浆为基材、镀锌钢丝网和钢筋为增强材料，制作时与聚苯乙烯泡沫塑料板复合成为单面型的保温板材，称为 BT 型外保温板。

(2)钢丝网架水泥夹心板。钢丝网架水泥夹心板是由镀锌钢丝桁条与钢丝网形成骨架，中间填以阻燃型聚苯乙烯泡沫塑料、聚氨酯泡沫塑料等轻质保温隔热材料组成的复合墙体材料。

常用品种有舒乐舍板、3D 板、泰柏板、UBS 板、英派克板。虽然板的名称不同，但板的基本结构相似。板的综合性能与钢丝直径、网格尺寸、焊接强度、横穿钢丝的焊点数量、夹心板密度和厚度、水泥砂浆的厚度等，均有密切关系。

这类板材的特点是轻质、高强、保温、隔热、防水、防潮、防震、耐久性好、安装方便等。其适用于房屋建筑的内隔墙、围护外墙、3 m 内的跨板等。

第四节　屋面材料

屋面是房屋最上层的外围护结构，起着防水、保温、隔热的作用。烧结瓦是我国历史悠久、使用较多的屋面材料，但烧结瓦的生产会破坏耕地、浪费资源、耗能大，因此逐步被大型水泥类瓦材和高分子复合类瓦材取代。随着大跨度建筑物的兴起，屋面承重结构也由过去的预应力混凝土大型屋面板向承重、保温、防水三合一的轻型钢板结构发展，本节主要介绍常用的瓦材和板材。

一、黏土瓦

黏土瓦是以黏土、页岩、煤矸石为主要原料，经压模或挤出成型，干燥焙烧而成的瓦，包括平瓦和脊瓦，配套使用。按其颜色分为红瓦和青瓦。

平瓦的尺寸有 400 mm×240 mm、380 mm×225 mm、360 mm×220 mm 三种规格，厚度均为 10~17 mm，脊瓦的长度不小于 300 mm、宽度不小于 180 mm。根据黏土瓦的尺寸偏差、外观质量和物理力学性能（抗折荷载、吸水率、抗冻性、抗渗性），分为优等品、一等品和合格品三个等级。

二、混凝土平瓦

混凝土平瓦是以水泥、砂或无机硬质细集料为主要原料，经配料拌和、机械滚压成型和养护而成的平瓦。

混凝土平瓦标准尺寸有 400 mm×240 mm、385 mm×235 mm 两种，主体厚度为 14 mm。瓦的尺寸偏差、外观质量和物理力学性能（抗折荷载、吸水率、抗冻性、抗渗性）均应符合标准规范的要求。

三、石棉水泥瓦

石棉水泥瓦是以湿石棉纤维与水泥为原料，经加水搅拌、压滤成型、蒸养、烘干而成的轻型屋面材料。石棉水泥瓦分为大波瓦、中波瓦、小波瓦三种，其规格如下。

大波瓦：长 2 800 mm、宽 994 mm、厚 6.5 mm，波距 131 mm，波高不小于 31 mm。

中波瓦：长 2 400 mm、宽 745 mm、厚 7.5 mm，波距 131 mm，波高不小于 31 mm；或长 1 800 mm、宽 745 mm、厚 6.0 mm，波距 167 mm，波高不小于 50 mm。

小波瓦：长 1 800 mm、宽 720 mm、厚 6.0 mm 或 5.0 mm，波距 63.5 mm，波高不小于 16 mm。

石棉水泥瓦具有防火、防腐、耐热、耐寒和绝热等性能。其被大量应用于工业建筑，如厂房、库房和堆货棚等。农村中的住房也常有应用。

四、钢丝网水泥波瓦

钢丝网水泥波瓦是普通水泥瓦中间设置一层低碳冷拔钢丝网，成型后再经养护而成的大波波形瓦。其规格有两种，一种长 1 700 mm，宽 830 mm，厚 14 mm，质量约 50 kg；另一种长 1 700 mm，宽 830 mm，厚 12 mm，质量 39~49 kg。脊瓦每块 15~16 kg。脊瓦要求瓦的初裂荷载每块不小于 2 200 N。在 100 mm 的静水压力下，24 h 后瓦背应无严重印水现象。

钢丝网水泥大波瓦，适用于工厂散热车间、仓库及临时性建筑的屋面，有时也可用作这些建筑的围护结构。

五、玻璃钢波形瓦

玻璃钢波形瓦是以不饱和树脂和无捻玻璃纤维布为原料制成的。其尺寸为长 1 800 mm，宽 740 mm，厚 0.8~2 mm。这种瓦质轻、强度大、耐冲击、耐高温、透光、有色泽，适用于建筑遮阳板、车站月台及集贸市场等简易建筑的屋面。但不能用于与明火接触的场合。当用于有防火要求的建筑物时，应采用难燃树脂。

六、聚氯乙烯波纹瓦

聚氯乙烯波纹瓦，又称塑料瓦楞板，它是以聚氯乙烯树脂为主体，加入其他助剂，经塑化、压延、压波而制成的波形瓦。它具有轻质、高强、防水、耐腐、透光和色彩鲜艳等优点，适用于凉棚、果棚、遮阳板和简易建筑的屋面。常用规格为 1 000mm×750mm×(1.5~2) mm，抗拉强度为 45 MPa，静弯强度为 80 MPa，热变形特征为 60 ℃时 2 h 不变形。

本章小结

墙体材料是房屋建筑的主要围护材料和结构材料，本章主要介绍了砌墙砖、墙用砌块和墙用板材。通过本章的学习应从节能和建筑工业的发展考虑，对墙体和屋面材料的发展方法及新型墙体和屋面材料的开发有所了解和掌握。

思考与练习

一、填空题

1. 砌墙砖按照生产工艺，分为_____和_____。

2. 按照孔洞率的大小，砌墙砖分为_____、_____和_____。

3. 烧结普通砖根据20块试样的_____检验结果。

4. _____是评定烧结普通砖的耐久性的一项重要的综合性能。

5. _____是指黏土原料中的可溶性盐类(如硫酸钠等盐类)，随着砖内水分蒸发而在砖或砌块表面产生的盐析现象，一般呈白色粉末、絮团或絮片状。

6. 不经焙烧而制成的砖均为_____，如碳化砖、免烧免蒸砖、蒸养(压)砖等。

7. _____是以钙质材料和硅质材料及加气剂等，经配料、搅拌、浇筑、发气、预养切割、蒸汽养护等工艺过程制成的多孔轻质、块体硅酸盐材料。

8. _____是由石英砂或粉煤灰、石膏、铝粉、水和钢筋等制成的轻质板材。

二、判断题

1. 烧结普通砖的抗风化性能越好，表明砖的耐久性越好。　　　　　　　(　　)

2. 普通混凝土小型空心块砌块的主规格尺寸为 390 mm×180 mm× 180 mm。(　　)

3. 蒸压加气混凝土砌块是以粉煤灰、水泥、集料等为原料，加水搅拌、振动成型、蒸汽养护后制成的砌块。　　　　　　　　　　　　　　　　　　(　　)

三、选择题

1. 孔洞率(　　)，孔的尺寸大而数量少的砖称为空心砖。

　　A. 大于15%　　　　B. 小于15%　　　　　C. 等于或大于15%

2. 烧结普通砖的规格为(　　)。

　　A. 240 mm×115 mm×53 mm　　　　B. 240 mm×225 mm×53 mm

　　C. 240 mm×115 mm×60 mm　　　　D. 240 mm×225 mm×60 mm

3. 烧结多孔砖是以黏土、页岩、煤矸石为主要原料，经焙烧而成的主要用于承重部位的多孔砖，其孔洞率在(　　)%左右。

　　A. 15　　　　　　B. 20　　　　　　C. 25　　　　　　D. 30

4. (　　)是以黏土、页岩、煤矸石为主要原料，经焙烧而成的孔洞率大于35%、孔的尺寸大而数量少的砖。

　　A. 烧结普通砖　　　B. 烧结多孔砖　　　C. 烧结粉煤灰砖　　　D. 烧结空心砖

5. (　　)适用于一般工业和民用建筑的墙体、基础。

　　A. 蒸压灰砂砖　　　B. 粉煤灰砖　　　C. 炉渣砖

四、简答题

1. 烧结普通砖按抗压强度可划分为哪几个等级？

2. 烧结多孔砖的主要技术要求有哪些？

3. 什么叫作蒸压灰砂砖？其规格要求有哪些？

4. 石膏类墙板主要有哪几类？

5. 屋面常用的瓦材和板材有哪些？

第七章　建筑钢材

知识目标

1. 了解钢材的概念及特点，熟悉钢材的冶炼及分类；掌握钢材的力学性能、工艺性能、化学性能。

2. 熟悉碳素结构钢、低合金钢的牌号、主要技术标准和选用。

3. 掌握钢筋混凝土用热轧钢筋、冷轧带肋钢筋、低碳钢热轧圆盘条、预应力混凝土用钢丝、钢绞线的概念、规格、技术要求及应用。

4. 掌握钢材锈蚀的原因及钢材锈蚀的预防措施。

能力目标

能够根据工程实际情况选择钢材的种类；能够进行钢筋的力学性能检测。

第一节　建筑钢材的基础知识

一、钢材的概念及特点

建筑钢材是指建筑工程中使用的各种钢材，包括钢结构用的各种型钢、钢板，以及钢筋混凝土结构用的钢筋、钢丝、钢绞线。

钢材具有以下优点：材质均匀，性能可靠，抗拉强度、抗压强度、抗弯强度、抗剪切强度都很高，具有一定的塑性和韧性，常温下能承受较大的冲击和振动荷载；具有良好的加工性能，可以铸造、锻压、焊接、铆接或螺栓连接，便于装配等。其缺点：易锈蚀，维修费用高，耐火性差。

建筑钢材是一种重要的建筑工程材料。建筑上由各种型钢组成的钢结构安全性大，质量较轻，适用于大跨度和高层结构。钢筋与混凝土组成的钢筋混凝土结构，虽然质量重，但节省钢材，同时由于混凝土的保护作用，故在很大程度上克服了钢材易锈蚀、维修费用高的缺点。

二、钢材的冶炼

1. 钢材的冶炼原理

钢是由生铁冶炼而成的。生铁是由铁矿石、熔剂（石灰石）、燃料（焦炭）在高温炉中经过还原反应和造渣反应而得到的一种铁碳合金。其中，碳的含量为 $2.06\% \sim 6.67\%$，磷、硫等杂质的含量也较高。生铁既硬又脆，没有塑性和韧性，不能进行焊接、锻造、轧制等加工，在建筑中很少应用。

钢的冶炼是将熔融的生铁进行氧化，使碳的含量降低到一定的限度，同时除去其他有害杂质(如硫、磷等)，使其含量也降低到允许范围内的过程。所以，凡含碳量在2%以下，含有害杂质较少的铁碳合金均可称为钢。钢的密度为7.84~7.86 g/cm³。

2. 钢材的冶炼方法

目前，大规模炼钢方法主要有平炉炼钢法、转炉炼钢法和电炉炼钢法三种。

(1)平炉炼钢法的特点：产量大、除渣干净、材质均匀，但冶炼时间较长，成本高，常用来生产质量要求较高的钢板、型钢及重轨等。

(2)转炉炼钢法又可分为顶吹氧气转炉炼钢法和侧吹氧气转炉炼钢法。

1)顶吹氧气转炉炼钢法的特点：生产速度快、成本较低、品种多且质量好，是目前较为先进、发展较快的一种炼钢方法，可制出优质碳素钢和合金钢。

2)侧吹氧气转炉炼钢法的特点：设备简单、投资小、出钢快且冶炼时间短，但材质较差，一般只用于生产小型角钢或钢筋。

(3)电炉炼钢法的特点：质量最好，但成本最高。

三、钢材的分类

根据化学成分、品质和用途不同，钢可分成不同的种类。

1. 按脱氧方法分类

将生铁(及废钢)在熔融状态下进行氧化，除去过多的碳及杂质即得钢液。钢液在氧化过程中会含有较多 FeO，故在冶炼后期，须加入脱氧剂(锰铁、硅铁、铝等)进行脱氧，然后才能浇铸成合格的钢锭。由于脱氧程度不同，钢材的性能就不同，因此，钢又可分为沸腾钢、镇静钢和特殊镇静钢。

(1)沸腾钢：仅用弱脱氧剂锰铁进行脱氧，属脱氧不完全的钢。其组织不够致密，有气泡夹杂，因此，质量较差，但成品率高，成本低。

(2)镇静钢：用必要数量的硅、锰和铝等脱氧剂进行彻底脱氧的钢。其组织致密，化学成分均匀，性能稳定，是质量较好的钢种。由于产率较低，故成本较高，适用于承受振动冲击荷载或重要的焊接钢结构中。

(3)特殊镇静钢：特殊镇静钢质量和性能均高于镇静钢，成本也高于镇静钢。

2. 按化学成分分类

钢按化学成分不同，可分为碳素钢、合金钢。

(1)碳素钢。碳素钢按含碳量的不同，又可分为低碳钢(碳含量<0.25%)、中碳钢(碳含量为0.25%~0.6%)和高碳钢(碳含量>0.6%)。

(2)合金钢。合金钢是在碳素钢中加入某些合金元素(锰、硅、钒、钛等)用于改善钢的性能或使其获得某些特殊性能。合金钢按合金元素含量不同，可分为低合金钢(合金元素含量<5%)、中合金钢(合金元素含量为5%~10%)和高合金钢(合金元素含量>10%)。

3. 按品质分类

根据钢材中硫、磷的含量，钢材可分为普通质量钢、优质钢和特殊质量钢。

4. 按用途分类

钢材按主要用途的不同，可分为结构钢(钢结构用钢和混凝土结构用钢)、工具钢(制作刀具、量具、模具等)和特殊钢(不锈钢、耐酸钢、耐热钢、磁钢等)。

第二节　建筑钢材的主要技术性能

钢材的主要技术性能包括力学性能、工艺性能和化学性能等。

一、力学性能

建筑钢材的力学性能主要有抗拉屈服强度 σ_s、抗拉极限强度 σ_b、伸长率 δ、硬度和冲击韧性等。

1. 抗拉性能

抗拉性能是建筑钢材的重要性能。这一性能可以通过受拉后钢材的应力与应变曲线反映出来。图 7-1(a)所示为建筑工程中常用钢受拉后的应力-应变曲线。图 7-1 中的屈服强度(σ_s)、抗拉强度(σ_b)和伸长率(δ)是钢材的重要技术指标。

(1)屈服点(屈服强度 σ_s)是结构设计取值的依据,低于屈服点的钢材基本上是在弹性状态下正常工作,该阶段为弹性阶段。应力与应变的比值为常数,该常数为弹性模量 $E\left(E=\tan\alpha=\dfrac{\sigma}{\varepsilon}\right)$。

当对试件的拉伸应力超过 a 点后,应力、应变不再成正比关系,钢材开始出现塑性变形进入屈服阶段 bc,bc 段最低点所对应的应力值为屈服强度。

(2)抗拉强度(σ_b)。试件在屈服阶段以后,其抵抗塑性变形的能力又重新得到提高,这一阶段称为强化阶段。对应于最高点 d 的应力值称为极限抗拉强度,简称抗拉强度。

屈强比(σ_s/σ_b)即屈服强度与抗拉强度之比,反映了钢材的利用率和使用中的安全程度。屈强比不宜过大或过小,应在保证安全工作的情况下有较高的利用率。比较适宜的屈强比应在 $0.6\sim0.75$ 范围。

图 7-1 (b)表示高碳钢受拉时的应力-应变曲线。与低碳钢的应力-应变曲线相比,高碳钢应力-应变曲线的特点是:抗拉强度高、塑性变形小和没有明显的屈服点。其结构设计取值是人为规定的条件屈服点($\sigma_{0.2}$),即将钢件拉伸至塑性变形达到原长的 0.2% 时的应力值。

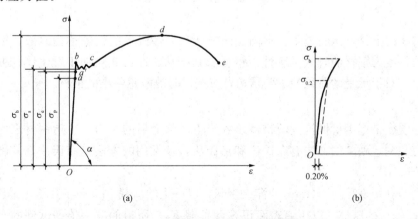

图 7-1　钢受拉时的应力-应变曲线

(a)低碳钢受拉时的应力-应变曲线;(b)高碳钢受拉时的应力-应变曲线

（3）伸长率（δ）表示钢材被拉断时的塑性变形值（l_1-l_0）与原长（l_0）之比，即 $\delta=\dfrac{l_1-l_0}{l_0}\times100\%$，如图 7-2 所示。伸长率反映钢材的塑性变形能力，是钢材的重要技术指标。建筑钢材在正常工作中，结构内含缺陷处会因为应力集中而超过屈服点，具有一定塑性变形能力的钢材会使应力重新分布而避免了钢材在应力集中作用下的过早破坏。由于钢试件在颈缩部位

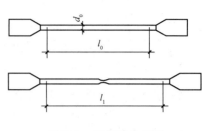

图 7-2　钢材的伸长率

的变形最大，原长（l_0）与原直径（d_0）之比为 5 倍的伸长率（δ_5）大于同一材质的 l_0/d_0 为 10 倍的伸长率（δ_{10}）。另外，可以用截面收缩率（ψ），即颈缩处断面面积（A_0-A）与原面积（A_0）之比来表示钢的塑性变形能力。

2. 冲击韧性

冲击韧性是指钢材受冲击荷载作用时，吸收能量、抵抗破坏的能力，以冲断试件时单位面积所消耗的功（α_k）来表示。α_k 值越大，钢材的冲击韧性越好。

影响冲击韧性的因素有钢的化学组成、晶体结构及表面状态和轧制质量，以及温度和时效作用等。

随环境温度降低，钢的冲击韧性也会降低。当达到某一负温时，钢的冲击韧性值（α_k）突然发生明显降低，此为钢的低温冷脆性（图 7-3），此刻的温度称为脆性临界温度。其数值越低，说明钢材的低温冲击性能越好。在负温下使用钢材时，要选用脆性临界温度低于环境温度的钢材。

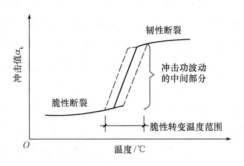

图 7-3　温度对冲击韧性的影响

随着时间的推移，钢的强度会提高，而塑性和韧性降低的现象称为时效。因时效而使性能改变的程度为钢材的时效敏感性。钢材受到振动、冲击或随加工发生体积变形，可加速完成时效。对于承受动荷载的重要结构，应选用时效敏感性小的钢材。

3. 硬度

钢材的硬度是指钢材抵抗较硬物体压入产生局部变形的能力，也指钢材表面抵抗塑性变形的能力。测定硬度的方法有布氏法和洛氏法，较常用的方法是布氏法，其硬度指标为布氏硬度值（HB）。

布氏法是利用直径为 D（mm）的淬火钢球，以一定的荷载 F_P（N）将其压入试件表面，得到直径为 d（mm）的压痕，以压痕表面积 S 除荷载 F_P，所得的应力值即试件的布氏硬度值 HB，以不带单位的数字表示。

4. 耐疲劳性能

钢材在交变应力作用下，应力在远低于抗拉强度的情况下突然破坏，这种破坏称为疲劳破坏。钢材疲劳破坏的应力指标用疲劳强度（或称疲劳极限）来表示，它是指试件在交变应力的作用下，不发生疲劳破坏的最大应力值。一般将钢材承受交变荷载 1×10^7 周次时不发生破坏所能承受的最大应力作为疲劳强度。设计承受交变荷载且须进行疲劳验算的结构时，应当了解所用钢材的疲劳强度。

二、工艺性能

1. 冷弯性能

冷弯性能是指钢材在常温下承受弯曲变形的能力，是建筑钢材的重要工艺性能。图 7-4 所示为钢材的冷弯试验，规定用弯曲角度和弯心直径与试件厚度（或直径）的比值来表示冷弯性能。冷弯性能实质反映了钢材在不均匀变形下的塑性，在一定程度上比伸长率更能反映钢的内部组织状态及内应力、杂质等缺陷，因此，可以用冷弯的方法来检验钢的质量。通常不同的钢筋规格对应不同的弯心直径。

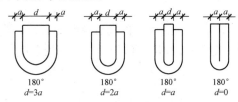

180°   180°   180°   180°
$d=3a$ $d=2a$ $d=a$ $d=0$

图 7-4　钢材的冷弯试验

d—弯心直径；a—钢筋直径

2. 冷加工硬化及时效

（1）冷加工硬化。钢材在常温下，经过以超过其屈服强度但不超过抗拉强度的应力进行加工，产生一定塑性变形，屈服强度、硬度提高，而塑性、韧性及弹性模量降低，这种现象称为冷加工强化。

钢材冷加工的方式有冷拉、冷拔、冷轧、刻痕等。以钢材的冷拉为例，如图 7-5 所示，图中 $OABCD$ 为未经冷拉时的应力-应变曲线。将试件拉至超过屈服点 B 的 K 点，然后卸去荷载，由于试件已经产生塑性变形，所以，曲线沿 KO' 下降而不能回到原点。若将此试件立即重新拉伸，则新的应力-应变曲线为 $O'KCD$ 虚线，即 K 点成为新的屈服点，屈服强度得到了提高，而塑性、韧性降低。

（2）时效。钢材经冷加工后时效可迅速发展。时效处理的方式有两种，自然时效和人工时效。钢材经冷加工后，在常温下存放 $15 \sim 20$ d，为自然时效；加热至 $100 ℃ \sim 200 ℃$ 保持 2 h 左右，为人工时效。

如图 7-5 所示，钢材经冷拉后若不是立即重新拉伸，而是经时效处理后再拉伸，则应力-应变曲线将成为 $O'KK_1C_1D_1$，这表明经冷拉后的钢材再经时效后，屈服强度、硬度进一步提高，抗拉强度也得到提高，而塑性和韧性进一步降低。

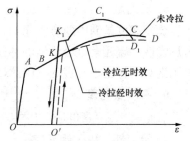

图 7-5　钢筋经冷拉时效后应力-
应变图的变化

3. 可焊性能

焊接是钢材重要的连接方式。焊接的质量取决于焊接工艺、焊接材料和钢材的可焊性能。

钢材的可焊性是指钢材是否适应通常的焊接方法与工艺的性能。可焊性好的钢材易于用一般焊接方法和工艺施焊，在焊缝及附近过热区不产生裂缝，焊接后的力学性能，特别是强度不低于原有钢材，硬脆倾向小。

钢材可焊性的好坏，主要取决于化学成分及其含量。碳、硫、合金元素、杂质等含量的增加，都会使可焊性降低。低碳钢具有良好的可焊性。

一般焊接结构用钢应选用含碳量较低的氧气转炉或平炉镇静钢。对于高碳钢及合金钢，为了改善焊接后的硬脆性，焊接时要采取焊前预热及焊后热处理等措施。

三、化学性能

钢材中除基本元素铁和碳外，常有硅、锰、硫、磷及氢、氧、氮等元素存在。这些元素来自炼钢原料、炉气及脱氧剂，在熔炼中无法除净。各种元素对钢的性能都有一定的影响，为了保证钢的质量，国家标准中对各类钢的化学成分都作了严格的规定。

1. 碳元素

碳元素是钢中的重要元素，对钢的机械性能有重要的影响。当含碳量低于 0.8% 时，随着含碳量的增加，钢的抗拉强度(σ_b)和硬度(HB)都将得到提高，而塑性(δ)及韧性(α_k)会降低。同时，钢的冷弯、焊接及抗腐蚀等性能也会降低，钢的冷脆性和时效敏感性增加。

2. 硅元素

硅元素是钢中的有益元素，是为了脱氧去硫而加入的。硅是钢的主要合金元素，含量常在 1% 以内，可提高强度，对塑性和韧性影响不大。但当含硅量超过 1% 时，冷脆性增加，可焊性变差。

3. 锰元素

锰元素可以消除钢的热脆性，改善热加工性能。当锰含量为 0.8%～1% 时，能明显提高钢材的强度及硬度，且塑性、韧性几乎不降低，所以，锰元素也是钢中主要的合金元素之一。但是，当其含量大于 1% 时，在强度提高的同时，塑性、韧性会降低，可焊性会变差。

4. 磷元素

磷元素是钢中的有害元素之一，主要由炼钢原料带入。磷元素能明显降低钢材的塑性和韧性，特别是低温下的冲击韧性会明显降低，这种现象称为冷脆性。另外，磷还能使钢的冷弯性能下降，可焊性变差。但磷元素可使钢的强度、硬度、耐磨性、耐腐蚀性提高。

5. 硫元素

硫元素也是钢中的有害元素之一，在钢的热加工过程中易引起钢的脆裂，这种现象称为热脆性。硫元素也会使钢的冲击韧性、疲劳强度、可焊性及耐腐蚀性降低，甚至微量的硫元素对钢材也是有害的。因此，要严格控制钢中硫元素的含量。

6. 氧、氮元素

氧元素、氮元素也是钢中的有害元素，它们能使钢的塑性、韧性、冷弯性能及可焊性降低。

7. 铝、钛、钒、铌元素

铝、钛、钒、铌元素均为炼钢时的脱氧剂，也是合金钢中常用的合金元素。适量加入这些元素，可改善钢的组织结构，细化晶粒，使钢的强度提高，韧性得以改善。

第三节　常用建筑钢材

建筑工程中需要消耗大量的钢材，应用最广泛的钢种主要有碳素结构钢和低合金高强度结构钢，另外，在钢丝中部分使用了优质碳素结构钢。

一、碳素结构钢

1. 碳素结构钢的牌号

碳素结构钢是普通碳素结构钢的简称，在各类钢中，碳素结构钢产量最大，用途最广泛，多轧制成钢板、钢带、型钢等。根据现行国家标准《碳素结构钢》(GB/T 700—2006)规定，碳素结构钢牌号由字母和数字组合而成，按顺序分为屈服点字母、屈服数值、质量等级及脱氧方法符号，共有 Q195、Q215、Q235、Q275 四个牌号；按质量等级分为 A、B、C、D 四个等级；按脱氧程度分为沸腾钢(F)、镇静钢(Z)、特殊镇静钢(TZ)三类，Z 和 TZ 在钢号中可省略。

例如，Q235－A·F 表示屈服点为 235 MPa 的 A 级沸腾钢。

2. 碳素结构钢的技术要求

碳素结构钢的技术要求包括力学性能、冷弯性能、化学成分、冶炼方法、交货状态及表面质量等方面。各牌号碳素结构钢的力学性质的要求见表 7-1，碳素结构钢冷弯性能的要求见表 7-2，各牌号碳素结构钢的化学成分(熔炼分析)见表 7-3。

表 7-1　各牌号碳素结构钢的力学性质的要求

牌号	等级	拉伸试验												冲击试验	
		屈服点 σ_s/MPa						抗拉强度 σ_b/MPa	伸长率 δ_5/%					温度/℃	V形缺口冲击功(纵向)/J
		钢材厚度(直径)/mm							钢材厚度(直径)/mm						
		≤16	>16~40	>40~60	>60~100	>100~150	1 150~200		≤40	>40~60	>50~100	>100~150	>150~200		
		不小于							不小于						不小于
Q195	—	195	185	—	—	—	—	315~430	33	32	—	—			
Q215	A	215	205	195	185	175	165	335~500	31	30	29	28	27	—	—
	B													+20	27
Q235	A	235	225	215	205	195	185	375~460	26	25	24	23	22	—	—
	B													+20	27
	C													0	
	D													−20	
Q275	A	275	265	255	245	225	215	410~540	22	21	20	18	17	—	—
	B													+20	27
	C													0	
	D													−20	

注：牌号 Q195 的屈服点仅供参考，不作为交货条件。

表 7-2　碳素结构钢冷弯性能的要求

牌号	试样方向	冷弯试验　180° $B=2a$	
		钢材厚度（直径）/mm	
		≤60	>60～100
		弯心直径 d	
Q195	纵	0	—
	横	0.5a	
Q215	纵	0.5a	1.5a
	横	a	2a
Q235	纵	a	2a
	横	1.5a	2.5a
Q275	纵	1.5a	2.5a
	横	2a	3a

注：B 为试样宽度，a 为钢材厚度（直径）。

表 7-3　各牌号碳素结构钢的化学成分

牌号	统一数字代号[a]	等级	化学成分（质量分数）/%　　　　　　（≤）					脱氧方法	厚度（或直径）/mm
			C	Si	Mn	P	S		
Q195	U11952	—	0.12	0.30	0.50	0.035	0.040	F、Z	—
Q215	U12152	A	0.15	0.35	1.20	0.045	0.050	F、Z	—
	U12155	B					0.045		
Q235	U12352	A	0.22	0.35	1.40	0.045	0.050	F、Z	—
	U12355	B	0.20[b]				0.045		
	U12358	C	0.17			0.040	0.040	Z	
	U12359	D				0.035	0.035	TZ	
Q275	U12752	A	0.24	0.35	1.50	0.045	0.050	F、Z	—
	U12755	B	0.21			0.045	0.045	Z	≤40
			0.22						>40
	U12758	C	0.20			0.040	0.040	Z	—
	U12759	D				0.035	0.035	TZ	

　[a]　表中为镇静钢、特殊镇静钢牌号的统一数字，沸腾钢牌号的统一数字代号如下：

Q195F—U11950；

Q215AF—U12150，Q215BF—U12153；

Q235AF—U12350，Q235BF—U12353；

Q275AF—U12750。

　[b]　经需方统一，Q235 B 的碳含量可不大于 0.22%。

　　从表 7-1～表 7-3 可以看出，碳素结构钢随牌号递增而含碳量提高，强度提高，塑性和冷弯性能降低。

3. 碳素结构钢的选用

碳素结构钢各牌号中 Q195 和 Q215 强度较低，塑性和韧性较好，易于冷加工和焊接，常用作铆钉、螺钉、钢丝等；Q235 强度较高，塑性和韧性也较好，可焊性较好，为建筑工程中主要钢的牌号；Q275 强度高，塑性和韧性较差，可焊性较差，且不易冷弯，多用于机械零件，极少数用于混凝土配筋及钢结构或制作螺栓。同时，应根据工程结构的荷载情况、焊接情况及环境温度等因素来选择钢的质量等级和脱氧程度。如受振动荷载作用的重要焊接结构，处于计算温度低于－20 ℃的环境下，宜选用质量等级为 D 的特种镇静钢。在选用钢材时，应考虑工程结构的荷载类型、焊接情况及环境温度等条件，尤其是使用沸腾钢时应注意在下列情况时，限制使用：

(1)直接承受动荷载的焊接结构。

(2)非焊接结构而计算温度小于或等于－20 ℃。

(3)受静荷载及间接动荷载作用，而计算温度小于或等于－30 ℃时的焊接结构。

二、低合金高强度结构钢

低合金高强度结构钢是在碳素结构钢的基础上，添加少量的一种或几种合金元素(总含量小于 5%)的一种结构钢。所加元素主要有锰(Mn)、硅(Si)、钒(V)、钛(Ti)、铌(Nb)、铬(Cr)、镍(Ni)及稀土元素，其目的是提高钢的屈服强度、抗拉强度、耐磨性、耐腐蚀性及耐低温性能等。低合金高强度结构钢综合性能较为理想，尤其在大跨度、承受动荷载和冲击荷载的结构中更适用，而且与使用碳素钢相比，可节约钢材 20%～30%，但成本并不是很高。

1. 低合金高强度结构钢的牌号表示方法

低合金高强度结构钢的牌号由代表屈服强度"屈"的汉语拼音首字母 Q、规定的最小上屈服强度数值、交货状态代号、质量等级符号(B、C、D、E、F)四个部分组成。

如 Q355ND，表示 Q 为钢的屈服强度的"屈"与汉语拼音的首字母；355 为规定的最小上屈服强度数值，单位为兆帕(MPa)；N 为交货状态为正火或正火轧制；D 为质量等级。

2. 低合金高强度结构钢的技术标准

钢材的拉伸性能见表 7-4，钢材的伸长率见表 7-5。

表 7-4 钢材的拉伸性能

牌号		上屈服强度 R_{eH}^a/MPa (≥)									抗拉强度 R_m /MPa			
		公称厚度或直径/mm												
钢级	质量等级	≤16	>16~40	>40~63	>63~80	>80~100	>100~150	>150~200	>200~250	>250~400	≤100	>100~150	>150~250	>250~400
Q355	B、C	355	345	335	325	315	295	285	275	—	470~630	450~600	450~600	—
	D									265b				450~600b
Q390	B、C、D	390	380	360	340	340	320	—	—	—	490~650	470~620	—	—

牌号	上屈服强度 R_{eH}^a/MPa (≥)									抗拉强度 R_m /MPa			
Q420^c	B、C	420	410	390	370	370	350	—	—	—	520~680	500~650	—
Q460^c	C	460	450	430	410	410	390	—	—	—	550~720	530~700	—

注：a 当屈服不明显时，可用规定塑性延伸强度 $R_{p0.2}$ 代替上屈服强度。

b 只适用于质量等级为 D 的钢板。

c 只适用于型钢和棒材。

表 7-5 钢材的伸长率

牌号		上屈服强度 $A/\%$ (≥)						
		公称厚度或直径/mm						
钢级	质量等级	试样方向	≤40	>40~63	>63~100	>100~150	>150~250	>250~400
Q355	B、C、D	纵向	22	21	20	18	17	17^a
		横向	20	19	18	18	17	17^a
Q390	B、C、D	纵向	21	20	20	19	—	—
		横向	20	19	19	18	—	—
Q420^b	B、C	纵向	20	19	19	19	—	—
Q460^b	C	纵向	18	17	17	17	—	—

注：a 只适用于质量等级为 D 的钢板。

b 只适用于型钢和棒材。

3. 低合金高强度结构钢的选用

从表 7-4 和表 7-5 中可以看出，低合金高强度结构钢的力学性能大大优于普通碳素钢，因此，与碳素结构钢相比，采用低合金高强度结构钢可以减轻结构质量，延长结构的使用寿命，特别是对大跨度、大空间、大柱网结构，采用低合金高强度结构钢，经济效益更为显著，是结构钢的发展方向。

第四节　钢筋混凝土用钢材

钢筋混凝土结构用钢材包括钢筋、钢丝和钢绞线，主要品种有钢筋混凝土用热轧钢筋、冷轧带肋钢筋、预应力混凝土用热处理钢筋、低碳钢热轧圆盘条、预应力混凝土用钢丝及钢绞线等。

带肋钢筋公称直径的大小与钢筋内径(基圆直径)加横肋高度不相等,而是等于与钢筋横截面面积相等的圆的直径。在实际工作中,带肋钢筋的公称直径可以这样来判定:当钢筋的直径在 30 mm 以下时,将内径取为整数,如内径为 11.5 mm,其公称直径为 12 mm;当钢筋的直径在 30 mm 以上时,将内径取整数后加 1,如内径为 38.7 mm,其公称直径为 40 mm。以上两种情况,若内径就是整数,则直接将内径加 1,如内径为 31.0 mm,其公称直径为32 mm。

一、热轧钢筋

用加热钢坯轧成的条形成品钢筋,称为热轧钢筋。它是建筑工程中用量最大的钢材品种之一,主要用于钢筋混凝土和预应力混凝土结构的配筋。

1. 热轧钢筋的分类

按轧制外形分类,热轧钢筋可分为热轧光圆钢筋和热轧带肋钢筋两类。热轧光圆钢筋表面平整、光滑,横截面为圆形。它的强度较低,但塑性好、伸长率高、便于弯折成形、对焊性好,可用于小型构件的受力筋及中、小型构件的构造筋。热轧带肋钢筋表面通常带有两条纵肋和沿长度方向均匀分布的横肋。按肋纹的形状,可分为月牙肋和等高肋,如图 7-6 所示。月牙肋的纵、横肋不相交,等高肋则纵、横肋相交。月牙肋钢筋有生产简便、强度高、应力集中、敏感性小、疲劳性能好等优点,但其与混凝土的黏结锚固性能稍逊于等高肋钢筋。

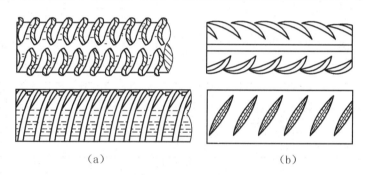

(a)   (b)

图 7-6 带肋钢筋外形
(a)等高肋;(b)月牙肋

2. 热轧钢筋的技术要求

根据《钢筋混凝土用钢 第 1 部分:热轧光圆钢筋》(GB 1499.1—2017)和《钢筋混凝土用钢 第 2 部分:热轧带肋钢筋》(GB 1499.2—2018)规定,按屈服强度特征值,热轧光圆钢筋为 300 级,热轧带肋钢筋分为 400 级、500 级、600 级。热轧钢筋的牌号分别为 HPB300、HRB400、HRB500、HRB600、HRB400E、HRB500E、HRBF400、HRBF500、HRBF400E、HRBF500E,其中,H、P、R、B、F、E分别为热轧、光圆、带肋、钢筋、细晶粒、地震六个词的英文首位字母,数值为屈服强度的最小值。热轧钢筋的牌号以阿拉伯数字或阿拉伯数字加英文字母表示,HRB400、HRB500、HRB600 分别以4、5、6 表示,HRBF400、HRBF500 分别以 C4、C5 表示,HRB400E、HRB500E 分别以 4E、5E 表示,HRBF400E、HRBF500E 分别用 C4E、C5E 表示。热轧钢筋的力学和工艺性能应符合表 7-6 的规定。

钢筋混凝土用钢 第 1 部分:热轧光圆钢筋

钢筋混凝土用钢 第 2 部分:热轧带肋钢筋

表 7-6　热轧钢筋的力学性能和工艺性能

牌号	公称直径/mm	下屈服强度 R_{eL}/MPa	抗拉强度 R_m/MPa	断后伸长率 A/%	最大力总延伸率 A_{gt}/%	冷弯试验 180°
		$\geqslant$				
HPB300	6～22	300	420	25	10.0	$d=a$
HRB400 HRBF400	6～25	400	540	16	7.5	4d
	28～40					5d
	>40～50					6d
HRB400E HRBF400E	6～25			—	9.0	4d
	28～40					5d
	>40～50					6d
HRB500 HRBF500	6～25	500	630	15	7.5	6d
	28～40					7d
	>40～50					8d
HRB500E HRBF500E	6～25			—	9.0	6d
	28～40					7d
	>40～50					8d
HRB600	6～25	600	730	14	7.5	6d
	28～40					7d
	>40～50					8d

3. 热轧钢筋的应用

HPB300 级钢筋：用碳素结构钢轧制而成的光圆钢筋。它的强度较低，但具有塑性好、伸长率高、便于弯折成形、容易焊接等特点，可用作中、小型钢筋混凝土结构的主要受力筋，构件的箍筋，钢结构、木结构的拉杆等。

HRB400 级钢筋：用低碳低合金镇静钢轧制，以硅、锰为主要固熔强化元素。其强度较高，塑性及可焊性也较好，适用于大、中型钢筋混凝土结构的受力筋。冷拉后也可作预应力筋。

HRB500 级钢筋：用中碳低合金镇静钢轧制而成，以硅、锰为主要合金元素。其强度高，但塑性较差，是房屋建筑的主要预应力钢筋。

HRB600 级钢筋：采用 HRB600 级钢筋，可节约用钢量，对提高钢筋混凝土结构的综合性能、建筑结构的安全性及促进钢铁产业的结构调整和节能减排等，具有十分重要的意义。

二、冷轧带肋钢筋

冷轧带肋钢筋是低碳钢热轧圆盘条经冷轧后，在其表面带有沿长度方向均匀分布的三面或两面横肋的钢筋。

1. 冷轧带肋钢筋的技术要求

根据《冷轧带肋钢筋》(GB/T 13788—2017)规定，冷轧带肋钢筋分为冷轧带肋钢筋(CRB)和高延性冷轧带肋钢筋(CRB＋抗拉强度特征值＋H)两种类型。按抗拉强度分别为CRB550、CRB650、CRB800、CRB600H、CRB680H 和 CRB800H 六个牌号。其中 CRB550、CRB600H 为普通钢筋混凝土用钢筋；CRB650、CRB800、CRB800H 为预应力混凝土用钢筋；CRB690H 既可作为普通钢筋混凝土用钢筋，也可作为预应力混凝土用钢筋使用。其性能见表 7-7。

表 7-7　冷轧带肋钢筋技术性能

分类	牌号	规定塑性延伸强度 $R_{p0.2}$/MPa (≥)	抗拉强度 R_{m}/MPa (≥)	$R_{m}/R_{p0.2}$ (≥)	断后伸长率% (≥)		最大力总延伸率/% (≥)	弯曲试验[a] 180°	反复弯曲次数	应力松弛初始应力应相当于公称抗拉强度的70%
					A	A_{100mm}	A_{gt}			1 000 h, %(≤)
普通钢筋混凝土用	CRB550	500	550	1.05	11.0	—	2.5	$D=3d$	—	—
	CRB600H	540	600	1.05	14.0	—	5.0	$D=3d$	—	—
	CRB680H[b]	600	680	1.05	14.0	—	5.0	$D=3d$	4	5
预应力混凝土用	CRB650	585	650	1.05	—	4.0	2.5	—	3	8
	CRB800	720	800	1.05	—	4.0	2.5	—	3	8
	CRB800H	720	800	1.05	—	7.0	4.0	—	4	5

[a]　D 为弯心直径，d 为钢筋公称直径。

[b]　当该牌号钢筋作为普通钢筋混凝土用钢筋使用时，对反复弯曲和应力松弛不做要求；当该牌号钢筋作为预应力混凝土用钢筋使用时，应进行反复弯曲试验以代替 180°弯曲试验，并检测松弛率。

2. 冷轧带肋钢筋的应用

冷轧带肋钢筋，用于普通钢筋混凝土结构时，与热轧圆盘条相比，强度提高 17％左右，可节约钢材 30％左右；用于预应力混凝土结构时，与冷拔低碳钢丝相比，伸长率高，塑性好，由于表面带肋，故提高了钢筋与混凝土之间的黏结力，是一种比较理想的预应力钢材。

三、低碳钢热轧圆盘条

低碳钢热轧圆盘条是由屈服强度较低的碳素结构钢热轧制成的盘条，大多通过卷线机卷成盘卷供应，也称为盘圆或线材，是目前用量最大、使用最广的线材。低碳钢热轧圆盘条按用途分为供拉丝等深加工及其他一般用途的低碳钢热轧圆盘条。

根据《低碳钢热轧圆盘条》(GB/T 701—2008)的规定，低碳钢热轧圆盘条以氧气转炉、电炉冶炼，以热轧状态交货，每卷盘条的质量不应少于 1 000 kg，每批允许有 5％的盘数(不足 2 盘的允许有 2 盘)由两根组成，但每根盘条的质量不少于 300 kg，并且有明显标识。

盘条应将头尾有害缺陷切除，截面不应有缩孔、分层及夹杂，表面应光滑，不应有裂纹、折叠、耳子、结疤等。

低碳钢热轧圆盘条的力学性能和工艺性能应符合《低碳钢热轧圆盘条》(GB/T 701—2008)的规定。

四、预应力钢丝

1. 预应力钢丝的分类、定义

预应力混凝土用钢丝按加工状态，分为冷拉钢丝(代号为 WCD)和消除应力钢丝两类。消除应力钢丝按松弛性能又分为低松弛级钢丝(代号为 WLR)和普通松弛级钢丝(代号为 WNR)。冷拉钢丝是用盘条通过拔丝模或轧辊经冷加工而形成的产品，其是以盘卷供货的钢丝。冷加工后的钢丝进行消除应力处理，即得到消除应力钢丝。若钢丝在塑性变形下(轴应变)进行短时热处理，得到的就是低松弛钢丝；若钢丝通过矫直工序后在适当温度下进行短时热处理，得到的就是普通松弛钢丝。消除应力钢丝的塑性比冷拉钢丝好。

预应力混凝土用钢丝按外形分为光圆钢丝(代号为 P)、螺旋肋钢丝(代号为 H)和刻痕钢丝(代号为 I)三种。螺旋肋钢丝表面沿着长度方向上有规则间隔的肋条，如图 7-7 所示。刻痕钢丝表面沿着长度方向上有规则间隔的压痕，如图 7-8 所示。刻痕钢丝和螺旋肋钢丝与混凝土的黏结力好。

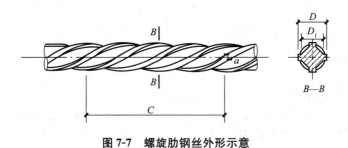

图 7-7　螺旋肋钢丝外形示意

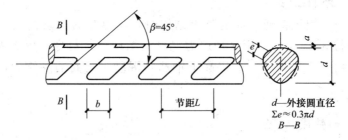

图 7-8　三面刻痕钢丝外形示意

2. 预应力钢丝的力学性能

根据《预应力混凝土用钢丝》(GB/T 5223—2014)，上述钢丝应符合表 7-8～表 7-10 中所要求的机械性能。

冷拉钢丝是指盘条通过拔丝等减径工艺经冷加工而形成的产品，其是以盘卷供货的钢丝。预应力混凝土用冷拉钢丝的力学性能应符合表 7-8 的规定。0.2％屈服力 $F_{p0.2}$ 应不小于最大力的特征值 F_m 的 75％。

表 7-8　预应力混凝土用冷拉钢丝的力学性能

名称代号	公称直径 d_n/mm	公称抗拉强度 R_m/MPa	最大力的特征值 F_m/kN	最大力的最大值 $F_{m,max}$/kN	0.2％屈服力 $F_{p0.2}$/kN	每 210 N·m 扭矩的扭转次数 N (≥)	断面收缩率 Z/% (≥)	氢脆敏感性能负载为 70％最大力时，断裂时间 t/h (≥)	应力松弛性能初始力为最大力 70％时，1 000 h 应力松弛率 r/% (≤)
WCD	4.00	1 470	18.48	20.99	13.86	10	35	75	7.5
	5.00		28.86	32.79	21.65	10	35		
	6.00		41.56	47.21	31.17	8	30		
	7.00		56.57	64.27	42.42	8	30		
	8.00		73.88	83.93	55.41	7	30		
	4.00	1 570	19.73	22.24	14.80	10	35		
	5.00		30.82	34.75	23.11	10	35		
	6.00		44.38	50.03	33.29	8	30		
	7.00		60.41	68.11	45.31	8	30		
	8.00		78.91	88.96	59.18	7	30		
	4.00	1 670	20.99	23.50	15.74	10	35		
	5.00		32.78	36.71	24.59	10	35		
	6.00		47.21	52.86	35.41	8	30		
	7.00		64.26	71.96	48.20	8	30		
	8.00		83.93	93.99	62.95	6	30		
	4.00	1 770	22.25	24.76	16.69	10	35		
	5.00		34.75	38.68	26.06	10	35		
	6.00		50.04	55.69	37.53	8	30		
	7.00		68.11	75.81	51.08	6	30		

消除应力钢丝是指按下述一次性连续处理方法之一生产的钢丝：

(1)钢丝在塑性变形下(轴应变)进行的短时热处理，得到的应是低松弛钢丝；

(2)钢丝通过矫直工序后在适当的温度下进行的短时热处理，得到的应是普通松弛钢丝。

消除应力的光圆及螺旋肋钢丝的力学性能应符合表 7-9 的规定。0.2％屈服力 $F_{p0.2}$ 应不小于最大力的特征值 F_m 的 88％。

表 7-9 预应力混凝土用消除应力光圆及螺旋肋钢丝的力学性能

名称代号	公称直径 d_n/mm	公称抗拉强度 R_m/MPa	最大力的特征值 F_m/kN	最大力的最大值 $F_{m,max}$/kN	0.2%屈服力 $F_{p0.2}$/kN (≥)	最大力的总伸长率 (L_0=200 mm) A_{gt}/% (≥)	反复弯曲性能 弯曲次数/[次·(180°)$^{-1}$] (≥)	反复弯曲性能 弯曲半径 R/mm	应力松弛性能 初始力相当于实际最大力的百分数/%	应力松弛性能 1 000 h 应力松弛率 r/% (≤)
P、H	4.00	1 470	18.48	20.99	16.22	3.5	3	10	70 80	2.5 4.5
	4.80		26.61	30.23	23.35		4	15		
	5.00		28.86	32.78	25.32		4	15		
	6.00		41.56	47.21	36.47		4	15		
	6.25		45.10	51.24	39.58		4	20		
	7.00		56.57	64.26	49.64		4	20		
	7.50		64.94	73.78	56.99		4	20		
	8.00		73.88	83.93	64.84		4	20		
	9.00		93.52	106.25	82.07		4	25		
	9.50		104.19	118.37	91.44		4	25		
	10.00		115.45	131.16	101.32		4	25		
	11.00		139.69	158.70	122.59		—	—		
	12.00		166.26	188.88	145.90		—	—		
	4.00	1570	19.73	22.24	17.37		3	10	70 80	2.5 4.5
	4.80		28.41	32.03	25.00		4	15		
	5.00		30.82	34.75	27.12		4	15		
	6.00		44.38	50.03	39.06		4	15		
	6.25		48.17	54.31	42.39		4	20		
	7.00		60.41	68.11	53.16		4	20		
	7.50		69.35	78.20	61.04		4	20		
	8.00		78.91	88.96	69.44		4	20		
	9.00		99.88	112.60	87.89		4	25		
	9.50		111.28	125.46	97.93		4	25		
	10.00		123.31	139.02	108.51		4	25		
	11.00		149.20	168.21	131.30		—	—		
	12.00		177.57	200.19	156.26		—	—		
	4.00		20.99	23.50	18.47		3	10		
	5.00		32.78	36.71	28.85		4	15		

名称代号	公称直径 d_n/mm	公称抗拉强度 R_m/MPa	最大力的特征值 F_m/kN	最大力的最大值 $F_{m,max}$/kN	0.2%屈服力 $F_{p0.2}$/kN (≥)	最大力的总伸长率 (L_0=200 mm) A_{gt}/% (≥)	反复弯曲性能 弯曲次数/[次·(180°)$^{-1}$] (≥)	弯曲半径 R/mm	应力松弛性能 初始力相当于实际最大力的百分数/%	1000 h 应力松弛率 r/% (≤)
P、H	6.00	1 670	47.21	52.86	41.54	3.5	4	15	70	2.5
	6.25		51.24	57.38	45.09		4	20		
	7.00		64.26	71.96	56.55		4	20		
	7.50		73.78	82.62	64.93		4	20		
	8.00		83.93	93.98	73.86		4	20		
	9.00		106.25	118.97	93.50		4	25		
	4.00	1 770	22.25	24.76	19.58		3	10	80	4.5
	5.00		34.75	38.68	30.58		4	15		
	6.00		50.04	55.69	44.03		4	15		
	7.00		68.11	75.81	59.94		4	20		
	7.50		78.20	87.04	68.81		4	20		
	4.00	1 860	33.38	25.89	20.57		3	10		
	5.00		36.51	40.44	32.13		4	15		
	6.00		52.58	58.23	46.27		4	15		
	7.00		71.57	79.27	62.98		4	20		

刻痕钢丝的表面沿着长度方向上具有规则间隔的压痕。消除应力的刻痕钢丝的力学性能应符合表 7-10 的规定。

表 7-10 预应力混凝土用消除应力的刻痕钢丝的力学性能

名称代号	公称直径 d_n/mm	公称抗拉强度 R_m/MPa	最大力的特征值 F_m/kN	最大力的最大值 $F_{m,max}$/kN	0.2%屈服力 $F_{p0.2}$/kN (≥)	最大力的总伸长率 (L_0=200 mm) A_{gt}/% (≥)	反复弯曲性能 弯曲次数/[次·(180°)$^{-1}$] (≥)	弯曲半径 R/mm	应力松弛性能 初始力相当于实际最大力的百分数/%	1000 h 应力松弛率 r/% (≤)
I	4.00	1 470	18.48	20.99	16.22	3.5	3	10	70	2.5
	4.80		26.61	30.23	23.35		3	15		
	5.00		28.86	32.78	25.32		3	15		
	6.00		41.56	47.21	36.47		3	15		
	6.25		45.10	51.24	39.58		3	20	80	4.5
	7.00		56.57	64.26	49.64		3	20		
	7.50		64.94	73.78	56.99		3	20		
	8.00		73.88	83.93	64.84		3	20		

名称代号	公称直径 d_n/mm	公称抗拉强度 R_m/MPa	最大力的特征值 F_m/kN	最大力的最大值 $F_{m,max}$/kN	0.2%屈服力 $F_{p0.2}$/kN (≥)	最大力的总伸长率 (L_0=200 mm) A_{gt}/% (≥)	反复弯曲性能 弯曲次数/[次·(180°)$^{-1}$] (≥)	反复弯曲性能 弯曲半径 R/mm	应力松弛性能 初始力相当于实际最大力的百分数/%	应力松弛性能 1 000 h 应力松弛率 r/% (≤)
I	9.00	1 470	93.52	106.25	82.07		3	25		
	9.50		104.19	118.37	91.44		3	25		
	10.00		115.45	131.16	101.32		3	25		
	11.00		139.69	158.70	122.59		—	—		
	12.00		166.26	188.88	145.90		—	—		
	4.00	1 570	19.73	22.24	17.37		3	10		
	4.80		28.41	32.03	25.00		3	15		
	5.00		30.82	34.75	27.12		3	15		
	6.00		44.38	50.03	39.06		3	15		
	6.25		48.17	54.31	42.39		3	20		
	7.00		60.41	68.11	53.16		3	20		
	7.50		69.35	78.20	61.04		3	20		
	8.00		78.91	88.96	69.44		3	20		
	9.00		99.88	112.60	87.89		3	25		
	9.50		111.28	125.46	97.93		3	25		
	10.00		123.31	139.02	108.51		3	25	70	2.5
	11.00		149.20	168.21	131.30		—	—		
	12.00		177.57	200.19	156.26	3.5	—	—		
	4.00	1 670	20.99	23.50	18.47		3	10	80	4.5
	5.00		32.78	36.71	28.85		3	15		
	6.00		47.21	52.86	41.54		3	15		
	6.25		51.24	57.38	45.09		3	20		
	7.00		64.26	71.96	56.55		3	20		
	7.50		73.78	82.62	64.93		3	20		
	8.00		83.93	93.98	73.86		3	20		
	9.00		106.25	118.97	93.50		3	25		
	4.00	1 770	22.25	24.76	19.58		3	10		
	5.00		34.75	38.68	30.58		3	15		
	6.00		50.04	55.69	44.03		3	15		
	7.00		68.11	75.81	59.94		3	20		
	7.50		78.20	87.04	68.81		3	20		
	4.00	1 880	33.38	25.89	20.57		3	10		
	5.00		36.51	40.44	32.13		3	15		
	6.00		52.58	58.23	46.27		3	15		
	7.00		71.57	79.27	62.98		3	20		

3. 预应力钢丝的应用

预应力混凝土用钢丝质量稳定、安全可靠、强度高、无接头、施工方便，主要用于大跨度的屋架、薄腹梁、吊车梁或桥梁等大型预应力混凝土构件，还可用于轨枕、压力管道等预应力混凝土构件。

五、钢绞线

钢绞线是用2、3或7根钢丝在绞线机上，经绞捻后，再经低温回火处理而成。钢绞线具有强度高、柔性好、与混凝土黏结力好、易锚固等特点，主要用于大跨度、重荷载的预应力混凝土结构。其力学性能应符合标准《预应力混凝土用钢绞线》(GB/T 5224—2014)，具体见表7-11。

表 7-11 预应力混凝土用钢绞线力学性能

钢绞线结构	钢绞线公称直径 D_n /mm	强度级别 R_m /MPa	整根钢绞线的最大力 F_m/kN (≥)	整根钢绞线的最大力 $F_{m,max}$ /kN (≤)	0.2%屈服力 $F_{p0.2}$ /kN (≥)	最大力总伸长率 (L_0≥400 mm) A_{gt}/% (≥)	应力松弛性能 初始负荷相当于实际最大力的百分数/%	应力松弛性能 1 000 h 应力松弛率 r/% (≤)
1×2	8.00	1 470	36.9	41.9	32.5	对所有规格	对所有规格	对所有规格
	10.00		57.8	65.6	50.9			
	12.00		83.1	94.4	73.1			
	5.00	1 570	15.4	17.4	13.6			
	5.80		20.7	23.4	18.2			
	8.00		39.4	44.4	34.7			
	10.00		61.7	69.6	54.3			
	12.00		88.7	100	78.1			
	5.00	1 720	16.9	18.9	14.9			
	5.80		22.7	25.3	20.0			
	8.00		43.2	48.2	38.0	3.5	70	2.5
	10.00		67.6	75.5	59.5			
	12.00		97.2	108	85.5			
	5.00	1 860	18.3	20.2	16.1		80	4.5
	5.80		24.6	27.2	21.6			
	8.00		46.7	51.7	41.1			
	10.00		73.1	81.0	64.3			
	12.00		105	116	92.5			
	5.00	1 960	19.2	21.2	16.9			
	5.80		25.9	28.5	22.8			
	8.00		49.2	54.2	43.3			
	10.00		77.0	84.9	67.8			

钢绞线结构	钢绞线公称直径 D_n /mm	强度级别 R_m /MPa	整根钢绞线的最大力 F_m/kN (≥)	整根钢绞线的最大力 $F_{m,max}$ /kN (≤)	0.2%屈服力 $F_{p0.2}$ /kN (≥)	最大力总伸长率 $(L_0≥400\ mm)$ A_{gt}/% (≥)	应力松弛性能 初始负荷相当于实际最大力的百分数/%	应力松弛性能 1 000 h应力松弛率 r/% (≤)
1×3	8.60	1 470	55.4	63.0	78.8	对所有规格	对所有规格	对所有规格
	10.80		86.6	98.4	76.2			
	12.90		125	142	110			
	6.20	1 570	31.1	35.0	27.4			
	6.50		33.3	37.5	29.3			
	8.60		59.2	66.7	52.1			
	8.74		60.6	68.3	53.3			
	10.80		92.5	104	81.4			
	12.90		133	150	117			
	8.74	1 670	64.5	72.2	56.8			
	6.20	1 720	34.1	38.0	30.0			
	6.50		36.5	40.7	32.1	3.5	70	2.5
	8.60		64.8	72.4	57.0			
	10.80		101	113	88.9			
	12.90		146	163	128		80	4.5
	6.20	1 860	36.8	40.8	32.4			
	6.50		39.4	43.7	34.7			
	8.60		70.1	77.7	61.7			
	8.74		71.8	79.5	63.2			
	10.80		110	121	96.8			
	12.90		158	175	139			
	6.20	1 960	38.8	42.8	34.1			
	6.50		41.6	45.8	36.6			
	8.60		73.9	81.4	65.0			
	10.80		115	127	101			
	12.90		166	183	146			
1×3I	8.70	1 570	60.4	68.1	53.2			
		1 720	66.2	73.9	58.3			
		1 860	71.6	79.3	63.0			

钢绞线结构	钢绞线公称直径 D_n /mm	强度级别 R_m /MPa	整根钢绞线的最大力 F_m/kN (≥)	整根钢绞线的最大力 $F_{m,max}$ /kN (≤)	0.2%屈服力 $F_{p0.2}$ /kN (≥)	最大力总伸长率 ($L_0 \geqslant$400 mm) A_{gt}/% (≥)	应力松弛性能	
							初始负荷相当于实际最大力的百分数/%	1 000 h应力松弛率 r/% (≤)
1×7	15.20 (15.24)	1 470	206	234	181	对所有规格	对所有规格	对所有规格
		1 570	220	248	194			
		1 670	234	262	206			
	9.50 (9.53)		9.43	105	83.0			
	11.10 (11.11)		128	142	113			
	12.70	1 720	170	190	150			
	15.20 (15.24)		241	269	212			
	17.80 (17.78)		327	365	288			
	18.90	1 820	40	444	352			
	15.70	1 770	266	296	234			
	21.60		504	561	444			
	9.50 (9.53)		102	113	89.8	3.5	70	2.5
	11.10 (11.11)		138	153	121			
	12.70		184	203	162			
	15.20 (15.24)	1 860	260	288	229		80	4.5
	15.70		279	309	246			
	17.80 (17.78)		355	391	311			
	18.90		409	453	360			
	21.60		530	587	466			
	9.50 (9.53)		107	118	94.2			
	11.10 (11.11)	1 960	145	160	128			
	12.70		193	213	170			
	15.20 (15.24)		274	302	241			
1×7I	12.70		184	203	162			
	15.20 (15.24)	1 860	260	288	229			
	12.70	1 860	208	231	183			
(1×7)C	15.20 (15.24)	1 820	300	333	264			
	18.00	1 720	384	428	338			

钢绞线具有强度高、与混凝土黏结好、断面面积大、使用根数少、在结构中排列布置方便、易于锚固等优点，主要用于大跨度、重荷载的预应力屋架、薄腹梁等构件，还可用于岩土锚固。

第五节　钢材的锈蚀与预防措施

一、钢材的锈蚀

钢材的锈蚀是指其表面与周围介质发生化学作用或电化学作用而遭到破坏。

钢材锈蚀不仅使截面面积减小、性能降低甚至报废，而且产生锈坑，造成应力集中，加速结构破坏。尤其是在冲击荷载、循环交变荷载的作用下，产生锈蚀疲劳现象，使钢材的疲劳强度大为降低，甚至出现脆性断裂。

二、钢材锈蚀的原因

根据锈蚀作用机理，可分为以下两类。

1. 化学锈蚀

钢材表面与周围介质直接发生化学反应而引起的锈蚀称为化学锈蚀。这种锈蚀是非电解质溶液或各种干燥气体(如 O_2、CO_2、SO_2、Cl_2 等)与钢材发生的纯化学性质的腐蚀，腐蚀过程中，没有电流产生。这种锈蚀多数是氧化作用，使钢材表面形成疏松的铁氧化物。在常温下，钢材表面形成一薄层钝化能力很弱的氧化保护膜，它疏松，易破裂，有害介质可进一步渗入而发生反应，造成锈蚀。在干燥环境下，锈蚀进展缓慢。但如果在温度或湿度较高的环境条件下，这种锈蚀的进展就会加快。

2. 电化学锈蚀

由于金属表面形成了原电池而产生的锈蚀称为电化学锈蚀。钢材本身含有铁、碳等多种成分，由于这些成分的电极电位不同，在潮湿空气中，钢材表面将覆盖一层薄的水膜，因而构成许多"微电池"。在阳极区，铁被氧化成 Fe^{2+} 进入水膜。因为水中溶有来自空气中的氧气，所以在阴极区氧将被还原成 OH^-，Fe^{2+} 和 OH^- 两者结合成为不溶于水的 $Fe(OH)_2$，并进一步氧化失水后形成疏松易剥落的红棕色铁锈 Fe_2O_3。电化学锈蚀是最主要的钢材锈蚀形式，且危害最大。

钢材锈蚀时，伴随疏松的铁锈生成，钢材的体积会增大，最严重的可达原体积的 6 倍，若是钢筋混凝土中的钢筋锈蚀，则将最终导致钢筋混凝土膨胀开裂引起破坏。

三、钢材锈蚀的预防措施

防止钢材腐蚀的主要方法有以下三种：

(1)保护膜法。利用保护膜使钢材与周围介质隔离，从而避免或减缓外界腐蚀性介质对钢材的破坏作用。例如，在钢材的表面喷刷涂料、搪瓷、塑料等；或以金属镀层作为保护膜，如锌、锡、铬等。

(2)电化学保护法。无电流保护法是在钢铁结构上接一块较钢铁更为活泼的金属，如锌、镁，因为锌、镁比钢铁的电位低，所以锌、镁成为腐蚀电池的阳极遭到破坏(牺牲阳极)，而钢铁结构得到保护。这种方法在不容易或不能覆盖保护层的地方(如蒸汽锅炉、轮船外壳、地下管道、港工结构、道桥建筑等)常被采用。

外加电流保护法是在钢铁结构附近，安放一些废钢铁或其他难熔金属，如高硅铁及铅银合金等，将外加直流电源的负极连接在被保护的钢铁结构上，正极连接在难熔的金属上，通电后则难熔金属成为阳极而被腐蚀，钢铁结构成为阴极得到保护。

(3)合金化法。在碳素钢中加入能提高抗腐蚀能力的合金元素，如镍、铬、钛、铜等制成不同的合金钢，以防止混凝土中钢筋的腐蚀。

上述几种方法中，最经济、最有效的方法是提高混凝土的密实度和碱度，并保证钢筋有足够的保护层厚度。

在水泥水化产物中，会产生 1/5 左右的 $Ca(OH)_2$，介质的 pH 值达到 13 左右，使钢筋表面产生钝化膜，因此，混凝土中的钢筋是不易生锈的。但大气中的 CO_2 以扩散方式进入混凝土，与 $Ca(OH)_2$ 作用而使混凝土中性化。当 pH 值降低到 11.5 以下时，钝化膜可能被破坏，使钢材表面呈活化状态。此时，若具备了潮湿和供氧条件，钢筋表面即开始发生电化学腐蚀作用，由于铁锈的体积比钢大 2~4 倍，故将会导致混凝土顺筋开裂。因为 CO_2 是以扩散方式进入混凝土内部进行碳化作用的，所以，提高混凝土的密实度就可以十分有效地减缓碳化过程。

由于 Cl^- 有破坏钝化膜的作用，因此在配制钢筋混凝土时，还应限制氯盐的使用量。

本章小结

建筑钢材具有较高的强度，有良好的塑性和韧性，能承受冲击和振动荷载，可焊接或铆接，易于加工和装配，是建筑工程的主要原料之一。本章主要介绍建筑钢材的基本知识、主要技术性能、建筑钢材的常用钢材、钢筋混凝土用钢材、钢材的腐蚀与预防等。

思考与练习

一、填空题

1. 钢按化学成分不同，可分为_____、_____。

2. 脱氧程度不同，钢材的性能就不同，因此，钢又可分为_____、_____和_____。

3. _____表示钢材被拉断时的塑性变形值(l_1-l_0)与原长(l_0)之比。

4. 钢材在交变应力作用下，应力在远低于抗拉强度的情况下突然破坏，这种破坏称为_____。

5. 碳素结构钢牌号由字母和数字组合而成，共有_____、_____、_____、_____四个牌号。

6. 钢筋混凝土结构用钢材包括_____、_____和_____。

7. 用加热钢坯轧成的条形成品钢筋，称为_____。

8. 热轧钢筋的牌号以_____表示。

9. _____是低碳钢热轧圆盘条经冷轧后，在其表面带有沿长度方向均匀分布的三面或两面横肋的钢筋。

10. 预应力混凝土用钢丝按加工状态，分为_____和_____两类。

二、判断题

1. 在负温下使用钢材时，要选用脆性临界温度高于环境温度的钢材。（　　）

2. 碳素结构钢各牌号中 Q235 强度较低、塑性和韧性较好，易于冷加工和焊接，常用作铆钉、螺钉、钢丝等。（　　）

3. 碳素结构钢可以减轻结构质量，延长结构的使用寿命。（　　）

4. 当钢筋的直径在 30 mm 以下时，将内径取为整数加 1。（　　）

5. 热轧光圆钢筋的强度较低，但塑性好、伸长率高、便于弯折成形、对焊性好，可用于小型构件的受力筋及中、小型构件的构造筋。（　　）

6. HRB600 级钢筋用中碳低合金镇静钢轧制而成，以硅、锰为主要合金元素。其强度高，但塑性较差，是房屋建筑的主要预应力钢筋。（　　）

三、选择题

1. （　　）反映钢材的塑性变形能力，是钢材的重要技术指标。
   A. 伸长率　　　　　B. 屈服点　　　　　C. 抗拉强度　　　　D. 屈强比

2. （　　）是指钢材在常温下承受弯曲变形的能力，是建筑钢材的重要工艺性能。
   A. 冷弯性能　　　　B. 时效　　　　　　C. 耐疲劳性能　　　D. 冲击韧性

3. （　　）具有强度高、柔性好、与混凝土黏结力好、易锚固等特点。
   A. 预应力混凝土用钢丝　　　　　　B. 低碳钢热轧圆盘条
   C. 冷轧带肋钢筋　　　　　　　　　D. 钢绞线

4. 钢材冷拉加工后，（　　）降低。
   A. 屈服强度　　　　B. 硬度　　　　　　C. 抗拉强度　　　　D. 塑性

5. 钢材中（　　）的含量过高，将导致其冷脆现象发生。
   A. 碳　　　　　　　B. 鳞　　　　　　　C. 硫

四、简答题

1. 钢材的冶炼原理是什么？

2. 目前大规模炼钢的方法主要有哪几种？

3. 建筑钢材的力学性能主要有哪些？

4. 钢材的工艺性能有哪些？

5. 国家标准中对各类钢的化学成分都作了哪些严格的规定？

6. 什么是消除应力钢丝？

7. 钢材锈蚀的原因有哪些？

第八章　建筑木材

知识目标

1. 了解木材的概念及分类；熟悉木材的构造、木材的物理性质和力学性质。
2. 掌握胶合板、纤维板、刨花板、木丝板、细木工板的概念、分类及规格构造等。
3. 熟悉木材的防腐和防火处理。

能力目标

能够熟知木材加工的分类、用途，以及技术指标，并能够进行木材的防护。

第一节　木材的基础知识

一、木材的概念及分类

1. 木材的概念

木材是最古老的建筑材料之一，现代建筑所用承重构件，早已被钢材或混凝土代替，但在仿古建筑和一般建筑工程中仍然广泛地使用着，如门窗、室内外装饰装修或脚手架、模板等。

木材具有很多优点，如质量轻，强度高，弹性、韧性和吸收振动及冲击的性能好，木纹自然悦目，表面易于着色和油漆，热工性能好，容易加工，结构构造简单等。木材的缺点主要是材质不均匀，各向异性、吸水性高而且胀缩显著，容易变形、腐朽、虫蛀及燃烧，有天然疵病等，但经过一定的加工和处理，这些缺点可以得到减轻。

2. 木材的分类

木材可以按树木成长的状况分为外长树木材和内长树木材。外长树形成年轮；内长树无年轮，热带地区木材几乎全为内长树木材。

由树叶的外观形状，木材可分为针叶树木材和阔叶树木材。针叶树树干通直高大，木质较软，又称为软木，在工程中广泛用作承重构件，常用树种有松木、杉木、柏木等。阔叶树树干通直部分较短，材质较硬，又称为硬木，常用作尺寸较小的构件及装修材料，常用树种有榆木、柞木、水曲柳等。

木材按用途和加工的不同，可分为原条、原木、普通锯材和枕木四类。

二、木材的构造

木材的性质主要由木材的构造所决定，木材的构造分为宏观构造和微观构造。

1. 木材的宏观构造

木材的宏观构造是指用肉眼和放大镜能观察到的组织，如木材的三个切面即横切面、径切面和弦切面的构造。从横切面可以看出：木材是由树皮、髓心和木质部组成的，木质部是建筑材料使用的主要部分，在木质部中靠近中心颜色较深的部分称为心材，靠近树皮颜色较浅的部分称为边材，一般心材比边材的利用价值大一些，如图 8-1 所示。

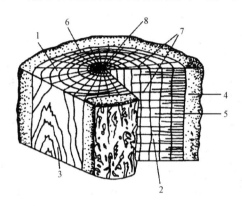

图 8-1　木材的宏观构造

1—横切面；2—径切面；3—弦切面；4—树皮；5—木质部；6—年轮；7—髓线；8—髓心

树木生长呈周期性，从切面上看到的围绕髓心、深浅相间的同心圆环即年轮，在同一年轮内，较紧密且颜色较深的部分是夏天生长的，称为夏材（晚材）；较疏松且颜色较浅的部分是春天生成的，称为春材（早材）。夏材部分越多，年轮越密且均匀，木材质量越好。树干的中心称为髓心，其质松软、强度低、易腐朽和受虫害。从髓心向外的射线称为髓线，干燥时易沿此开裂。

2. 木材的微观构造

木材的微观构造是从显微镜下观察到的木材组织。

在显微镜下，可观察到木材是由无数管状空腔细胞紧密结合而成的。每个细胞都有细胞壁和细胞腔，细胞壁是由若干层细胞纤维组成的。细胞之间的连接，纵向较横向牢固，因而造成细胞壁纵向的强度高，而横向的强度低，在组成细胞壁的纤维之间存在极小的空隙，能吸附和渗透水分。

绝大部分管状细胞纵向排列，少数横向排列（如髓线）。细胞本身的组织构造在很大程度上决定了木材的物理力学性质，如细胞壁越厚、细胞腔越小，木材组织越均匀，则木材越密实、表观密度与强度越大，但同时胀缩变形也越大。与春材相比，夏材的细胞壁较厚、细胞腔较小，所以，夏材的构造比春材密实。

第二节　木材的主要性质

一、木材的物理性质

木材的物理性质对木材的选用和加工具有很重要的现实意义。

1. 密度

木材的密度是指构成木材细胞壁物质的密度，为 $1.50\sim1.56$ g/cm^3，各材种之间相差不大，实际计算和使用中常取 1.53 g/cm^3。

（1）基本密度。因绝干材质量和生材（或浸渍材）体积较为稳定，测定的结果准确，故基本密度适合作木材性质比较之用。在木材干燥、防腐工业中，基本密度也具有实用性。

（2）气干密度。气干密度是气干材质量与气干材体积之比，通常以含水率为 $8\%\sim20\%$ 时的木材密度作为气干密度。木材气干密度是我国进行木材性质比较和生产使用的基本依据。

2. 含水率

木材的含水率是指木材中所含水的质量占干燥木材质量的百分比。木材内部所含水分，可以分为以下三种。

（1）自由水：存在于细胞腔和细胞间隙中的水分。自由水影响木材的表观密度、保存性、燃烧性、干燥性和渗透性。

（2）吸附水：吸附在细胞壁内的水分。它是影响木材强度和胀缩的主要因素。

（3）化合水：木材化学成分中的结合水，对木材的性能无太大影响。

当木材中细胞壁内被吸附水充满而细胞腔与细胞间隙中没有自由水时，该木材的含水率被称为纤维饱和点。纤维饱和点随树种而异，一般为 $25\%\sim35\%$，平均值约为 30%。纤维饱和点的重要意义在于它是木材物理、力学性质发生改变的转折点，是木材含水率影响其强度和湿胀干缩的临界值。

干燥的木材能从周围的空气中吸收水分，潮湿的木材也能在干燥的空气中失去水分。当木材的含水率与周围空气相对湿度达到平衡状态时，此含水率称为平衡含水率。平衡含水率随周围环境的温度和相对湿度的改变而改变

3. 湿胀与干缩

木材具有很显著的湿胀干缩性。当木材的含水率大于纤维饱和点时，木材干燥或吸湿只有自由水增减变化，木材的体积不发生变化；当木材的含水率小于纤维饱和点时，木材干燥细胞壁中的吸附水开始蒸发，木材体积收缩，反之，干燥木材吸湿后，将发生体积膨胀。因此，木材的纤维饱和点是木材发生湿胀干缩变形的转折点。

由于木材构造的不均匀性，造成了其在不同方向的胀缩值不同。其中以弦向最大，径向次之，纵向（即顺纤维方向）最小。木材显著的湿胀干缩变形，给木材的实际应用带来了严重的影响。干燥会造成木结构的拼缝不严、接榫松弛、翘曲开裂，而湿胀又会使木材产生凸起变形。为了避免这种不利影响，最根本的措施是在木材加工制作前预先将木材进行干燥处理，使木材干燥至其含水率与将做成的木制品使用时所处环境的湿度相适应时的平衡含水率。

4. 其他物理性质

木材的导热系数随其表现密度增大而增大，顺纹方向的导热系数大于横纹方向；木材具有很高的电阻，当木材的含水率提高或温度升高时，木材电阻会降低；木材具有较好的吸声性能，故常用软木板、木丝板、穿孔板等作为吸声材料。

二、木材的力学性质

木材的力学性能指木材抵抗外力的能力。木构件在外力作用下，在构件内部单位截面

面积上所产生的内力称为应力。木材抵抗外力破坏时的应力称为木材的极限强度。根据外力在木构件上作用的方向、位置不同，木构件的工作状态分为受拉、受压、受弯、受剪等，如图 8-2 所示。

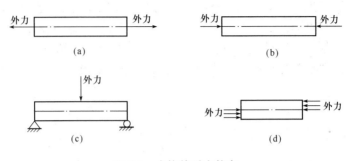

图 8-2　木构件受力状态

(a)受拉；(b)受压；(c)受弯；(d)受剪

1. 抗拉强度

木材的抗拉强度有顺纹抗拉强度和横纹抗拉强度两种。

(1)顺纹抗拉强度即外力与木材纤维方向相平行的抗拉强度。由木材标准小试件测得的顺纹抗拉强度，是所有强度中最大的，但是，节子、斜纹、裂缝等木材缺陷对抗拉强度的影响很大。因此，在实际应用中，木材的顺纹抗拉强度反而比顺纹抗压强度低。木屋架中的下弦杆、竖杆均为顺纹受拉构件。工程中，受拉构件应采用选材标准中的 I 等材。

(2)横纹抗拉强度即外力与木材纤维方向相垂直的抗拉强度。木材的横纹抗拉强度远小于顺纹抗拉强度。对于一般木材而言，其横纹抗拉强度为顺纹抗拉强度的 1/10～1/4。因此，在承重结构中不允许木材横纹承受拉力。

2. 抗压强度

木材的抗压强度有顺纹抗压强度和横纹抗压强度两种。

(1)顺纹抗压强度即外部机械力与木材纤维方向平行时的抗压强度。由于顺纹抗压强度变化小，容易测定，所以，常以顺纹抗压强度来表示木材的力学性质。一般木材顺纹可承受 $(30～79)×10^5$ Pa 的压力。

木材顺纹抗压强度受疵病的影响较小，是木材各种力学性质的基本指标，该强度在土建工程中应用最广，常用于柱、桩、斜撑等承重构件中。

(2)横纹抗压强度即外部机械力与木材纤维方向互相垂直时的抗压强度。由于木材主要由许多管状细胞组成，当木材横纹受压时，这些管状细胞很容易被压扁。所以，木材的横纹抗压极限强度比顺纹抗压极限强度低，以使用中所限制的变形量来确定，一般取其比例极限作为其指标。

由于横纹压力测试较困难，所以，常以顺纹抗压强度的百分比来估计横纹抗压强度。但树种不同，比例也不同。一般针叶树材横纹抗压极限强度为顺纹的 10%，阔叶树材的横纹抗压极限强度为顺纹的 15%～20%。

3. 抗弯强度

木材的抗弯强度介于横纹抗压强度和顺纹抗压强度之间。木材受弯时，在木材的横截面上有受拉区和受压区。

梁在工作状态时，截面上部产生顺纹压应力，截面下部产生顺纹拉应力，且越靠近截面边缘，所受的压应力或拉应力也越大。由于木材的缺陷对受拉影响大，对受压影响小，因此，对大梁、搁栅、檩条等受弯构件，不允许在其受拉区内存在节子或斜纹等缺陷。

4. 抗剪强度

当外力作用于木材，使其一部分脱离邻近部分而滑动时，在滑动面上单位面积所能承受的外力，称为木材的抗剪强度。木材的抗剪强度有顺纹抗剪强度、横纹抗剪强度和剪断强度三种。其受剪形式如图 8-3 所示。

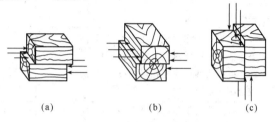

(a)　　　　　　　　　(b)　　　　　　　　　(c)

图 8-3　木材受剪形式

(a)顺纹剪切；(b)横纹剪切；(c)剪断

(1)顺纹抗剪强度即剪力方向和剪切面均与木材纤维方向平行时的抗剪强度。木材顺纹受剪时，绝大部分是破坏受剪面中纤维的连接部分，因此，木材的顺纹抗剪强度是较小的。

(2)横纹抗剪强度即剪力方向与木材纤维方向相垂直，而剪切面与木材纤维方向平行时的抗剪强度。木材的横纹抗剪强度只有顺纹抗剪强度的 1/2 左右。

(3)剪断强度即剪力方向和剪切面都与木材纤维方向相垂直时的抗剪强度。木材的剪断强度约为顺纹抗剪强度的 3 倍。

第三节　常用建筑木材

一、胶合板

胶合板是由三层或三层以上单板胶合而成，分为阔叶树胶合板和针叶树胶合板两种。胶合板可按结构、胶黏性能、表面加工、处理方法、形状、用途来分类，常用的是普通胶合板。

胶合板俗称三夹板、五夹板、九厘板、十二厘板等，其厚度规格有 2.7 mm、3 mm、3.5 mm、4 mm、5 mm、5.5 mm、6 mm、7 mm、8 mm 等，常用的规格是 3 mm、3.5 mm、4 mm。

胶合板的单板可以是整幅的，也允许拼接。中心层两侧对称层的单板应为同一厚度，同一树种或性能相近的树种，同一加工方法(旋切或刨切)，纹理方向相同。相邻的两层单板木纹方向应相同。每张胶合板的表板应为同一树种。

普通胶合板的分类、特性及适用范围见表 8-1。

表 8-1 普通胶合板的分类、特性及适用范围

类别	相当于国外产品代号	使用胶料和产品性能	可使用场所	用途
Ⅰ类(NQF)耐候、耐沸水胶合板	WPB	具有耐久、耐煮沸或蒸汽处理和抗菌等性能。用酚醛类树脂胶或其他性能相当的优质合成树脂胶制成	室外露天	用于航空、船舶、车厢、包装、混凝土模板、水利工程及其他要求耐水性、耐候性好的地方
Ⅱ类(NS)耐水胶合板	WR	能在冷水中浸渍,能经受短时间热水浸渍,并具有抗菌性能,但不耐煮沸,用脲醛树脂或其他性能相当的胶粘剂制成	室内	用于车厢、船舶、家具、建筑内装饰及包装
Ⅲ类(NC)耐潮胶合板	MR	能耐短期冷水浸渍,适于室内常态下使用。用低树脂含量的脲醛树脂、血胶或其他性能相当的胶合剂胶合制成	室内	用于家具、包装及一般建筑用途
Ⅳ类(BNS)不耐潮胶合板	INT	在室内常态下使用,具有一定的胶合强度。用豆胶或其他性能相当的胶粘剂胶合制成	室内	主要用于包装及一般用途。茶叶箱需要用豆胶胶合板

注:WPB——耐沸水胶合板;WR——耐水性胶合板;MR——耐潮性胶合板;INT——不耐水性胶合板。

二、纤维板

纤维板是以木材加工中的零料碎屑(树皮、刨花、树枝)或其他植物纤维(稻草、麦秆、玉米秆)为主要原料,经粉碎、水解、打浆、铺膜成型、热压、等温等湿处理而成的,也称为密度板。

纤维板按体积密度分为硬质纤维板(体积密度>800 kg/m³)、半硬质纤维板(体积密度为 $500\sim800$ kg/m³)和软质纤维板(体积密度<500 kg/m³);按表面分为一面光板和两面光板;按原料分为木材纤维板和非木材纤维板。

(1)硬质纤维板。硬质纤维板的强度高、耐磨、不易变形,可用于墙壁、地面、家具等。硬质纤维板的幅面尺寸有 610 mm×1 220 mm、915 mm×1 830 mm、1 000 mm×2 000 mm、915 mm×2 135 mm、1 220 mm×1 830 mm、1 220 mm×2 440 mm,厚度为 2.50 mm、3.00 mm、3.20 mm、4.00 mm、5.00 mm。硬质纤维板按其物理力学性能和外观质量分为特级、一级、二级、三级四个等级。

(2)半硬质纤维板。半硬质纤维板按密度不同,分为 80 型、70 型、60 型三类;按外观质量和内结合强度指标分为特级、一级、二级三个等级;厚度规格为 6 mm、9 mm、12 mm、15 mm、18 mm 等。其产品质量检测一般可以从尺寸偏差、外观质量、物理力学性能和甲醛释放限量四个方面来反映。

(3)软质纤维板。软质纤维板的结构松软、体积密度小,故强度低,但吸声性和保温性好,主要用于吊顶等。

三、刨花板

刨花板是采用木材加工中的刨花、碎片及木屑为原料,使用专用机械切断粉碎呈细丝

状纤维，经烘干、施加胶料、拌和铺膜、预压成型，再通过高温、高压压制而成的一种人造板材。

(1)刨花板根据技术要求分为A类和B类，装饰工程中常使用A类刨花板。A类分为优等品、一等品、二等品三个等级。幅面尺寸有1 830 mm×915 mm、2 000 mm×1 000 mm、2 440 mm×1 220 mm、1 220 mm×1 220 mm，厚度为4 mm、8 mm、10 mm、12 mm、14 mm、16 mm、19 mm、22 mm、25 mm、30 mm等。

(2)刨花板根据生产工艺的不同，可分为平压板、挤压板、滚压板三种。

1)平压板。平压板是压制过程中所施加压力与板面垂直，刨花排列位置与板面平行制成的刨花板。按其结构形式分为单层、三层及渐变三种，按用途不同可进行覆面、涂饰等二次加工，也可直接使用。

2)挤压板。挤压板是压制成型过程中所施加压力与板面平行制成的刨花板。按其结构形式分为实心和管状空心两种，但均须经覆面加工后才能使用。

3)滚压板。滚压板是采用滚压工艺成型的刨花板，目前很少生产。

刨花板板面平整、挺实，物理力学强度高，纵向和横向强度一致，具有隔声、防霉、经济、保温的优点。刨花板由于内部为交叉错落的颗粒状结构，因此，握钉力好，造价比中密度板便宜，并且甲醛含量比大芯板低得多，是最环保的人造板材之一。但是，不同产品质量差异大，不易辨别，抗弯性和抗拉性较差，密度较低，容易松动。刨花板适用于地板、隔墙、墙裙等处装饰用基层(实铺)板，还可采用单板复面、塑料或纸贴面加工成装饰贴面刨花板，用于家具、装饰饰面板材。

四、木丝板

木丝板是以刨花渣及短小废料刨制的木丝、木屑等为原料，经干燥后拌入胶凝材料，再经热压而制成的人造板材。所用胶凝材料可为合成树脂，也可为水泥、菱苦土等无机胶凝材料。

这类板材一般体积密度小，强度较低，主要用作绝热和吸声材料，也可用作隔墙材料，还可代替龙骨使用，然后在其表面粘贴胶合板作饰面层，这样既增加了板材的强度，又使板材具有装饰性，用作吊顶、隔墙、家具等材料。

五、细木工板

细木工板是一种特殊的胶合板。细木工板是用木板条拼接成芯板，两个表面胶贴木质单板，经热压粘合制成。为了使细木工板获得最大强度和比较稳定的形状，细木工板两面的单板厚度和层数都应相同，芯板厚度与单板厚度的比率一般为3∶1。细木工板集实木板与胶合板的优点于一身，可作为装饰构造材料，用作门板、壁板等。

第四节　木材的防腐和防火处理

一、木材的防腐处理

1. 木材的腐朽

木材变色以致腐朽，一般为真菌侵入所形成。真菌的特点是它的细胞没有叶绿素，因此不能制造自己生活所需的有机物，而要依靠侵蚀其他植物来吸取养料。真菌分为变色菌、霉菌和腐朽菌，其中变色菌和霉菌对木材危害小，而腐朽菌寄生在木材的细胞壁中，它能分泌出一种酵素，将细胞壁物质分解成简单的养料，供自身在木材中生长繁殖，从而使木材产生腐朽，并逐渐破坏。但真菌在木材中生存和繁殖必须同时具备以下三个条件：

(1)温度。一般能生长的温度为 3 ℃～38 ℃，最适应的温度为 25 ℃～30 ℃，当温度低于 5 ℃时，真菌停止繁殖，而高于 60 ℃时，真菌不能生存。

(2)水分。木材的含水率在 20%～30%时，最适宜真菌繁殖生存，若低于 20%或高于纤维饱和点，则不利于腐朽菌的生长。

(3)空气。真菌生存和繁殖需要氧气，所以完全浸入水中或深埋在泥土中的木材因缺氧而不易腐朽。

2. 木材的防腐措施

防止木材腐朽的措施有以下两种：

(1)让木材保持干燥状态。木材加工使用之前，为提高木材的耐久性，必须进行干燥，将其含水率降至 20%以下。木制品和木结构在使用和储存中必须注意通风、排湿，使其经常处于干燥状态，对木结构和木制品表面进行油漆处理，油漆涂层既使木材隔绝了空气和水分，又增添了美观。

(2)防腐剂处理。用化学防腐剂对木材进行处理，使木材变为有毒的物质而使真菌无法寄生。木材防腐剂种类很多，一般分为水溶性、油质和膏状三类。水溶性防腐剂的常用品种有氟化钠、氯化锌、硼酚合剂、硅氟酸钠、氟砷铬合剂等，这类防腐剂主要用于室内木结构的防腐处理。油质防腐剂常用品种有煤焦油、煤焦油和煤杂酚油混合防腐油、强化防腐油等，这类防腐剂毒杀效力强，毒性持久，有刺激性臭味，处理后木材变黑，常用于室外、地下或水下木构件，如枕木、木桩等。膏状防腐剂由粉状防腐剂、油质防腐剂、填料和胶结料(煤沥青、水玻璃等)按一定比例配制而成，用于室外木结构防腐。

对木材进行防腐处理的方法很多，主要有表面涂刷或喷涂法、压力渗透法、常压浸渍法、冷热槽浸透法等。其中，表面，涂刷或喷涂法简单易行，但防腐剂不能渗入木材内部，故防腐效果较差。

二、木材的防火处理

木材易燃是其主要缺点之一。木材的防火，就是指将木材经过具有阻燃性能的化学物质处理后，变成难燃的材料，以达到遇小火能自熄、遇大火能延缓或阻止燃烧蔓延的目的，从而赢得补救时间。

木材燃烧机理：木材在热的作用下发生热分解反应，随着温度升高，热分解加快。当温度升高至 220 ℃以上达木材燃点时，木材燃烧放出大量可燃气体，这些可燃气体中有着大量高能量的活化基，活化基氧化燃烧后继续放出新的活化基，如此形成一种燃烧链反应，于是，火焰在链状反应中得到迅速传播，使火越烧越旺，称为气相燃烧。当温度达 450 ℃以上时，木材形成固相燃烧。在实际火灾中，木材燃烧温度可高达 800 ℃～1 000 ℃。

由上可知，要阻止和延缓木材燃烧，可以有以下几种措施：

(1)抑制木材在高温下的热分解。实践证明，某些含磷化合物能降低木材的热稳定性，使其在较低温度下即发生分解，从而减少可燃气体生成，抑制气相燃烧。

(2)阻止热传递。实践证明，一些盐类，特别是含有结晶水的盐类，具有阻燃作用。例如含结晶水的硼化物、氢氧化钙、含水氧化铝和氢氧化镁等，遇热后则吸收热量而放出蒸汽，从而减少了热量传递。磷酸盐遇热缩聚成强酸，使木材迅速脱水炭化，而木炭的导热系数仅为木材的1/3～1/2，从而有效抑制了热的传递。同时，磷酸盐在高温下形成玻璃状液体物质覆盖在木材表面，也起到隔热层的作用。

（3）增加隔氧作用。稀释木材燃烧面周围空气中的氧气和热分解产生的可燃气体，增加隔氧作用。如采用含结晶水的硼化物和含水氧化铝等，遇热放出水蒸气，能稀释氧气及可燃气体的浓度，从而抑制木材的气相燃烧。而磷酸盐和硼化物等在高温下形成玻璃状覆盖层，则阻止了木材的固相燃烧。另外，卤化物遇热分解生成的卤化氢能稀释可燃气体，卤化氢还可与活化基作用而切断燃烧链，终止气相燃烧。

一般情况下，木材阻燃措施不单独采用，而是多种措施并用，即在配制木材阻燃剂时，通常选用两种以上的成分复合使用，使其互相补充，增强阻燃效果，以达到一种阻燃剂可同时具有几种阻燃作用的效果。当然，各种阻燃剂均有自己的侧重面。

木材防火处理方法有表面涂敷法和溶液浸注法。表面涂敷法即在木材表面涂敷防火涂料，既防火又具防腐和装饰作用。溶液浸注法分为常压浸注和加压浸注两种，后者阻燃剂吸入量及透入深度均大大高于前者。浸注处理前，要求木材必须达到充分气干，并经初步加工成型，以免防火处理后进行锯、刨等加工，使木料中浸有阻燃剂的部分被除去。

本章小结

木材是传统的三大建筑材料之一，具有很多优良的性能，如轻质高强、导电导热性低、较好的弹性和韧性、能承受冲击和振动、易于加工等。本章主要介绍了木材的基础知识、木材的主要性质、常用建筑木材及木材的防腐和防火处理。

思考与练习

一、填空题

1. 木材可以按树木成长的状况分为_____和_____。

2. 木材按用途和加工的不同，可分为_____、_____、_____和_____四类。

3. 木材的性质主要由木材的_____所决定。

4. 木材的_____是指用肉眼和放大镜能观察到的组织。

5. 从横切面可以看出：木材是由_____、_____和_____组成的。

6. 木材的抗拉强度有_____和_____两种。

7. _____是以刨花渣及短小废料刨制的木丝、木屑等为原料，经干燥后拌入胶凝材料，再经热压而制成的人造板材。

二、判断题

1. 在同一年轮内，较紧密且颜色较深的部分是夏天生长的，称为夏材（晚材）；较疏松且颜色较浅的部分是春天生成的，称为春材（早材）。 （ ）

2. 刨花板是以木材加工中的零料碎屑(树皮、刨花、树枝)或其他植物纤维(稻草、麦秆、玉米秆)为主要原料,经粉碎、水解、打浆、铺膜成型、热压、等温等湿处理而成的。

（　　）

3. 纤维饱和点是木材强度和体积随含水率发生变化的点。　　　　　　（　　）

4. 当木材中细胞壁内被吸附水充满而细胞腔与细胞间隙中没有自由水时,该木材的含水率被称为纤维饱和点。　　　　　　　　　　　　　　　　　　　　（　　）

三、选择题

1. （　　）是建筑材料使用的主要部分。

　　A. 树皮　　　　　　　B. 髓心　　　　　　　C. 木质部

2. 木材（　　）是我国进行木材性质比较和生产使用的基本依据。

　　A. 基本密度　　　　B. 木材气干密度　　　C. 堆积密度　　　　D. 表观密度

3. （　　）是存在于细胞腔和细胞间隙中的水分。

　　A. 吸附水　　　　　B. 化合水　　　　　　C. 自由水　　　　　D. 结合水

4. 部机械力与木材纤维方向平行时的抗压强度称为（　　）。

　　A. 顺纹抗压强度　　B. 横纹抗压强度　　　C. 斜纹抗压强度　　D. 剪断抗压强度

5. （　　）是木材最大的缺点。

　　A. 易燃　　　　　　　B. 易腐蚀　　　　　　C. 易开裂和翘曲　　D. 易吸潮

四、简答题

1. 木材有哪些优点、缺点?

2. 木材内部所含水分可以分为哪三种?

3. 木材的抗剪强度有哪三种?

4. 常用的建筑木材有哪些?

5. 刨花板根据生产工艺的不同可分为哪三种?

6. 防止木材腐朽的措施有哪些?

7. 要阻止和延缓木材燃烧可采取的措施有哪些?

第九章　防水材料

知识目标

1. 了解石油沥青、煤沥青、改性沥青的组成、结构；掌握石油沥青的技术性质、选用和掺配。
2. 熟悉常用的沥青基防水卷材、改性沥青防水卷材、合成高分子防水卷材。
3. 熟悉常用的沥青类防水涂料、高聚物改性沥青防水涂料、合成高分子涂料。
4. 熟悉常用的定型密封材料、不定型密封材料。

能力目标

能够根据各种防水材料的性能特点，结合工程实际情况选择防水材料的种类。

防水材料是建筑工程不可缺少的主要建筑材料之一，它在建筑物中起防止雨水、地下水及其他水分渗透的作用。防水材料同时用于其他工程之中，如公路桥梁、水利工程等。

建筑工程防水技术按其构造做法可分为两大类，即构件自身防水和采用不同材料的防水层防水。采用不同材料的防水层做法又可分为刚性材料防水和柔性材料防水，前者采用涂抹防水的砂浆、浇筑掺入外加剂的混凝土或预应力混凝土等做法，后者采用铺设防水卷材、涂覆各种防水涂料等做法。多数建筑物采用柔性材料防水做法。

目前，国内外最常用的是沥青类防水材料。随着科学技术的进步，防水材料的品种、质量都有了很大发展。一些防水功能差、使用寿命短或有损于环境的旧防水材料逐步被淘汰，如纸胎沥青油毡、焦油型聚氨酯防水涂料等；一些防水效果好、寿命长且不污染环境的新型防水材料，如高聚物改性沥青卷材、涂料，合成高分子类防水卷材、涂料不断出现并得到推广。

第一节　沥青

沥青是一种有机胶凝材料，是复杂的高分子碳氢化合物及非金属（氧、硫、氮等）衍生物的混合物，具有良好的黏结性、塑性、憎水性和耐腐蚀性。在建筑工程中，沥青主要作为屋面防水等工程材料。

沥青可分为地沥青和焦油沥青两大类。地沥青分为天然沥青和石油沥青，焦油沥青又可分为煤沥青和页岩沥青等多种。地壳中石油在自然因素作用下，经过轻质油分蒸发、氧化及缩聚作用形成的产物为天然沥青；石油原油或石油衍生物经过常压或减压蒸馏，提炼出汽油、柴油、煤油、润滑油等轻质油分后的残渣，经加工制成的产物为石油沥青。焦油沥青为各种有机物（如煤、页岩、木材等）干馏加工得到的焦油，经再加工而得到的产品。建筑工程中应用较广泛的沥青为石油沥青和改性石油沥青，煤沥青应用较少。

一、石油沥青

石油沥青是石油原油经蒸馏等工艺提炼出各种轻质油(如汽油、煤油、柴油等)和润滑油后的残留物，或是将残留物进一步加工得到的产品。

1. 石油沥青的组成

石油沥青的化学成分很复杂，很难将其中的化合物逐个分离，而化学成分的技术性质之间没有直接的关系。因此，为了便于研究，通常将其中的化合物按化学成分和物理性质进行分类，成分和性质比较接近的划分为一组，划分后这些组称为"组成分"。

(1)油分。油分赋予沥青流动性，油分越多，沥青的流动性就越大。油分含量的多少直接影响沥青的柔软性、抗裂性及施工难度。油分在一定条件下可以转化为树脂甚至沥青质。

(2)树脂。树脂又分为中性树脂和酸性树脂，中性树脂使沥青具有一定塑性、可流动性和黏结性，其含量增加，沥青的黏结力和延展性也随之增加。沥青树脂中还含有少量的酸性树脂，它是沥青中活性最大的部分，可以改善沥青对矿质材料的吸附性，特别是提高了沥青与碳酸盐类岩石的黏附性，增加了沥青的可乳化性。

(3)地沥青质。地沥青质是由地下原油演变或加工得到的硬而脆的天然形固体物质，它决定沥青的热稳定性和黏结性。地沥青质的含量越多，沥青的软化点越高，也就越硬、越脆。也就是说，地沥青质含量增加时，沥青的黏度和黏结力随之增加，硬度和温度稳定性得到提高。

石油沥青的性质与各组分之间的比例密切相关。液体沥青中油分和树脂多，流动性好；而固体沥青中树脂和地沥青质多，特别是因为地沥青质多，所以，热稳定性和黏性好。

石油沥青中各组分是不稳定的。在阳光、热、氧气、水等外界因素作用下，密度小的组分会逐渐转化为密度大的组分，油分、树脂的含量会逐渐减少，地沥青质的含量会逐渐增多，这一过程称为沥青的老化。沥青老化后流动性、塑性降低，脆性增加，易发生脆裂甚至松散，使沥青失去防水、防腐的作用。

另外，石油沥青中常常含有一定的石蜡，会降低沥青的黏性和塑性，同时增加沥青的温度敏感性，所以，石蜡是石油沥青的有害成分。

2. 石油沥青的结构

石油沥青中的油分和树脂质可以互溶，树脂质能浸润沥青质颗粒而在其表面形成薄膜，从而构成以沥青质为核心、周围吸附部分树脂质和油分的互溶物胶团，而无数胶团分散在油分中形成胶体结构。依据石油沥青中各组分含量的不同，石油沥青可以有三种胶体结构状态，如图 9-1 所示。

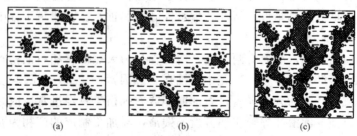

图 9-1 沥青的胶体结构示意

(a)溶胶结构；(b)溶-凝胶结构；(c)凝胶结构

(1)溶胶结构。当石油沥青中的地沥青质含量较少，油分及树脂质含量较多时，胶团在胶体结构中运动较为自由，此时的石油沥青具有黏滞性小、流动性大、塑性好、稳定性较差的特点。

(2)溶-凝胶结构。地沥青质含量适当，而当胶团之间的距离和引力介于溶胶型和凝胶型之间的结构状态时，胶团之间有一定的吸引力，在常温下变形的最初阶段呈现出明显的弹性效应。当变形增大到一定数值后，则变为有阻力的黏性流动。大多数优质石油沥青属于这种结构状态，具有黏弹性和触变性，故也称为弹性溶胶。

(3)凝胶结构。当地沥青质含量较高，油分与树脂质含量较少时，沥青质胶团间的吸引力增大，且移动较困难。这种结构的石油沥青具有弹性和黏性较高、温度敏感性较小、流动性和塑性较低等特点。

3. 石油沥青的技术性质

(1)黏滞性。黏滞性是石油沥青材料在外力作用下，内部阻碍其相对流动的一种特性。它反映了石油沥青的软硬程度、稀稠程度和其在外力作用下抵抗变形的能力，是与沥青力学性质联系最密切的一项性能。不同的石油沥青具有不同的黏滞性，黏滞性的大小与石油沥青的组分和温度有关，当沥青质的含量较高、树脂适量、油分含量较少时，其黏滞性较大。一定温度范围内，温度升高，黏滞性减小；反之，黏度增大。

建筑工程，常用黏度来表示液态石油沥青的黏滞性大小，用针入度来表示半固体或固体石油沥青的黏滞性大小，黏度和针入度是划分沥青牌号的主要指标。

黏度是指在一定温度条件下(20 ℃、60 ℃)，将定量的液体沥青，经过规定直径的孔(直径 3.5 mm、10 mm)流出，记录漏下 50 mL 所需要的秒数，其测定示意图如图 9-2 所示。沥青流出所用的时间越长，表示稠度越大、黏滞性越好。

针入度是指在规定温度条件下(25 ℃)，以规定质量的标准针(100 g)，在规定的时间内(5 s)，沉入样品沥青中的深度，0.1 mm 为 1 度，其测定示意图如图 9-3 所示。沥青的针入度越小，表示流动性越小、黏滞性越好。

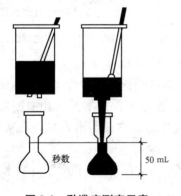

图 9-2　黏滞度测定示意

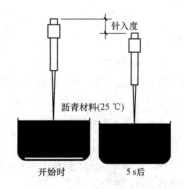

图 9-3　针入度测定示意

(2)塑性。塑性通常也称为延性或延展性，是指石油沥青受到外力作用时产生变形而不破坏的性能，用延度指标表示。沥青延度是把沥青试样制成"8"字形标准试模(中间最小截面积为 1 cm²)，在规定的拉伸速度(5 cm/min)和规定温度(25 ℃)下拉断时伸长的长度，以"cm"为单位。延度测定仪及模具如图 9-4 所示。延度值越大，表示沥青塑性越好。

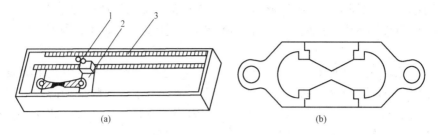

图 9-4 延度测定仪及模具

(a)延度测定仪；(b)延度模具

1—指针；2—滑板；3—标尺

石油沥青塑性的大小与其组分和所处温度紧密相关。石油沥青的塑性随温度的升高(降低)而增大(减小)。地沥青质含量相同时，树脂和油分的比例将决定石油沥青的塑性大小，油分、树脂含量越多，沥青延度越大，塑性越好。

(3)温度敏感性。温度敏感性(温度稳定性)是指石油沥青的黏滞性和塑性随温度升降而变化的性能。沥青是一种高分子非晶态热塑性物质，没有固定的熔点，当温度升高时，沥青塑性增大，黏性减小，由固态或半固态逐渐软化，发生黏性流动，称为黏流态。与此相反，当温度降低时，沥青塑性减小，黏性增大，由黏流态凝固为固态，变得脆硬。当温度在一定范围内升降时，不同的沥青，其塑性和黏性变化程度不同。变化程度小，即温度敏感性小；反之，温度敏感性大。用于防水工程的沥青，要求其有较小的温度敏感性，以免环境温度升高时流淌，温度降低时硬脆。

温度敏感性常用软化点来表示，软化点是沥青材料由固态转变为具有一定的流动性的膏体时的温度，沥青的软化点采用《沥青软化点测定法 环球法》(GB/T 4507—2014)，如图 9-5 所示。它是将沥青试样装入规定尺寸(直径 15.9 mm，高 6.4 mm)的铜环内，试样上放置一标准钢球(直径 9.5 mm，质量 3.5 g)，浸入水或甘油，以规定的速度升温(5 ℃/min)，当沥青软化下垂至

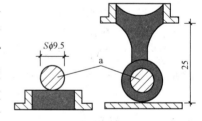

图 9-5 软化点测定示意

规定距离(25 mm)时的温度即其软化点，以摄氏度(℃)计。软化点越高，则沥青的耐热性越好，即温度稳定性越好。建筑工程中常用石油沥青的软化点一般为 45 ℃～100 ℃。

石油沥青中，地沥青质相对含量增加，沥青的胶体结构由溶胶结构向凝胶结构转化，沥青的软化点提高，其温度敏感性减小。在实际使用时，常常将滑石粉、石灰石粉等矿物填料加入沥青中，以减小其温度敏感性。

(4)大气稳定性。大气稳定性是指石油沥青在热、阳光、氧气和潮湿等因素长期综合作用下抵抗老化的性能。

在大气因素的综合作用下，沥青中的低分子量组分会向高分子量组分转化递变，即油分→树脂→地沥青质。由于树脂向地沥青质转化的速度要比油分变为树脂的速度快得多，因此，石油沥青会随时间的推进而变硬、变脆，这个过程称为石油沥青的老化。通常的规律是针入度变小、延度降低、软化点和脆点升高，表现为沥青变硬、变脆、延展性降低，导致路面、防水层产生裂缝等破坏。

石油沥青的大气稳定性以沥青试样在 160 ℃下加热蒸发 5 h 后的质量损失百分率和蒸发

后针入度比表示。蒸发损失百分率越小,蒸发后针入度比较大,则表示沥青大气稳定性越好,即老化越慢。

(5)其他性质。为全面评定石油沥青的品质,保证施工安全,还应了解石油沥青的其他性质,比如它的闪点、燃点和溶解度。

石油沥青在加热后所产生的易燃气体与空气中的气体混合遇到火后会产生闪火现象,在这个过程中,开始闪火时的温度即石油沥青的闪点(闪火点),与火焰接触能持续燃烧时的最低温度即石油沥青的燃点(着火点)。闪点是加热石油沥青时不能超过的最高温度,也是石油沥青防火的重要指标。闪点和燃点的高低表明沥青引起火灾或爆炸的可能性的大小,这两项指标关系到沥青的运输、储存和加热使用等方面的安全。

溶解度是指石油沥青在三氯乙烯、四氯化碳或苯中溶解的百分率。不溶解的物质会降低石油沥青的多项性能(如黏性等),因而溶解度表示石油沥青中有效物质含量的多少。

4. 石油沥青的标准

石油沥青产品分为道路石油沥青、建筑石油沥青及普通石油沥青三种。石油沥青的牌号主要根据针入度、延伸度和软化点等质量指标划分,以牌号表示。同一品种的石油沥青,牌号越大,则其针入度越大(黏滞性越小)、延伸度越大(塑性越好)、软化点越低(温度稳定性越高)。每一牌号的建筑石油沥青应保证相应的延伸度、软化点、溶解度、蒸发损失、蒸发后针入度比、闪点等,其技术要求见表9-1,应根据工程类别(房屋、防腐)及当地气候条件、所处部位(屋面、地下)来选用不同牌号的沥青(或选取两种牌号的沥青掺配使用)。

表 9-1 建筑石油沥青的技术要求(GB/T 494—2010)

项目		质量指标			试验方法
		10 号	30 号	40 号	
针入度(25 ℃,100 g,5 s)/(1/10 mm)		10~25	26~35	36~50	《沥青针入度测定法》(GB/T 4509—2010)
针入度(46 ℃,100 g,5 s)/(1/10 mm)		实测值	实测值	实测值	
针入度(0 ℃,200 g,5 s)/(1/10 mm)	不小于	3	6	6	
延度(25 ℃,5 cm/min)/cm	不小于	1.5	2.5	3.5	《沥青延度测定法》(GB/T 4508—2010)
软化点(环球法)/℃	不低于	95	75	60	《沥青软化点测定法》(GB/T 4507—2014)
溶解度(三氯乙烯)/%	不小于	99.0			《石油沥青溶解度测定法》(GB/T 11148—2008)
蒸发后质量变化(163 ℃,5 h)/%	不大于	1			《石油沥青蒸发损失测定法》(GB/T 11964—2008)
蒸发后 25 ℃针入度比/%	不小于	65			《沥青针入度测定法》(GB/T 4509—2010)
闪点(开口杯法)/℃	不低于	260			《石油产品闪点与燃点测定法(开口杯法)》(GB/T 267—1988)

注:测定蒸发损失后样品的 25 ℃针入度与原 25 ℃针入度之比乘以 100 后,所得的百分比,称为蒸发后针入度比。

建筑石油沥青针入度较小(黏滞性较好)、软化点较高(耐热性较好),但延伸度较小(塑性较差),主要用于制造油纸、油毡、防水涂料和沥青嵌缝膏。它们绝大部分用于屋面及地下防水、沟槽防水、防腐蚀及管道防腐等工程。为避免夏季流淌，一般屋面用沥青材料的软化点应比本地区屋面的最高温度高 20 ℃以上。若软化点过低，则夏季易流淌；若过高，则冬季低温时易硬脆，甚至开裂。道路石油沥青主要用来拌制沥青混凝土或沥青砂浆，用于道路路面或车间地面等工程。普通石油沥青在建筑工程中不宜直接使用。

5. 石油沥青的选用和掺配

(1)石油沥青的选用原则。根据工程特点、使用部位和环境条件的要求，对照石油沥青的技术性质指标，在满足使用部位要求的前提下，尽量选用较大牌号的品种，以保证正常环境条件下能满足较长的使用年限，降低维修成本。

选用时，应根据具体工程的条件及环境特点，确定沥青的主要技术要求。一般情况下，屋面沥青防水层由于承受阳光照射、环境温差变化较大，故要求具有较好的黏结性、温度敏感性和大气稳定性。因此，要求沥青的软化点应高于当地历年来达到的最高气温 20 ℃以上，以保证夏季高温不流淌；同时，要求具有耐低温能力，以保证冬季低温不脆裂。用于地下防潮、防水工程的沥青，因为会随结构变形而变形，故要求黏性大，塑性和韧性好，但对其软化点要求不高，以保证沥青层与基层黏结牢固，并能适应结构的变形，抵抗尖锐物的刺入，保持防水层完整、不被破坏。

(2)沥青的掺配。某一种牌号的石油沥青往往不能满足工程技术要求，因此，需要将不同牌号的沥青进行掺配。

掺配时要注意同源原则：为了不使掺配后的沥青胶体结构破坏，应选用表面张力相近和化学性质相似的沥青。试验证明，同产源的沥青容易保证掺配后的沥青胶体结构的均匀性。所谓同产源是指同属石油沥青，或同属煤沥青(或煤沥青)。

两种沥青掺配的比例可用下式：

$$Q_1 = (T_2 - T_1)/(T_2 - T_1) \times 100 \tag{9-1}$$

$$Q_2 = 100 - Q_1 \tag{9-2}$$

式中　Q_1——较软沥青用量(%)；

　　　　Q_2——较硬沥青用量(%)；

　　　　T_1——较软沥青软化点(℃)；

　　　　T_2——较硬沥青软化点(℃)。

掺配后如果过稠，可采用石油产品系统的轻质油类，如汽油、煤油、柴油等进行稀释；如果过稀，则可加入沥青。

二、煤沥青

煤沥青是由烟煤制煤气或制焦炭干馏出煤焦油，再经分馏加工提取轻油、中油、重油、意油以后所得的残渣，又称煤焦油沥青或柏油。

1. 煤沥青的组成

煤沥青的主要组分为油分、游离碳、树脂。

(1)油分。油分主要是由未饱和的液态芳香族碳氢化合物组成，使煤沥青具有流动性。

(2)游离碳。游离碳是高分子的有机化合物的固态碳质微粒，不溶于任何有机溶剂。煤沥青中含有的游离碳能增加沥青的黏度和提高其热稳定性。随着游离碳含量的增加，煤沥青的低温脆性也随之增加。

(3)树脂。树脂为环心含氧的环状碳氢化合物，其可以分为以下两种：

1)硬树脂。固态晶体结构，仅溶于吡啶，类似石油沥青中的沥青质。

2)软树脂。赤褐色黏-塑性物质，溶于氯仿，类似石油沥青中的胶质。

除上述基本组分外，煤沥青中性油中还含有酚、萘等。当萘的含量低于15％时，其能溶解于油分中；当含量高于上述界线且温度低于10℃时，则呈固态晶体析出，影响煤沥青的低温变形能力。酚为苯环中含羟基的物质，它能溶于水，有毒且易氧化。

2. 煤沥青的技术性能

煤沥青与石油沥青相类似，也有黏性、塑性等技术性能。但因煤沥青化学组成中主要是芳香族烃，有较多的表面活性物质，因此有不同于石油沥青的技术性能。

(1)煤沥青的温度稳定性较差。煤沥青是较粗的分散系，其中软质树脂的温感性高，由固态或黏稠态转变为液态或流动态的温度范围较窄，受热易软化，低温易开裂。

(2)煤沥青抗老化能力低。煤沥青所含易挥发成分及不饱和烃类，在温度较高或与氧接触或日光照射时，某些低分子质量成分容易发生聚合或缩合反应，向高分子质量成分转化。所以，煤沥青的老化过程比石油沥青快。

(3)煤沥青与石料黏附性较好。煤沥青中含有酸、碱性物质较多，它们是极性物质，使煤沥青有较高的表面活力和黏附力，与酸、碱性石料均能较好地黏附在一起。

(4)煤沥青的塑性和耐久性差。因为煤沥青含有较多的游离碳，故塑性低，低温下易开裂。煤沥青组分中含有较多的不饱和芳香族化合物，它们有较大的化学潜能，在自然环境中易产生氧化、聚合，使老化过程加快。

(5)煤沥青含有害的成分较多，臭味较重，应注意防护。

煤沥青与石油沥青初看差不多，但根据它们的某些特征还是容易识别的，见表9-2。

表9-2　石油沥青与煤沥青的简易鉴别方法

鉴别方法	石油沥青	煤沥青
相对密度	接近于1.0	接近于1.25
气味	常温下无刺激性臭味	常温下有刺激性臭味
燃烧	灰黑色烟或无烟	黄色烟雾
溶解试验	可溶于汽油或煤油	不易溶于汽油或煤油
敲击	固体石油沥青有韧性、不易碎	硬煤沥青易破碎
斑点试验	溶于苯的溶液滴入滤纸上其斑点为均匀棕色	溶于苯的溶液滴入滤纸上有两个圈，外圈深黄，内圈小且有黑色微粒

三、改性沥青

改性沥青是采用各种措施使沥青的性能得到改善的沥青。改性沥青是在传统沥青中掺加橡胶、树脂、高分子聚合物、磨细的橡胶粉或其他填料等掺加剂(改性剂)，或采取对沥青轻度氧化加工等措施，从而改善沥青的多种性能。对沥青改性的目的是提高沥青的强度、流变性、弹性和塑性，延长沥青的耐久性，增强沥青与结构表面的黏结力等。目前，改性沥青可用来制作防水卷材、防水涂料、改性道路沥青等，广泛应用于建筑物的防水工程和路面铺装等，取得了良好的使用效果。用改性沥青铺设的路面有良好的耐久性，达到高温不软化、低温不开裂的效果。按掺加的高分子材料的不同，改性沥青可分为橡胶改性沥青、树脂改性沥青、橡胶树脂共混改性沥青、矿物填料改性沥青等。

1. 橡胶改性沥青

橡胶是沥青的重要改性材料，它与沥青有较好的混溶性，并能使沥青具有橡胶的很多优点，如高温变形性小、常温弹性较好、低温柔性较好，常用的品种有氯丁橡胶改性沥青、丁基橡胶改性沥青、再生橡胶改性沥青和热塑性丁苯胶(SBS)改性沥青。

2. 树脂改性沥青

树脂改性沥青可以改进沥青的耐寒性、耐热性、黏结性和不透气性。常用的树脂有APP(无规聚丙烯)、聚乙烯、聚丙烯等。

3. 橡胶树脂共混改性沥青

在沥青中同时加入橡胶和树脂，可使沥青兼具橡胶和树脂的特性。由于树脂比橡胶便宜，橡胶和树脂又有较好的混溶性，因此，能取得满意的综合效果。

橡胶、树脂和石油沥青在加热熔融状态下，沥青与高分子聚合物之间发生相互侵入的扩散。沥青分子填充在聚合物大分子的间隙内，同时聚合物分子的某些链节扩散进入沥青分子，从而形成凝胶网状混合结构，由此而获得较优良的性能。橡胶树脂共混改性沥青主要用于制作片材、卷材、密封材料和防水涂料。

4. 矿物填料改性沥青

在沥青中加入一定数量的矿物填料，可提高沥青的耐热性、黏滞性和大气稳定性，减小沥青的温度敏感性，同时，可节省沥青用量。一般矿物填料的掺量为20％～40％。

常用的矿物填料有粉状和纤维状两大类，粉状的有滑石粉、白云石粉、石灰石粉、粉煤灰、磨细砂等，纤维状的有石棉粉等。在粉状矿物填料中加入沥青，可提高沥青的大气稳定性，降低温度敏感性；在纤维状的石棉粉中加入沥青，可提高沥青的抗拉强度和耐热性。

第二节　防水卷材

防水卷材是一种可卷曲的片状防水材料，根据其主要组成材料可分为沥青防水卷材、高聚物改性沥青防水卷材和合成高分子防水卷材三大类。沥青防水卷材是传统的防水材料，但因其性能远不及改性沥青，因此，逐渐被改性沥青卷材所代替。高聚物改性沥青防水卷材和合成高分子防水卷材均应有良好的耐水性、温度稳定性和大气稳定性(抗老化性)，并应具备必要的机械强度、延伸性、柔韧性和抗断裂的能力，这两大类防水卷材已得到广泛应用。

一、沥青基防水卷材

沥青防水卷材俗称油毡，是在基胎(如原纸、纤维织物等)上浸涂沥青后，再在表面撒布粉状或片状的隔离材料而制成的可卷曲的片状防水材料。沥青防水卷材是传统的防水材料，因其性能远不及改性沥青卷材，因此，逐渐被改性沥青卷材所代替。

沥青防水卷材仅适用于屋面防水等级为三级和四级的屋面防水工程。对于防水等级为三级的屋面，应选用三毡四油沥青卷材防水；对于防水等级为四级的屋面，应选用二毡三油沥青卷材防水。

1. 石油沥青纸胎油毡

石油沥青纸胎油毡是用低软化点石油沥青浸渍原纸，然后用高软化点石油沥青涂覆油纸两面，再撒以隔离材料所制成的一种纸胎防水卷材。纸胎石油沥青防水卷材按卷重和物理性能分为Ⅰ型、Ⅱ型和Ⅲ型三种类型。纸胎石油沥青防水卷材按所用隔离材料分为粉状面和片状面两个品种，目前已很少采用。

2. 石油沥青玻璃布油毡

石油沥青玻璃布油毡是以玻璃布为胎基，经浸渍、涂覆、撒布粉状隔离材料制得的。油毡幅宽1 000 mm，每卷面积(20±0.3)m²，按物理性能分为一等品和合格品。

玻璃布油毡抗拉强度高，胎体不易腐烂，材料柔韧性好，耐久性比纸胎油毡提高一倍以上。其适用于铺设地下防水、防腐层，并用于屋面做防水层及金属管道(热管道除外)的防腐保护层。

3. 石油沥青玻璃纤维胎油毡

石油沥青玻璃纤维胎油毡(以下简称玻纤胎油毡)，是采用玻璃纤维薄毡为胎体，浸涂石油沥青，并在其表面涂撒矿物粉料或覆盖聚乙烯膜等隔离材料而制成可卷曲的片状防水材料。玻纤胎油毡按单位面积质量分为15号、25号，按其力学性能分为Ⅰ型、Ⅱ型两种，幅宽为1 000 mm。

二、改性沥青防水卷材

改性沥青与传统的沥青相比，其适用温度范围更广，具有高温不流淌、低温不脆裂的优点，且可做成4 mm左右的厚度，具有10～20年可靠的防水效果。以合成高分子聚合物改性沥青为涂覆层，纤维毡、纤维织物或塑料薄膜为胎体，粉状、粒状、片状或塑料膜为覆面材料制成可卷曲的片状防水材料，称为高聚物改性沥青防水卷材。

1. 弹性体改性沥青防水卷材(SBS卷材)

SBS改性沥青防水卷材，是采用玻纤毡、聚酯毡、玻纤增强聚酯毡为胎体，浸涂SBS(苯乙烯－丁二烯－苯乙烯)改性沥青，上表面撒布矿物粒、片料或覆盖聚乙烯膜，下表面撒布细砂或覆盖聚乙烯膜所制成可卷曲的片状防水材料。其按可溶物含量及其物理性能分为Ⅰ型和Ⅱ型；卷材使用玻纤胎(G)或聚酯胎(PY)、玻纤增强聚酯毡三种胎体，使用矿物粒(片)料(M)、砂粒(S)以及聚乙烯膜(PE)三种表面材料，卷材按不同胎基、不同上表面材料分为九个品种，见表9-3。

表9-3　SBS卷材品种

胎基 上表面材料	聚酯胎	玻纤胎	玻纤增强聚酯毡
聚乙烯膜	PY－PE	G－PE	PYG－PE
细砂	PY－S	G－S	PYG－S
矿物粒(片)料	PY－M	G－M	PYG－M

卷材幅宽为1 000 mm，聚酯胎卷材厚度为3 mm、4 mm和5 mm；玻纤胎卷材厚度为3 mm和4 mm；玻纤增强聚酯毡卷材厚度为5 mm；每卷面积为7.5 m²、10 m²和15 m²三种。其技术性能执规范《弹性体改性沥青防水卷材》(GB 18242—2008)标准，见表9-4。

表 9-4　SBS 卷材物理力学性能

序号	胎基		PY		G		PYG
	型号		Ⅰ	Ⅱ	Ⅰ	Ⅱ	Ⅱ
1	可溶物含量 /(g·m⁻²) (≥)	3mm	2 100				—
		4mm	2 900				—
		5mm	3 500				
		试验现象	—	—	胎基不燃		—
2	不透水性 30 min		0.3 MPa		0.2 MPa	0.3 MPa	0.3 MPa
3	耐热性	℃	90	105	90	105	105
		mm (≤)	2				
		试验现象	无流淌、滴落				
4	拉力	最大峰拉力/[N·(50mm)⁻¹] (≥)	500	800	350	500	900
		次高峰拉力/[N·(50mm)⁻¹] (≥)					800
		试验现象	拉伸过程中，试件中部无沥青涂盖层开裂或与胎基分离现象				
5	延伸率	最大峰时延伸率/% (≥)	30	40			—
		第二峰时延伸率/% (≥)	—	—	—	—	15
6	低温柔性/℃		−20	−25	−20	−25	−25
			无裂缝				
7	浸水后质量 增加/%(≤)	PE，S	1.0				
		M	2.0				
8	热老化	拉力保持率/% (≥)	90				
		延伸率保持率/% (≥)	80				
		低温柔性/℃	−15	−20	−15	−20	−20
			无裂缝				
		尺寸变化率/% (≤)	0.7	0.7	—	—	0.3
		质量损失/% (≤)	1.0				
9	人工气候 加速老化	外观	无滑动、流淌、滴落				
		拉力保持率/% (≥)	80				
		低温柔性/℃	−15	−20	−15	−20	−20
			无裂缝				

注：表中 1～6 项为出厂检验项目。

　　SBS 防水卷材一般用于工业与民用建筑的防水防潮，尤其适用于建筑物的屋面、地下室、卫生间的防水防潮处理，以及一些停车场、游泳馆、隧道和蓄水池等类建筑物的防水处理。另外，SBS 卷材在低温时具有良好的柔韧性、弹性和延展性，尤其适用于北方气温较低的地区和结构变形频繁的建筑物防水处理。此类卷材施工时应注意涂刷的基层必须干燥 4 h(以不粘脚为宜)以上，施工现场应好注意防火。

2. 塑性体改性沥青防水卷材(APP 卷材)

　　塑性体改性沥青防水卷材是采用聚酯毡或玻纤毡为胎体，浸涂 APP 改性沥青，上表面撒布矿物粒、片料或覆盖聚乙烯膜，下表面撒布细砂或覆盖聚乙烯膜所制成的可卷曲片状防水材料。APP 卷材属热塑性体防水材料，其主要特性：抗拉强度高、延展性好、耐热性好、韧性强、抗腐蚀、耐紫外线、抗老化性能好、常温施工、操作简便、高温下(110 ℃～130 ℃)不流淌、低温下(−15 ℃～5 ℃)不脆裂、有较强的抗腐蚀性和较高的自燃点(365 ℃)，其规则、品种与 SBS 卷材相同，APP 卷材的品种及其物理力学性能应符合表 9-5 的规定。

表 9-5　APP 卷材物理力学性能

序号	胎基			PY		G		PYG
	型号			Ⅰ	Ⅱ	Ⅰ	Ⅱ	Ⅱ
1	可溶物含量 /(g·m⁻²) (≥)	3mm		2 100				—
		4mm		2 900				—
		5mm		3 500				
		试验现象		—	—	胎基不燃		
2	不透水性 30 min		0.3 MPa		0.2 MPa	0.3 MPa	0.3 MPa	
3	耐热性	℃		110	130	110	130	130
		mm	(≤)	2				
		试验现象		无流淌、滴落				
4	拉力	最大峰拉力/[N·(50mm)⁻¹] (≥)		500	800	350	500	900
		次高峰拉力/[N·(50mm)⁻¹] (≥)		—	—	—	—	800
		试验现象		拉伸过程中，试件中部无沥青涂盖层开裂或与胎基分离现象				
5	延伸率	最大峰时延伸率/% (≥)		25	40			
		第二峰时延伸率/% (≥)		—	—			15
6	低温柔性/ ℃			−7	−15	−7	−15	−15
				无裂缝				
7	浸水后质量增加/%(≤)	PE，S		1.0				
		M		2.0				
8	热老化	拉力保持率/% (≥)		90				
		延伸率保持率/% (≥)		80				
		低温柔性/ ℃		−2	−10	−2	−10	−10
				无裂缝				
		尺寸变化率/% (≤)		0.7	0.7	—	—	0.3
		质量损失/% (≤)		1.0				
9	人工气候加速老化	外观		无滑动、流淌、滴落				
		拉力保持率/% (≥)		80				
		低温柔性/ ℃		−2	−10	−2	−10	−10
				无裂缝				

　　APP 卷材一般适用于工业与民用建筑的屋面和地下防水工程，以及道路、桥梁工程的防水，尤其适用于较高气温环境的建筑防水，以及适用于高温或有强烈太阳辐射的地区建筑物的防水防潮。同样，该类卷材在施工时应注意要涂刷的基层必须干燥 4 h(以不粘脚为宜)以上，施工现场应注意防火。

三、合成高分子防水卷材

以合成树脂、合成橡胶或其共混体为基材，加入助剂和填充料，通过压延、挤出等加工工艺而制成的无胎或加筋的塑性可卷曲的片状防水材料，大多数是宽度为 1~2 m 的卷状材料，统称为高分子防水卷材。高分子防水卷材具有耐高温、低温性能好，延伸率大，对基层伸缩变形的适应性强的优点，同时，耐腐蚀和抗老化，能减少对环境的污染。

根据主体材料的不同，合成高分子防水卷材一般可分为橡胶型、塑料型和橡塑共混型防水材料三大类，各类又分别有若干品种。下面介绍一些常用的合成高分子防水卷材。

1. 三元乙丙橡胶防水卷材

三元乙丙橡胶防水卷材是以三元乙丙橡胶为主要原料，掺入适量的丁基橡胶、硫化剂、促进剂、补强剂和软化剂等，经密炼、拉片、过滤、挤出（或压延）成型、硫化等工序制成的弹性体防水卷材，有硫化型(JL)和非硫化型(JF)两类。

三元乙丙橡胶防水卷材具有优良的耐候性、耐臭氧性和耐热性，是耐老化性能最好的一种卷材，使用寿命可达30年以上；同时具有质量轻(1.2~2.0 kg/m²)、弹性好、抗拉强度高(>7.5 MPa)、抗裂性强(延伸率在450%以上)、耐酸碱腐蚀等优点，属于高档防水材料。

三元乙丙橡胶防水卷材广泛应用于工业和民用建筑的屋面工程，适合于外露防水层的单层或是多层防水，如易受振动、易变形的建筑防水工程；也可以用于地下室、桥梁、隧道等工程的防水，并可以冷施工。三元乙丙橡胶防水卷材的技术性质见表9-6。

表 9-6　三元乙丙橡胶防水卷材的技术性质(GB 18173.1—2012)

项目名称			指标值	
			JL1	JF1
拉伸强度/MPa	常温(23 ℃)	(≥)	7.5	4.0
	高温(60 ℃)	(≥)	2.3	0.8
拉断伸长率/%	常温(23 ℃)	(≥)	450	400
	低温(−20 ℃)	(≥)	200	200
撕裂强度/(kN·m⁻¹)		(≥)	25	18
低温弯折			−40 ℃无裂纹	−30 ℃无裂纹
不透水性(30 min)			0.3 MPa 无渗漏	0.3 MPa 无渗漏
注：JL1 为硫化型三元乙丙橡胶防水卷材，JF1 为非硫化型三元乙丙橡胶防水卷材。				

2. 聚氯乙烯防水卷材

聚氯乙烯防水卷材是以聚氯乙烯(PVC)树脂为主要原料，掺加填料和适量的改性剂、增塑剂、抗氧化剂、紫外线吸收剂等，经过捏合、混炼、造粒、挤出或压延、冷却卷曲等工序加工而成的防水卷材。

聚氯乙烯防水卷材根据产品的组成可分为均质卷材(H)、带纤维衬卷材(L)、织物内增强卷材(P)、玻璃纤维内增强卷材(G)、玻璃纤维内增强带纤维背衬卷材(GL)。聚氯乙烯防水卷材的特点是价格低、抗拉强度和断裂伸长率较高，对基层伸缩、开裂、变形的适应性强；低温柔性好，可在较低的温度下工作和应用；卷材的搭接除可以用胶黏剂外，还可以用热空气焊接的方法，接缝处严密。聚氯乙烯防水卷材的技术性能见表9-7。

表 9-7　聚氯乙烯防水卷材的技术性能(GB 12952—2011)

序号	项目			指标				
				H	L	P	G	GL
1	中间胎基上面树脂层厚度/mm	(≥)		—			0.40	
2	拉伸性能	最大拉力/(N·cm⁻¹)	(≥)	—	120	250	—	120
		拉伸强度/MPa	(≥)	10.0	—	—	10.0	—
		最大拉力时伸长率/%	(≥)	—	—	15	—	—
		断裂伸长率/%	(≥)	200	150	—	200	100
3	热处理尺寸变化率/%	(≤)		2.0	1.0	0.5	0.1	0.1
4	低温弯折性			−25℃无裂纹				
5	不透水性			0.3 MPa，2 h 不透水				
6	抗冲击性能			0.5 kJ/m²，不透水				
7	抗静态荷载			—	—	20 kg 不渗水		
8	接缝剥离强度/(N·mm⁻¹)	(≥)		4.0 或卷材破坏		3.0		
9	直角撕裂强度/(N·mm⁻¹)	(≥)		50			50	—
10	梯形撕裂强度/N	(≥)		—	150	250	—	220
11	吸水率(70℃，168 h)/%	浸水后	(≤)	4.0				
		晾置后	(≥)	−0.40				

与三元乙丙橡胶防水卷材相比，除在一般工程中使用外，聚氯乙烯防水卷材更适用于刚性层下的防水层及旧建筑混凝土构件屋面的修缮工程，以及有一定耐腐蚀要求的室内地面工程的防水、防渗工程等。

3. 氯化聚乙烯-橡胶共混防水卷材

氯化聚乙烯-橡胶共混防水卷材是以氯化聚乙烯树脂和合成橡胶为主体，加入适量的硫化剂、促进剂、稳定剂、软化剂和填料，经混炼、过滤、压延或成型、硫化等工序制成的高弹性防水卷材。

它不仅具有氯化聚乙烯所特有的高强度和优异的耐臭氧性能，而且具有橡胶类材料所特有的高弹性、高延展性和良好的低温柔性。这种材料特别适用于寒冷地区或变形较大的建筑防水工程，也可用于地下工程防水。但在复杂平面和异形表面铺设困难，对于基层黏结和接缝黏黏技术要求高，若施工不当，则常有卷材串水和接缝不良的情况出现。

合成高分子防水卷材除以上三种典型的品种外，还有很多其他的产品，如氯磺化聚氯乙烯防水卷材和氯化聚乙烯防水卷材等，按照《屋面工程技术规范》(GB 50345—2012)中的规定，合成高分子防水卷材适用于防水等级为Ⅰ级、Ⅱ级和Ⅲ级的屋面防水工程。

第三节　防水涂料

防水涂料是以沥青、高分子合成材料为主体，经涂刷在基体表面固化，形成具有相当厚度并有一定弹性、连续的防水薄膜的物料总称，常温下呈现无定形的黏稠状态，可以起到防水、防潮、保护基体的作用，同时起到胶黏剂的作用。

防水涂料可以分为有机防水涂料和无机防水涂料两类，前者主要包括橡胶沥青类、合成橡胶类和合成树脂类；后者包括主要聚合物水泥基防水涂料和水泥基渗透结晶型防水涂料。按形状划分，可分为溶剂型、水乳型和反应型三类；按成膜物质的主要成分区分，防水涂料可分为合成树脂类、橡胶类、高聚物改性沥青类（主要是橡胶沥青类）和沥青类四类。

一、沥青类防水涂料

沥青防水涂料的主要成膜物质是沥青，有溶剂型和水乳型两类，在使用时经常采用沥青胶进行粘贴，在基体表面刷涂一层冷底子油，来提高沥青防水涂料与基体的黏结能力。

1. 冷底子油

冷底子油是将沥青溶解于有机溶剂中的沥青涂料，通常用 30％～40％的 10 号或 30 号石油沥青与 60％～70％的稀释剂（汽油、煤油、轻柴油）按比例配制而成。因它多在常温下用于防水工程的底层，故名冷底子油。冷底子油的黏度小，能渗入混凝土、砂浆、木材等材料的毛细孔隙中，待溶剂挥发后与基面牢固结合，使基面具有一定的憎水性，为黏结同类防水材料创造了有利条件。在冷底子油上铺热沥青胶黏贴卷材，该卷材防水层可与基层粘贴牢固。冷底子油应涂刷在干燥的基面上，通常要求水泥砂浆找平层的含水率≤10％。冷底子油应随配随用，储存时应使用密闭容器，以防止溶剂挥发。

2. 沥青胶

沥青胶又称沥青玛琋脂，是在沥青中加入适量的粉状或纤维状填充料混合制成。其中，填充料的作用是提高沥青的温度稳定性和韧性，改善沥青的黏结性，降低沥青在低温下的脆性，减少沥青的消耗量等，填充物的类型有很多种，比如，粉状的滑石粉、石灰石粉和白云石粉等，纤维状的木纤维、石棉屑等，或者两者的混合物，加入量通常为 10％～30％。

沥青胶主要用来补漏、黏结防水卷材以及作为防水涂料的底层等，按照其在配制时使用溶剂的不同和操作方法的不同，又可以分为热熔沥青胶和冷沥青胶两类。

（1）热熔沥青胶。将加热到 150 ℃～200 ℃的沥青脱水后，加入 20％～30％的加热干燥填充物，高温搅拌形成。用热沥青胶来粘贴油毡卷材效果更好，但使用时加热温度不能过高。

（2）冷沥青胶。常温下，将 40％～50％的石油沥青脱水，加入 25％～30％的溶剂和 10％～30％的填充料，混合搅拌形成。冷沥青胶施工比较方便，涂层薄，减少了环境污染，节省沥青，但溶剂使用量大，目前已被大范围使用。

沥青胶的性质差异主要取决于沥青的性质及其组成，其技术指标主要有耐热度、韧性及黏结性，根据耐热度的高低，可以将沥青胶划分为 S—60、S—65、S—70、S—75、S—80、S—85 六个标号，各标号的技术指标应符合表 9-8 的规定。

表 9-8　沥青胶的技术指标

项目	标号					
	S—60	S—65	S—70	S—75	S—80	S—85
耐热度	用 2 mm 厚沥青胶黏合两张沥青油纸，在不低于下列温度（℃）下，于 45°的坡度上停放 5 h，沥青胶结料不应流出，油纸不应滑动					
	60	65	70	75	80	85
黏结力	将两张用沥青胶黏贴在一起的油纸揭开时，若被撕开的面积超过粘贴面积的一半，则被认为不合格；否则认为合格					

项目	标号					
	S—60	S—65	S—70	S—75	S—80	S—85
柔韧性	涂在沥青油纸上的厚沥青胶层，在(18±2)℃时为下列直径(mm)的圆棒以5 s时间且匀速弯曲成半周，沥青胶结料不应有开裂					
	10	15	15	20	25	30

在配制沥青胶的过程中，如果采用软化点较高的沥青材料，相应沥青胶的耐热性好，加热后不会轻易流淌；如果采用延伸性高的沥青材料，沥青胶会具有较好的柔韧性，遇冷后不会轻易开裂，反之亦然；当一种沥青不能满足配制所需要的软化点时，可以根据情况采用几种沥青进行配制，来满足各种需要。同样，在各类防水工程中，应根据使用环境、当地气温等多方面因素，按有关规定来选取不同标号的沥青胶，具体标号选择见表9-9。

表 9-9　石油沥青胶标号的选择

屋面坡度/°	历年极端室外温度/℃	沥青胶标号
1～3	低于38	S—60
	38～41	S—65
	41～45	S—70
3～15	低于38	S—75
	38～41	S—70
	41～45	S—75
15～25	低于38	S—75
	38～41	S—80
	41～45	S—85

3. 乳化沥青

乳化沥青又称为水乳型沥青防水涂料，是在机械强力搅拌下，将熔化的沥青微粒均匀地分散于含有乳化剂的溶剂中，形成稳定的悬浮体。制作乳化沥青的乳化剂是表面活性剂，可分为有机型(阳离子型、阴离子型及非离子型)和无机型两类。目前，使用较多的是阴离子型，如肥皂、洗衣粉、松香皂、十二烷基硫酸钠等。

乳化沥青基涂料分为两大类，即厚质防水涂料和薄质防水涂料。厚质防水涂料常温时为膏体或黏稠液体，一次施工厚度可以在3 mm以上；薄质防水涂料常温时为液体，具有自流平的性能，一次施工厚度不能大于1 mm。因此，需要施工多层才能满足涂膜防水的厚度要求。目前，国内市场上用量最大的薄质乳化沥青防水涂料是氯丁胶乳沥青防水涂料，还有丁苯胶乳薄质沥青防水涂料、丁腈胶乳薄质沥青防水涂料、SBS改性乳化沥青薄质防水涂料和再生胶乳化沥青薄质防水涂料等。

建筑上使用的乳化沥青是一种棕黑色的水乳液，具有无毒、无臭、不燃、干燥快、黏结力强等特点，在0℃以上可流动，易于涂刷和喷涂。乳化沥青与其他类型的涂料相比，其主要特点是可以在潮湿的基础上使用，具有相当大的黏结力；可以冷施工，不需要加热，避免了采用热沥青施工可能造成的烫伤、中毒事故等；有利于消防和安全，降低施工人员的劳动强度，提高工作效率，加快施工进度；价格低，施工机具容易清洗。乳化沥青与一般的橡胶乳液、树脂乳液具有良好的相溶性，混溶后性能比较稳定，能显著地改善乳化沥青的耐高温性能和低温柔性。

乳化沥青材料的稳定性较差，储存时间一般不超过 6 个月，储存时间过长容易分层变质。乳化沥青一般不能在 0 ℃以下储存和运输，也不能在 0 ℃以下施工和使用。

二、高聚物改性沥青防水涂料

高聚物改性沥青防水涂料是指以沥青为基料，用橡胶、树脂等高分子聚合物对其进行改性处理，制成的水乳型涂料或溶剂型防水涂料。这类涂料在柔韧性、弹性、延伸性、耐高低温性能、使用寿命等方面，与沥青基涂料相比均有很大改善。其适用于Ⅱ级、Ⅲ级、Ⅴ级防水等级的工业与民用建筑工程的屋面防水工程，以及地下室和卫生间的防水工程等。

1. 氯丁橡胶沥青防水涂料

氯丁橡胶沥青防水涂料是将小片的丁基橡胶加到溶剂中搅拌成浓溶液。同时，将沥青加热脱水熔化成液体状，再将两种液体按比例混合搅拌均匀而成。氯丁橡胶沥青防水涂料具有优异的耐分解性，并具有良好的低温抗裂性和耐热性。它可分为溶剂型和水乳型两种。

(1)溶剂型氯丁橡胶沥青防水涂料的主要成膜物质是氯丁橡胶和石油沥青，它是这两种成膜物质溶于甲基苯(或二甲苯)而形成的一种混合胶体溶液。

(2)水乳型氯丁橡胶沥青防水涂料的主要成膜物质也是氯丁橡胶和石油沥青，它是以阳离子型氯丁胶乳与阳离子型沥青乳液相混合而制成的。与溶剂型涂料不同的是，其以水代替了甲苯等有机溶剂，降低了成本且无毒。

2. 水乳型再生橡胶防水涂料

水乳型再生橡胶防水涂料是以石油沥青为基料，加入再生橡胶对其进行改性后而形成的一种水性防水涂料，常温下呈黑色、无光泽的黏稠状液体状态。

它是双组分(A 液、B 液)防水材料，其中的 A 液为乳化橡胶，B 液为阴离子型乳化沥青，两液分开包装，使用时现场配制。该涂料的特点主要有无毒无味、不易燃烧、温度稳定性好、抗老化能力强，防腐蚀能力强，经刷涂或喷涂后形成防水涂膜，且涂膜具有橡胶弹性，常温下施工，多用于建筑屋面、墙体、地面、地下室的防水防潮处理和一些防腐工程中。

3. 聚氨酯防水涂料

聚氨酯防水涂料是由甲组分(含有异氰酸基的预聚体)和乙组分(含有多羟基的固化剂与增塑剂、稀释剂等)组成的双组分反应型涂料。甲、乙两组分混合后，经固化反应，形成均匀而富有弹性的防水涂膜。

聚氨酯防水涂料有透明、彩色、黑色等品种，并兼有耐磨、装饰及阻燃等性能。由于其防水、延伸及温度适应性能优异，施工简便，因此，其在中、高级公用建筑的卫生间、水池等防水工程及地下室和有保护层的屋面防水工程中得到广泛应用。

三、合成高分子防水涂料

合成高分子防水涂料是以合成橡胶、合成树脂为主要成膜物质配制而成的水乳型或溶剂型防水涂料。根据成膜机理分为反应固化型、发挥固化型和聚合物水泥防水涂料三类。

由于合成高分子材料具有优异的性能，因此，以它为原料制成的高分子防水涂料具有较高的强度和延伸率、优良的柔韧性、耐高低温性、耐久性和防水能力。常用的品种有丙烯酸防水涂料、聚醋酸乙烯酯(EVA)防水涂料、聚氨酯防水涂料、沥青聚酯防水涂料、硅橡胶防水涂料、聚合物水泥防水涂料等。过去还有 PVC 胶泥和焦油聚氨酯防水涂料，由于这两种防水涂料含有煤焦油和少量挥发性溶剂，对环境的污染非常严重，因此，已被列为淘汰产品，现在已逐步被沥青聚氨酯防水涂料所替代。

(1)丙烯酸防水涂料。该涂料也称为水性丙烯酸酯防水涂料，是以高固含量丙烯酸酯共聚乳液为基料，掺加填料、颜料及各种助剂经混炼、研磨而成的水性单组分防水涂料。

这类涂料是以水作为分散介质，无毒、无味、不燃、不污染环境，属环保型防水涂料，可在常温下冷施工作业。其最大优点是具有优良的耐候性、耐热性和耐紫外线性；涂抹柔软，弹性好，能适应基层一定的变形开裂；常温适应性强，在 $-30\ ℃\sim80\ ℃$ 范围内性能无大的变化；可以调制成各种色彩，兼有装饰和隔热效果。但由于水乳型涂料每遍涂刷不能太厚，以利于水分挥发，使涂层干燥成膜，因此，要达到设计规定的厚度必须多次涂刷成膜。该种涂料适用于各类建筑工程的防水及防水层的维修和保护等。

(2)聚醋酸乙烯酯防水涂料。该涂料是在 EVA 乳液中添加多种助剂制成的，属于单组分水乳型防水涂料，加上颜料可做成彩色涂料。其性能与丙烯酸防水涂料相似，强度和延展性均较好；复杂平面能成膜，为无接缝防水层；水乳性无毒、无污染；冷施工，技术简单；但耐热性差，热老化后变硬，强度提高而延伸率很快下降，导致变脆。EVA 防水涂料的耐水性较丙烯酸防水涂料差，不宜用于长期浸水的环境。

(3)聚氨酯防水涂料。聚氨酯防水涂料又称为聚氨酯涂膜防水材料，是一种化学反应型涂料，多以双组分形式使用。我国目前有两种：一种是焦油系列双组分聚氨酯涂膜防水材料；另一种是非焦油系列双组分聚氨酯涂膜防水材料。

双组分聚氨酯防水涂料因为组分之间发生的由液态变为固态的化学反应，易于形成较厚的防水涂膜，固化时无体积收缩，具有较大的弹性和延伸率，较好的抗裂性、耐候性、耐酸碱腐蚀性、耐老化性，其物理性质见表 9-10。当涂膜厚度为 $1.5\sim2.0\ mm$ 时，使用年限可在 10 年以上，对各种基材(如混凝土、石、砖、木材、金属等)均有良好的附着力。

表 9-10 双组分聚氨酯防水涂料物理性质(GB/T 19250—2013)

序号	项目		Ⅰ	Ⅱ
1	拉伸强度/MPa	(≥)	1.9	2.45
2	断裂伸长率/%	(≥)	450	450
3	撕裂强度/(N·mm^{-1})	(≥)	12	14
4	低温弯折性	(≤)	−35	
5	不透水性(0.3 MPa, 30 min)		不透水	
6	固体含量/%	(≥)	92	—
7	表干时间/h	(≤)	8	—
8	实干时间/h	(≤)	24	
9	加热伸缩率/%	≤	1.0	
		≥	−4.0	
10	潮湿基面黏结强度/MPa		0.50	
11	定时老化	加热老化	无裂纹及变形	
		人工气候老化*	无裂纹及变形	

注：* 仅用于外露使用的产品。

涂膜具有橡胶的弹性，抗拉强度高，延展性好，对基层裂缝有较强的适应性；但该涂料耐紫外线能力较差，且具有一定的可燃性和毒性。这是因为聚氨酯涂料中含有有毒成分（如煤焦油型聚氨酯中所含的苯、蒽、萘），所以，在施工时要用甲苯、二甲苯等常温下易挥发的有机物稀释。

聚氨酯防水涂料广泛应用于屋面、地下工程、厕浴间、游泳池等的防水，也可用于室内隔水层及接缝密封，还可用于金属管道、防腐地坪、防腐池的防腐处理等。

第四节　密封材料

建筑密封材料防水工程是对建筑物进行水密与气密，起到防水、防尘、隔气与隔声的作用。合理选用密封材料，正确进行密封防水设计与施工，是保证防水工程质量的重要内容之一。建筑密封材料可分为不定型密封材料和定型密封材料两大类。

一、定型密封材料

定型密封材料就是将具有水密性、气密性的密封材料按基层接缝的规格制成一定的形状（条形、环形等），其主要应用于构件接缝、穿墙管接缝、门窗、结构缝等需要密封的部位。

这种密封材料具有良好的弹性及强度，能够承受结构及构件的变形、振动和位移导致的脆裂和脱落；同时，具有良好的气密性、水密性和耐久性，且尺寸精确、使用简便、成本低。

1. 密封条

密封条是将一件物品密封，从而使其不容易打开，起到减震、防水、隔声、隔热、防尘、固定等作用的产品。密封条有橡胶、纸质、金属、塑料等多种材质。

（1）橡胶止水带。橡胶止水带是以天然橡胶或合成橡胶为主要原料，掺入各种助剂及填料，经塑炼、混炼、模压而成。其具有良好的弹塑性、耐磨性和抗撕裂性，适应变形能力强，防水性能好。但使用温度和使用环境对其物理性能有较大影响，当温度超过 50 ℃，以及可能受到强烈的氧化作用或受油类等有机溶剂侵蚀时，则不宜使用该产品。

橡胶止水带是利用橡胶的高弹性和压缩性，在各种荷载作用下产生压缩变形而制成的止水构件，它已广泛应用于水利水电工程、堤坝涵闸、隧道地铁、高层建筑的地下室和停车场等工程的变形缝中。

（2）塑料止水带。目前多为软质聚氯乙烯塑料止水带，它是由聚氯乙烯树脂、增塑剂、稳定剂等原料经塑炼、造粒、挤出、成型加工制成的。

塑料止水带的优点是原料来源丰富、价格低、耐久性好、物理力学性能能够满足使用要求，可用于地下室、隧道、涵洞、溢洪道、沟渠等构筑物变形缝的隔离防水。

（3）聚氯乙烯胶泥防水带。聚氯乙烯胶泥防水带是以煤焦油和聚乙烯树脂为基料，按照一定比例加入增塑剂、稳定剂和填料，混合后再加热搅拌，在 130 ℃～140 ℃ 的温度下塑化成型为一定规格的聚氯乙烯胶带。其与钢材有良好的黏结性、防水性能好，弹性大，温度稳定性好，适用于各种构造变形缝、混凝土墙板的垂直和水平接缝的防水，以及建筑墙板、穿墙管、厕浴间等建筑接缝密封防水。

2. PN(BW)止水条

PN(BW)止水条是由高分子、无机吸水膨胀材料与橡胶及助剂合成的具有自粘性能的一种新型建筑防水材料。遇水能吸水体积膨胀，挤密新老混凝土之间的缝隙，形成不透水的可塑性胶体。该产品呈灰黑色腻子状胶体，具有耐气候性好、抗老化、防渗止漏、耐腐蚀、操作简便、费用低等特点。PN(BW)止水条是各种地下建筑、构筑工程，水利工程，交通隧道工程，电厂冷却塔，市政给水排水等混凝土工程施工缝防渗止漏的一种最新、最理想的材料，彻底解决了橡胶止水带和钢板止水带靠摩擦易产生绕渗的难题。

3. 止水带

止水带就是防止、阻止水分渗透(流动、扩散)而制作安装的带状物，一般用于防水部位的施工缝，主要用于基建工程、地下设施、隧道、污水处理厂、水利、地铁等工程。

止水带按材质分为橡胶止水带、塑料止水带等；按使用部位分为中埋式、背贴式等；按强度分为普通止水带、钢边止水带。

止水带是利用橡胶的高弹性和压缩变形的特点，在各种荷载下产生弹性变形，从而起到有效紧固密封，防止建筑构造漏水、渗水及减震缓冲作用。在一般较大工程的建筑设计中，由于不能连续浇筑，或由于地基的变形，或由于温度的变化引起的混凝土构件热胀冷缩等，需留有施工缝、沉降缝、变形缝。在这些缝处必须安装止水带来防止水的渗漏问题。止水带主要用于混凝土现浇时设在施工缝及变形缝内与混凝土结构成为一体的基础工程，如地下设施、隧道涵洞、输水渡槽、拦水坝、贮液构筑物等。

二、不定型密封材料

不定型密封材料通常为膏状材料，俗称密封膏或嵌缝膏。该类材料应用范围广，特别是与定型材料复合使用时既经济又有效。不定型密封材料的品种很多，其中有塑性密封材料、弹性密封材料和弹塑性密封材料。弹性密封材料的密封性、环境适应性、抗老化性都好于塑性密封材料，弹塑性密封材料的性能居于两者之间。

1. 改性沥青油膏

改性沥青油膏也称为橡胶沥青油膏，是以石油沥青为基料，加入橡胶改性材料和填料等，经混合加工而成，是一种具有弹塑性、可以冷施工的防水嵌缝密封材料，是目前我国产量最大的品种。

它具有良好的防水防潮性能，黏结性好，延伸率高，耐高低温性能好，老化缓慢，适用于各种混凝土屋面、墙板及地下工程的接缝密封等，是一种较好的密封材料。

2. 聚氯乙烯胶泥

聚氯乙烯胶泥实际上是一种聚合物改性的沥青油膏，是以煤焦油为基料，以聚氯乙烯为改性材料，掺入一定量的增塑剂、稳定剂及填料，在130 ℃～140 ℃的温度下塑化而成的热施工嵌缝材料。它是目前屋面防水嵌缝中使用较为广泛的一类密封材料，通常随配方的不同在60 ℃～110 ℃的温度下进行热灌。配方中若加入少量溶剂，会使油膏变软，可用于冷施工，但收缩性较大。所以，一般要加入一定的填料以抑制收缩。填料通常用碳酸钙和滑石粉。

聚氯乙烯胶泥的价格较低，生产工艺简单，原材料来源广，施工方便，防水性好，有弹性，耐寒和耐热性较好。为了降低聚氯乙烯胶泥的成本，可以选用废旧聚氯乙烯塑料制品来代替聚氯乙烯树脂，这样得到的密封油膏习惯上称为塑料油膏。其适用于各种工业厂房和民用建筑的屋面防水嵌缝，以及受酸碱腐蚀的屋面防水，也可用于地下管道的密封和厕浴间等。

3. 聚硫橡胶密封材料

聚硫橡胶密封材料（聚硫建筑密封胶）是由液态聚硫橡胶（多硫聚合物）为主剂，以金属过氧化物（多数为二氧化铅）为固化剂，加入增塑剂、增韧剂、填充剂及着色剂等配制而成。其是目前世界上应用最广、使用最成熟的一类弹性密封材料。聚硫橡胶密封材料分为单组分和双组分两类，目前我国双组分聚硫橡胶密封材料的品种较多。

产品按照伸长率和模量分为 A 类和 B 类。A 类是高模量、低伸长率的聚硫建筑密封膏，B 类是高伸长率和低模量的聚硫建筑密封膏。这类密封膏具有优异的耐候性，极佳的气密性和水密性，良好的耐油、耐溶剂、耐氧化、耐湿热和耐低温性能，能适应基层较大的伸缩变形，施工适用期可调整，垂直使用时具有不流淌性，水平使用时具有自流平性，属于高档密封材料。

该产品除适用于有较高防水要求的建筑密封防水外，还适用于高层建筑的接缝及窗框周边防水、防尘密封，中空玻璃、耐热玻璃周边密封，游泳池、储水槽、上下管道及冷库等接缝密封，以及混凝土墙板、屋面板、楼板、地下室等部位的接缝密封。

4. 有机硅建筑密封膏

有机硅建筑密封膏是以有机硅橡胶为基料配制成的一类高弹性高档密封膏。有机硅密封膏分为双组分和单组分两种，其中以单组分应用较多。

该类密封膏具有优良的耐热、耐寒、耐老化及耐紫外线等耐候性，与各种基材（如混凝土、铝合金、不锈钢、塑料等）有良好的黏结力，并且具有良好的伸缩性、耐疲劳性能、气密性、水密性，防水、防潮、抗震。其适用于金属幕墙、预制混凝土、玻璃窗及窗框四周、游泳池、储水槽、地坪及构筑物的接缝密封。

5. 聚氨酯弹性密封膏

聚氨酯弹性密封膏是由多异氰酸酯与聚醚通过加成反应制成预聚体后，加入固化剂、助剂等在常温下交联固化而成的一类高弹性建筑密封膏。聚氨酯弹性密封膏分为单组分和双组分两种，其中以双组分的应用较广，单组分的目前已较少应用。其性能比溶剂型和水乳型密封膏优良，可用于防水要求中等和偏高的工程。

聚氨酯弹性密封膏对金属、混凝土、玻璃、木材等均有良好的黏结性能，具有弹性大、延伸率大、黏结性好、耐低温、耐水、耐油、耐酸碱、抗疲劳及使用年限长等优点。其与聚硫、有机硅等反应型建筑密封膏相比，价格较低。

聚氨酯弹性密封膏广泛应用于墙板、屋面、伸缩缝等勾缝部位的防水密封工程，以及给水排水管道、蓄水池、游泳池、道路桥梁、机场跑道等工程的接缝密封与渗漏修补，也可以用于玻璃、金属材料的嵌缝。

6. 丙烯酸密封膏

丙烯酸密封膏中最为常用的是水乳型丙烯酸密封膏，它是以丙烯酸乳液为胶黏剂，掺入少量表面活性剂、增塑剂、改性剂及填料、颜料经搅拌研磨而成的。

该类密封膏具有良好的黏结性能、弹性和低温柔性，无污染，无毒，不燃，可在潮湿的基层上施工，操作方便，特别是具有优异的耐候性和耐紫外线老化性能，属于中档建筑密封材料，其适用范围广、价格低、施工方便，综合性能明显优于非弹性密封膏和热塑性密封膏，但要比聚氨酯、聚硫、有机硅等密封膏差一些。因为该密封材料中含有约 15％ 的水，所以在温度低于 0 ℃ 时不能使用，而且要考虑因水分散发所产生的体积收缩，故比较适宜对由吸水性较大的材料（如混凝土、石料、石板、木材等多孔材料）构成的接缝进行密封。

水乳型丙烯酸密封膏主要用于外墙伸缩缝、屋面板缝、石膏板缝、给水排水管道与楼屋面连接缝等处的密封。

本章小结

防水材料是建筑工程不可缺少的主要建筑材料之一，它在建筑物中起防止雨水、地下水及其他水分渗透的作用。本章主要介绍了沥青的组成及技术标准，以及常用的防水卷材、防水涂料、密封材料等。

思考与练习

一、填空题

1. 沥青可分为_____和_____两大类。

2. 建筑工程中应用较广泛的沥青为_____和_____，煤沥青应用较少。

3. 煤沥青的主要组分为_____、_____、_____。

4. 根据主体材料的不同，合成高分子防水卷材一般可分为_____、_____和_____防水材料三大类。

5. 防水涂料是以_____、_____为主体，经涂刷在基体表面固化，形成具有相当厚度并有一定弹性、连续的防水薄膜的物料总称。

6. 乳化沥青基涂料分为两大类，即_____和_____。

7. _____是指以沥青为基料，用橡胶、树脂等高分子聚合物对其进行改性处理，制成的水乳型或溶剂型防水涂料。

8. 合成高分子防水涂料是以_____、_____为主要成膜物质配制而成的水乳型或溶剂型防水涂料。

9. 建筑密封材料可分为_____和_____两大类。

二、判断题

1. 液体沥青中油分和树脂多，流动性好；而固体沥青中树脂和地沥青质多，特别是因为地沥青质多，所以热稳定性和黏性好。 （ ）

2. 在一定温度范围内，温度升高，石油沥青黏滞性增大；反之，黏度减小。 （ ）

3. 冷底子油是在沥青中加入适量的粉状或纤维状填充料混合制成的。 （ ）

4. 建筑上使用的乳化沥青是一种棕黑色的水乳液，具有无毒、无臭、不燃、干燥快、黏结力强等特点，在 0 ℃ 以上可流动，易于涂刷和喷涂。 （ ）

5. 水乳型再生橡胶防水涂料是将小片的丁基橡胶加到溶剂中搅拌成浓溶液。 （ ）

三、选择题

1. （　　）不属于石油沥青的组成
   A. 油分　　　　　B. 树脂　　　　　C. 地沥青质　　　　　D. 游离碳

2. （　　）仅适用于屋面防水等级为三级和四级的屋面防水工程。
   A. 沥青基防水卷材　　　　　　　　B. 改性沥青防水卷材
   C. 合成高分子防水卷材

3. （　　）适用于铺设地下防水、防腐层，并用于屋面做防水层及金属管道(热管道除外)的防腐保护层。
   A. 石油沥青玻璃纤维胎油毡　　　　B. 石油沥青纸胎油毡
   C. 石油沥青玻璃布油毡　　　　　　D. 改性沥青石油卷材

4. （　　）是将沥青溶解于有机溶剂中的沥青涂料。
   A. 冷底子油　　　B. 沥青胶　　　C. 乳化沥青　　　D. 氯丁橡胶沥青

5. 乳化沥青材料的稳定性较差，储存时间一般不超过（　　）个月，储存时间过长容易分层变质。
   A. 1　　　　　　B. 3　　　　　　C. 6　　　　　　D. 8

四、简答题

1. 建筑工程防水技术按其构造做法分为哪两类？
2. 简述石油沥青的组成结构。
3. 石油沥青的技术性质有哪些？
4. 石油沥青的选用原则是什么？
5. 按掺加的高分子材料的不同改性沥青可分为哪几类？
6. 什么是防水卷材？根据其主要组成材料可分为哪几类？
7. 根据成膜机理，合成高分子材料可分为哪几类？
8. 常用的定型密封材料有哪些？

第十章　建筑玻璃、陶瓷

第一节　建筑玻璃

玻璃是以石英砂、纯碱、长石和石灰石等为主要原料，在高温下熔融成液态，经拉制或压制而成的非结晶体透明状的无机材料。普通玻璃的主要化学成分为 SiO_2、Na_2O 和 CaO 等，特种玻璃还含有其他化学成分。建筑中使用的玻璃制品种类很多，其中最主要的有普通平板玻璃、压花玻璃、钢化玻璃、磨砂玻璃和彩色玻璃等。

一、平板玻璃

平板玻璃是以石英砂、纯碱、长石与石灰石等为原材料，在 1 550 ℃～1 600 ℃高温下熔融成玻璃液，再经不同方法成型及退火处理而成。按成型方法不同，平板玻璃分为普通平板玻璃和浮法玻璃两种。

普通平板玻璃采用垂直引拉法和平拉法成型，即将玻璃液垂直向上引拉或平拉，经快冷后切割而成。浮法玻璃是将熔化的玻璃液流到锡槽内的锡液面上，在玻璃液、锡液及周围气体之间的界面平衡作用下，使玻璃液在锡液面上均匀地、自由地平摊，经冷却退火后，形成表面平整度极好的玻璃。与普通玻璃相比，浮法玻璃的光学成像质量及平整度、平行度均优于普通平板玻璃，但强度稍低于普通平板玻璃。

平板玻璃是建筑中用量最大的一种，它包括以下几种：

1. 窗用平板玻璃

窗用平板玻璃也称镜片玻璃，简称玻璃，主要装配于门窗，有透光、挡风雨、保温、隔声等作用。其厚度一般为 2 mm、3 mm、4 mm、5 mm、6 mm，其中2～3 mm 厚的平板玻璃常用于民用建筑4～5 mm 厚的平板玻璃主要用于工业及高层建筑。

2. 磨砂玻璃

磨砂玻璃又称毛玻璃，用机械喷砂、手工研磨或使用氢氟酸溶蚀等方法将普通平板玻璃表面处理为均匀毛面得到。该玻璃表面粗糙，使光线产生漫反射，具有透光不透视的特点，且使室内光线柔和，常用于卫生间、浴室、厕所、办公室、走廊等处的隔断，也可作为黑板的板面。

3. 彩色玻璃

彩色玻璃也称有色玻璃，在原料中加入适当的着色金属氧化剂可生产出透明的彩色玻璃。另外，在平板玻璃的表面镀膜处理后可制成透明的彩色玻璃，适用于公共建筑的内外墙面、门窗装饰，以及对采光有特殊要求的部位。

4. 彩绘玻璃

彩绘玻璃是一种用途广泛的高档装饰玻璃产品。屏幕彩绘技术能将原画逼真地复制到玻璃上。彩绘玻璃可用于家庭、写字楼、商场及娱乐场所的门窗、内外幕墙、吊顶、灯箱、壁饰、家具、屏风等，利用其不同的图案和画面来达到较高艺术情调的装饰效果。

二、安全玻璃

安全玻璃的主要功能是力学强度较大，抗冲击性能较好，被击碎时，其碎块不会飞溅伤人，并兼有防火功能和装饰效果。常用的品种有钢化玻璃、夹丝玻璃和夹层玻璃。

1. 钢化玻璃

钢化玻璃也称为强化玻璃，是将平板玻璃经物理（淬火）钢化或化学钢化处理的玻璃。钢化处理可使玻璃中形成可缓解外力作用的均匀预应力，因而其产品的强度、抗冲击性、热稳定性大幅度提高。

钢化玻璃的抗弯强度比普通玻璃大 $5\sim6$ 倍，抗弯强度可达 125 MPa 以上，韧性提高约 5 倍，弹性好。这种玻璃破碎时形成的碎块不易飞射伤人，热稳定性高，最高安全工作温度为 288 ℃，能承受 204 ℃的温差变化，故可用来制造炉门上的观测窗、辐射式气体加热器、干燥器和弧光灯罩等。

由于钢化玻璃具有较好的性能，所以，在汽车工业、建筑工程及其他工业领域得到广泛应用，常被用作高层建筑的门、窗、幕墙、隔墙、屏蔽及商店橱窗、军舰与轮船舷窗、球场后挡架子隔板、桌面玻璃等。钢化玻璃不能切割、磨削，边角不能碰击、扳压，使用时需按现成尺寸规格选用或提出具体设计图纸进行加工定制。

2. 夹丝玻璃

夹丝玻璃是在平板玻璃中嵌入金属丝或金属网的玻璃。夹丝玻璃一般采用压延法生产，在玻璃液进入压延辊的同时，将预先编织好的经预热处理的钢丝网压入玻璃而制成。

夹丝玻璃的耐冲击性和耐热性好，在外力作用或温度剧变时，玻璃裂而不散粘连在金属丝网上，避免碎片飞出伤人，发生火灾时夹丝玻璃即使受热炸裂，仍能固定在金属丝网上，起到隔断火焰和防止火灾蔓延的作用。

夹丝玻璃适用于振动较大的工业厂房门窗、屋面、采光天窗，需要安全防火的仓库、图书馆门窗，公共建筑的阳台、走廊、防火门、楼梯间、电梯井等。

3. 夹层玻璃

夹层玻璃是由两片或多片平板玻璃之间嵌夹透明塑料薄衬片，经加热、加压、黏合而成的平面或曲面的复合玻璃制品。这种玻璃被击碎后，由于中间有塑料衬片的黏合作用，所以，仅产生辐射状的裂纹而不致伤人。

生产夹层玻璃的原片可采用普通平板玻璃、钢化玻璃、彩色玻璃、吸热玻璃或热反射玻璃等。夹层玻璃的层数有 3 层、5 层、7 层，最多可达 9 层。

夹层玻璃主要用作汽车和飞机的挡风玻璃、防弹玻璃，以及有特殊安全要求的建筑门窗、隔墙、工业厂房的天窗和某些水下工程等。

三、节能玻璃

节能玻璃是兼具采光、调节光线、调节热量进入或散失、防止噪声、改善居住环境、降低空调能耗等多种功能的建筑玻璃。

1. 吸热玻璃

吸热玻璃是一种可以控制阳光，既能吸收全部或部分热射线（红外线），又能保持良好透光率的平板玻璃。

吸热玻璃的生产是在普通钠钙硅酸盐玻璃中，加入有着色作用的氧化物，如氧化铁、氧化镍、氧化钴及硒等，使玻璃带色并具有较高的吸热性能，也可在玻璃表面喷涂氧化锡、氧化锑、氧化钴等有色氧化物薄膜制成。

吸热玻璃按颜色可分为灰色、茶色、蓝色、绿色、古铜色、粉红色、金色和棕色等。按成分不同有硅酸盐吸热玻璃、磷酸盐吸热玻璃、光致变色吸热玻璃与镀膜玻璃等。

目前，吸热玻璃已广泛用于建筑工程门窗或外墙及车、船挡风玻璃等，起到采光、隔热、防炫目等作用。它还可以按照不同用途进行加工，制成磨光、夹层、镜面及中空玻璃，在外部围护结构中用它配制彩色玻璃窗。在室内装饰中，用以镶嵌玻璃隔断、装饰家具以增加美感。

2. 热反射玻璃

热反射玻璃又称遮阳镀膜玻璃或镜面玻璃，是具有较高热反射性能而又保持良好透光性能的平板玻璃，是在玻璃表面用热解、蒸发、化学处理等方法喷涂金、银、铝、铁等金属及金属氧化物或粘贴有机物的薄膜而制成。

热反射玻璃具有良好的隔热性能，对太阳辐射热有较高的反射能力，反射率达 30% 以上，最高可达 60%，而普通玻璃的反射率仅为 7%～8%。镀金属膜的热反射玻璃还有单向透像作用，使白天在室内能看到室外景物，而在室外看不到室内的景物，对建筑物内部起到遮蔽及帷幕的作用。

热反射玻璃主要用于避免由于太阳辐射而增热及设置空调的建筑，适用于各种建筑物的门窗、汽车和轮船的玻璃窗、玻璃幕墙及各种艺术装饰。目前，国内外还常用热反射玻璃来制成中空玻璃或夹层玻璃窗，以提高其绝热性能。

3. 中空玻璃

中空玻璃是由两片或多片平板玻璃用边框隔开，中间充以干燥的空气，四周边缘部分用胶接或焊接方法密封，使玻璃层间形成有干燥气体空间的产品。中空玻璃可以根据要求选用各种不同性能和规格的玻璃原片，如浮法玻璃、钢化玻璃、夹层玻璃、夹丝玻璃、压花玻璃、彩色玻璃、热反射玻璃等。原片的厚度通常为 3 mm、4 mm、5 mm、6 mm，中空玻璃总厚度为 12～42 mm。

中空玻璃不仅有良好的保温隔热性能，还有良好的隔声效果，可降低室外噪声25～30 dB。另外，中空玻璃还可降低表面结露温度。

中空玻璃主要用于需要采暖、空调、防止噪声等的建筑上，如住宅、饭店、宾馆、办公楼、学校、医院、商店等处的门窗、天窗或玻璃幕墙。

四、装饰玻璃

1. 彩色玻璃

彩色玻璃又称为有色玻璃和颜色玻璃，分透明和不透明两种，彩色玻璃色泽有多种，最大规格为1 000 mm×800 mm，厚度为5～6 mm。它具有耐腐蚀、抗冲刷、易清洗，并可拼成图案花纹等优点，适用于门窗及对光有特殊要求的采光部位和装饰外墙面。

2. 玻璃镜

玻璃镜用高质量平板玻璃，采用化学镀膜方法，在玻璃表面镀上银膜、铜膜，然后淋上一层或两层漆膜。该玻璃从进入端经清洗、镀银（镀铜）、淋漆、烘干一次完成，最大尺寸为3 200 mm×2 000 mm，厚度为2～10 mm。

3. 印刷玻璃

印刷玻璃是用特殊材料在普通平板玻璃上印刷出各种彩色图案花纹的玻璃。玻璃印刷图案处不透光，空格处透光，是一种新型的装饰玻璃。该玻璃尺寸为2 000 mm×1 000 mm，常用厚度为2～10 mm。

4. 聚晶玻璃

聚晶玻璃是一种将幻彩、激光粉牢固地黏附在玻璃制品背面，从而使玻璃的正面呈现出五彩斑斓、熠熠生辉、光彩夺目的高聚物。这种产品可广泛用于高级洁具、高档厨具及幻彩玻璃等多种玻璃制品上。底涂层主要用于与玻璃的黏结，喷涂时加入适量的幻彩、激光粉等，使其有效黏附在玻璃表面。面漆主要用于底涂层之上，将幻彩、激光粉保护起来，并通过自身的颜色衬托出熠熠生辉的效果，起衬色作用。

5. 烤漆玻璃

烤漆玻璃分为平面玻璃烤漆和磨砂玻璃烤漆，烤漆玻璃也叫作背漆玻璃。其工艺为在玻璃的背面喷漆后，在烤箱中烘烤8～12 h，完成后一般采用自然晾干。与普通喷漆玻璃相比，烤漆玻璃的漆面附着力强，而普通喷漆玻璃的漆面附着力较小，在潮湿的环境下容易脱落。

第二节　建筑陶瓷

建筑陶瓷用作建筑物墙面、地面及园林仿古建筑和卫生洁具的陶瓷制品材料，以其坚固耐久、色彩鲜艳、耐水、耐磨、耐化学腐蚀、易清洗、维修费用低等优点，成为现代主要建筑装饰材料之一。常用的建筑陶瓷有釉面砖、墙地砖、陶瓷马赛克、玻璃制品等。

一、釉面砖

釉面砖是采用瓷土压制成坯，干燥后上釉焙烧而成。它具有高强、耐酸、耐碱、耐磨、抗急冷急热、表面光滑、色彩丰富、易于清洗等特点。釉面砖是上釉的内墙面砖，不仅品种多，而且有白色、彩色、图案、无光、石光等多种色彩，并可拼接成各种图案、字画，装饰性较强。其吸水率小于18%，品种有彩色釉面砖、装饰釉面砖、图案釉面砖等。多用于厨房、住宅、宾馆、内墙裙等处的装修及大型公共场所的墙面装饰。

依据外观质量，釉面砖分为优等品、一等品、合格品三个等级。常用的规格为：300 mm×200 mm×(4~5) mm，200 mm×200 mm×(4~5) mm。釉面砖适用于作为浴室、厨房、厕所、走廊、实验室等内墙面的饰面及粘贴台面等。釉面砖为多孔的精陶制品，长期在空气中吸湿会产生湿胀现象，使釉面产生开裂。如用于室外，处于冻融循环交替作用下，易产生釉面剥落等现象，所以，釉面砖以用于室内为主。

二、墙地砖

墙地砖包括建筑物外墙装饰贴面用砖和室内外地面装饰铺贴用砖，由于目前此类砖常可墙、地两用，故称为墙地砖。

墙地砖是以优质陶土为原料，再加入其他材料配成生料，经半干压成型后于1 100 ℃左右焙烧而成。墙地砖分为无釉和有釉两种。墙地砖按其正面形状可分为正方形、长方形和异形产品，其表面有光滑、粗糙或凹凸花纹之分，有光泽与无光泽质感之分。其背面为了便于和基层粘贴牢固也制有背纹。

墙地砖的特点是色彩鲜艳、表面平整，可拼成各种图案，有的还可仿天然石材的色泽和质感。墙地砖耐磨、耐蚀，防火、防水，易清洗，不脱色，耐急冷、急热，但造价偏高，工效低。

墙地砖主要用于装饰等级要求较高的建筑内外墙、柱面及室内外通道、走廊、门厅、展厅、浴室、厕所、厨房及人流出入频繁的站台、商场等民用及公共场所的地面，也可用于工作台面及耐腐蚀工程的衬面等。

三、陶瓷马赛克

陶瓷马赛克是陶瓷什锦砖的简称，是用优质瓷土烧成的，由边长不大于40 mm、具有多种色彩和不同形状的小块砖镶拼组成各种花色图案的陶瓷制品。陶瓷马赛克采用优质瓷土烧制成方形、长方形、六角形等薄片状小块瓷砖后，再通过铺贴盒将其按设计图案反贴在牛皮纸上，称作一联，每40联为一箱。陶瓷马赛克可制成多种色彩或纹点，但大多为白色砖。其表面有无釉和施釉两种，目前，国内生产的多为无釉马赛克。

陶瓷马赛克具有色泽多样、图案美观、质地坚实、抗压强度高、耐污染、耐腐蚀、耐磨、耐水、抗火、抗冻、吸水率小、易清洗等特点，主要用于室内地面铺贴，由于砖块小，故不易被踩碎，适用于工业建筑的洁净车间、工作间、化验室及民用建筑的门厅、走廊、餐厅、厨房、盥洗室、浴室等的地面铺装，并可用作高级建筑物的外墙饰面材料。

四、琉璃制品

建筑琉璃制品是一种低温彩釉建筑陶瓷制品，既可用于屋面、屋檐和墙面装饰，又可作为建筑构件使用，主要包括琉璃瓦(板瓦、筒瓦、沟头瓦等)、琉璃砖(用于照壁、牌楼、古塔等贴面装饰)、建筑琉璃构件等。其中，人们广为熟知的琉璃瓦是建筑园林景观常用的工程材料。

琉璃制品表面光滑、不易沾污、质地坚密、色彩绚丽、造型古朴，极富有传统民族特色，融装饰与结构件于一体，集釉质美、釉色美和造型美于一身。中国古建筑多采用琉璃制品，使得建筑光彩夺目、富丽堂皇。琉璃制品色彩多样，晶莹剔透，有金黄、翠绿、宝蓝等色，耐久性好。但由于成本较高，故多用于仿古建筑及纪念性建筑和古典园林中的亭台楼阁。

本章小结

随着现代建筑发展的要求，建筑玻璃和陶瓷正朝着多功能方向发展，玻璃除用作一般采光材料外，经过加工还具有可控制光线、隔热、隔声、节能等功能。建筑陶瓷耐久、色彩鲜艳、耐水、耐磨，常用于建筑墙面、地面等。本章主要介绍常用的几种建筑玻璃和建筑陶瓷。

思考与练习

一、填空题

1. 玻璃是以_____、_____、_____和_____等为主要原料，在高温下熔融成液态，经拉制或压制而成的非结晶体透明状的无机材料。

2. 平板玻璃按成型方法不同，可分为_____和_____两种。

3. 普通平板玻璃采用_____和_____成型。

4. _____是用机械喷砂、手工研磨或使用氢氟酸溶蚀等方法将普通平板玻璃表面处理为均匀毛面而得。

5. _____是在平板玻璃中嵌入金属丝或金属网的玻璃。

6. _____是采用瓷土压制成坯，干燥后上釉焙烧而成。

7. 墙地砖分为_____和_____两种。

二、判断题

1. 磨砂玻璃的光学成像质量及平整度、平行度均优于普通平板玻璃，但强度稍低于普通平板玻璃。 （ ）

2. 钢化玻璃的抗弯强度比普通玻璃大 5～6 倍，抗弯强度可达 125 MPa 以上，韧性提高约 5 倍，弹性好。 （ ）

3. 釉面砖是以优质陶土为原料，再加入其他材料配成生料，经半干压成型后于 1 100 ℃左右焙烧而成。 （ ）

三、选择题

1. （ ）是以石英砂、纯碱、长石与石灰石等为原材料，在 1 550 ℃～1 600 ℃高温下熔融成玻璃液，再经不同方法成型及退火处理而成。
   A. 平板玻璃 　　 B. 节能玻璃 　　 C. 安全玻璃 　　 D. 装饰玻璃

2. （ ）适用于公共建筑的内外墙面、门窗装饰及对采光有特殊要求的部位。
   A. 窗用平板玻璃 　 B. 磨砂玻璃 　　 C. 彩绘玻璃 　　 D. 彩色玻璃

3.（　　）是由两片或多片平板玻璃之间嵌夹透明塑料薄衬片，经加热、加压、黏合而成的平面或曲面的复合玻璃制品。

  A. 钢化玻璃   B. 夹丝玻璃   C. 夹层玻璃   D. 彩绘玻璃

四、简答题

1. 安全玻璃的主要功能是什么？常用的品种有哪几类？

2. 钢化玻璃有哪些特点？其主要应用有哪些？

3. 节能玻璃的特点有哪些？常用的节能玻璃有哪些？

4. 装饰玻璃包括哪几类？

5. 釉面砖的特点有哪些？其适用于哪些场所？

第十一章 绝热材料和吸声材料

1. 了解绝热材料的作用及工作原理；熟悉影响材料导热性的主要因素；掌握建筑上常用的无机绝热材料和有机绝热材料。

2. 了解材料的吸声性；熟悉影响材料吸声性的因素；掌握建筑工程中常用的吸声材料和隔声材料。

能根据技术性能指标正确选择建筑绝热材料和吸声材料。

第一节 绝热材料

在建筑学中，将用于控制室内热量外流的材料称为保温材料；将阻止室外热量进入室内的材料称为隔热材料；保温、隔热材料统称为绝热材料。建筑物选择合适的绝热材料，既可以保证室内有适宜的温度，为人们构筑一个温暖、舒适的环境，从而提高人们的生活质量，又可以减少建筑物的采暖和空调能耗而节约能源。据统计，具有良好绝热功能的建筑，其能源可节省 25%～50%。因此，在建筑工程中，合理选择和使用绝热材料具有重要意义。

一、绝热材料的作用及工作原理

1. 绝热材料的作用

(1)提高建筑物的使用效能，更好地满足使用要求。

(2)减小外墙厚度，减轻屋面体系的自重及整个建筑物的质量。同时，也节约了材料，减少了运输和安装施工的费用，使建筑造价降低。

(3)在采暖及装有空调的建筑及冷库等特殊建筑中，采用适当的绝热材料可减少能量损失，节约能源。

2. 绝热材料的工作原理

传热的基本形式有热传导、热对流和热辐射三种。通常情况下，三种传热方式是共存的，但因保温隔热性能良好的材料是多孔且封闭的，虽然在材料的孔隙内有空气，起着对流和辐射作用，但与热传导相比，热对流和热辐射所占的比例很小，故在热工计算时通常不予考虑，而主要考虑热传导和导热系数的大小，导热系数越小，保温隔热效果就越好。

二、影响材料导热性的主要因素

1. 材料的性质

不同的材料导热系数是不同的，导热系数值以金属最大，非金属次之，液体较小，气体最小。对于同一种材料，内部结构不同，导热系数也不同，一般以结晶结构最大，微晶体结构次之，玻璃体结构最小。

2. 表观密度与孔隙特征

由于材料中固体物质的导热能力比空气要大得多，故表观密度小的材料，因其孔隙率大，导热系数就小，即导热系数随孔隙率的增大而减小。对于松散纤维状材料，当表观密度低于某一极限时，导热系数反而会增大，这是由于孔隙增大而且互相连通的孔隙大大增多，而使对流作用加强的结果。

3. 温度与湿度

材料的导热系数随温度的升高而增大，因为温度升高时，材料固体分子的热运动会增强，但这种影响在温度 0 ℃～50 ℃时并不明显，只有对处于高温或负温下的材料才考虑温度的影响。

材料吸湿受潮后，其导热系数增大，在多孔材料中最为明显。这是由于受潮后材料的孔隙中有了水分，而水的导热系数 $\lambda=0.58$ W/(m·K)比空气的导热系数 $\lambda=0.029$ W/(m·K)大 20 倍左右。如孔隙中的水结成冰，冰的导热系数 $\lambda=2.33$ W/(m·K)，则导热率会更大。因此，绝热材料在应用时，必须注意防水避潮。

4. 热流方向

对于各向异性的材料，尤其是纤维质的材料，当热流的方向平行于纤维延伸方向时，所受的阻力最小；而当热流方法垂直于纤维延伸方法时，热流受到的阻力最大。

在上述因素中，表观密度和湿度的影响最大。

三、建筑上常用的绝热保温材料

按照材料的化学成分，绝热材料可以分为有机和无机两大类；按照材料的构造，绝热材料可以分为纤维桩、松散颗粒状、多孔组织材料等。

(一)无机绝热材料

1. 纤维状无机绝热材料

(1)玻璃棉。玻璃棉是使用玻璃原料或碎玻璃经熔融后制成的一种纤维状材料，其纤维直径约为 20 μm，堆积密度为 10～120 kg/m³，导热系数 λ 为 0.035～0.041 W/(m·K)，最高使用温度为 350 ℃(采用有碱玻璃)、600 ℃(采用无碱玻璃)。玻璃棉除可用作围护结构及管道绝热外，还可用于低温保冷工程。

(2)矿物绵。岩棉和矿渣棉统称为矿物棉，岩棉是以天然岩石为原料制成的，矿渣棉是以冶金炉渣为原料制成的。其堆积密度为 45～150 kg/m³，导热系数 λ 为0.044～0.049 W/(m·K)，最高使用温度为 600 ℃。这两种矿物棉的产品形态均为絮状物或细粒，其特点是允许使用温度高、吸水性大、弹性小。矿物棉一般作为填充材料使用，根据需要，可制成各种规格的毡、板、管壳等制品。

2. 无机散粒状绝热材料

(1)膨胀蛭石及其制品。蛭石是一种复杂的铝硅酸盐矿物，由云母类矿物经风化而成，具有层状结构。将天然蛭石经破碎、预热后快速通过煅烧带可使蛭石膨胀 20～30 倍，煅烧后的膨胀蛭石表观密度可降至 80～900 kg/m^3，导热系数 $\lambda = 0.046～0.070$ W/(m·K)，最高使用温度为 1 100 ℃。

膨胀蛭石除可直接用于填充材料外，还可与水泥、水玻璃等胶凝材料配制成膨胀蛭石制品，浇制成板，用于墙、楼板和屋面板等构件的绝热。其水泥制品通常用 10％～15％体积的水泥，85％～90％的膨胀蛭石，用适量水拌和、成型、养护而成。

(2)膨胀珍珠岩及其制品。膨胀珍珠岩是天然珍珠岩煅烧而成，呈蜂窝泡沫状的白色或灰白色颗粒，是一种高效能的绝热材料。其最高使用温度为 800 ℃，最低使用温度为 −200 ℃。膨胀珍珠岩除可用作填充材料外，还可与水泥、水玻璃、磷酸盐、沥青等经拌和、成型、养护后，制成具有一定形状的板、块、管壳等膨胀珍珠岩绝热制品。

3. 多孔状绝热材料

(1)泡沫玻璃。泡沫玻璃是在碎玻璃中加入 1％～2％发泡剂(石灰石或碳化钙)、改性添加剂和发泡促进剂等，经过一系列加工工序制成的无机非金属玻璃材料，它是由大量直径为 0.1～5 mm 的封闭气泡结构组成的。其表观密度为 150～600 kg/m^3，导热系数为 0.058～0.128 W/(m·K)，抗压强度为 0.8～15 MPa，最高使用温度为 300 ℃～400 ℃(无碱玻璃生产时，最高温度为 800 ℃～1 000 ℃)。

它的特性主要有导热系数小、抗压强度高、防水防火、防蛀、防老化、绝缘、防磁波、防静电、无毒、耐腐蚀、抗冻性好、耐久性好、易于进行机械加工、与各类泥浆黏结性好、性能稳定，并且对水分、水蒸气和其他气体具有不渗透性，是较为高级的保温材料，还可以根据不同使用要求，通过变更生产技术参数来调整产品性能，以此来满足多种绝热需求。

泡沫玻璃作为绝热材料主要用于寒冷地区低层的建筑物墙体、地板、吊顶及屋顶保温，也可用于各种需要隔声、隔热的设备上，在河渠、护栏等的防蛀防漏工程上甚至还可以起到家庭清洁和保健功效，比传统的隔热材料性质优良。

(2)微孔硅酸钙制品。微孔硅酸钙制品由粉状二氧化硅(硅藻土)、石灰等材料经配料、搅拌、成型、蒸压和干燥处理等工序制成，多用于围护结构及管道保温，效果比水泥膨胀珍珠岩和水泥膨胀蛭石好很多。

(3)泡沫混凝土。泡沫混凝土是由水泥、水、松香泡沫剂混合，经一系列加工处理而形成的，其特性为多孔、轻质、保温、吸声，其表观密度为 300～500 kgm^3，导热系数为 0.082～0.186 W/(m·K)，也可以用煤粉灰、石灰、石膏和泡沫剂制成粉煤灰泡沫混凝土。

(4)加气混凝土。加气混凝土的组成材料主要有水泥、石灰、粉煤灰、发气剂(铝粉)，是一种保温隔热性能良好的轻质材料，其表观密度小，导热系数小，24 cm 厚的加气混凝土墙体的隔热效果好于 37 cm 厚的砖墙。加气混凝土还具有良好的耐火性能。

(5)硅藻土。硅藻土是由水生硅藻类生物的残骸堆积而成，具有良好的绝热性能，多用作填充料。

(二)有机绝热材料

1. 泡沫塑料

泡沫塑料是以各种树脂为基料，加入一定剂量的发泡剂、催化剂和稳定剂等辅助材料经加热发泡而制成的一种轻质保温材料。常用品种有聚氨酯泡沫塑料、聚苯乙烯泡沫塑料、聚氯乙烯泡沫塑料及酚醛泡沫塑料等。

(1)聚氨酯泡沫塑料是以聚醚树脂或聚酯树脂与甲苯二异氰酸酯经发泡制成的。其表观密度为 $30\sim65$ kg/m³，导热系数为 $0.035\sim0.042$ W/(m·K)，最高使用温度为 120 ℃。

(2)聚苯乙烯泡沫塑料含有大量微细封闭气孔，孔隙率可达 98%，其表观密度为 $20\sim50$ kg/m³，导热系数为 $0.038\sim0.047$ W/(m·K)，最高使用温度为 70 ℃。

(3)聚氯乙烯泡沫塑料是由聚氯乙烯为原料，采用发泡剂分解法、溶剂分解法或砌体混入法制成的。其表观密度为 $12\sim72$ kg/m³，导热系数为 $0.031\sim0.045$ W/(m·K)，最高使用温度为 70 ℃。

2. 软木板

软木板是以栓树的外皮或黄菠萝树皮为原料，经碾碎后热压而成的。其表观密度为 $105\sim437$ kg/m³，由于软木中含有大量微小的封闭气孔并含有大量的树脂，所以其导热系数较小，为 $0.044\sim0.079$ W/(m·K)，最高使用温度为 130 ℃。由软木加工制成的碳化软木板，常用于冷藏库的低温保冷。

3. 蜂窝板

蜂窝板是以较薄的面板贴在蜂窝状芯材的两侧制成。芯材通常是用铝片、牛皮纸、玻纤布等制成。面板是用牛皮纸、玻纤布、胶合板、纤维板、石膏板等制成。蜂窝板的特点是质量轻、强度高、导热系数小。根据所用材料的不同，蜂窝板可分为结构用板材和非结构用板材两类。当其芯材采用泡沫塑料等材料时，其绝热效果最佳。

4. 木丝板

木丝板是以木材下脚料经机械加工制成均匀木丝，加入水玻璃溶液与普通硅酸盐水泥混合，经成型、冷压、干燥、养护而制成。木丝板多用作顶棚、隔墙板或护墙板。其表观密度为 $300\sim600$ kg/m³，导热系数为 $0.11\sim0.26$ W/(m·K)。

第二节　吸声材料

目前，我国城市噪声污染日趋严重，噪声污染与空气污染、水污染一起被列为 21 世纪环境污染控制的主要内容。通常，当建筑物室内的声音大于 50 dB，建筑师就应该考虑采取措施。声音大于 120 dB，将危害人体健康。因此，采用隔声材料降低建筑物内的噪声至关重要。目前，人们已经普遍关注住宅、工厂、影剧院等的声学问题，在建筑内合理控制声音可以给人们提供一个安全、舒适的工作、生活、娱乐环境。

一、材料的吸声性

当声波传播到材料表面时，一部分被反射，另一部分穿透材料，其余部分则传递给材料，在材料的空隙中引起空气分子与孔壁的摩擦和黏滞阻力，使相当一部分声能转化为热能而被材料吸收。当声波遇到材料表面时，被材料吸收的声能 E（包括透过材料的那部分声能）与全部入射声能 E_0 之比，称为材料的吸声系数 ∂。吸声系数的计算公式如下：

$$\partial=\frac{E}{E_0}$$

(11-1)

对于一般材料，吸声系数 ∂ 为 0～1。材料的吸声系数越大，吸声效果越好。材料的吸声性能除与声波的入射方向有关外，还与声波的频率有关。同一种材料，对于不同频率的吸声系数不同，通常取 125 Hz、250 Hz、500 Hz、1 000 Hz、2 000 Hz、4 000 Hz 六个频率的吸声系数来表示材料吸声的频率特征。凡六个频率的平均吸声系数大于 0.2 的材料，均称为吸声材料。

吸声材料大多为轻质、疏松、多孔材料，如玻璃棉、矿物棉、石膏板、纤维板、泡沫塑料等。在音乐厅、影剧院、播音室等内部的墙面、地面、顶棚等部位，应适当采用吸声材料，以改善声波在室内的传播质量，保证良好的音响效果。

二、影响材料吸声性能的因素

任何材料都有一定的吸声能力，只是吸声能力的大小不同而已。材料的吸声性与材料的表观密度、孔隙特征、设置位置及厚度均有关。

一般来讲，坚硬、光滑、结构紧密和质量重的材料吸声能力差，而具有互相贯穿内外微孔的多孔材料吸声性能好，如矿渣棉、植物纤维、泡沫塑料、木丝板等。由于吸声机理是声波深入材料的孔隙，且孔隙多为内部互相连通的开口微孔，受到空气分子摩擦和阻力，细小的纤维做机械振动使声能变为热能。因此，吸声材料（结构）都具有粗糙及多孔的特性。吸声材料可分为纤维状、颗粒状和多孔状等种类。

为了改善声波在室内传播的质量，保证良好的音响效果和减少噪声的危害。

除采用多孔吸声材料吸声外，还可将材料组成不同的吸声结构，以达到更好的吸声效果。常用的吸声结构形式有薄板共振吸声结构和穿孔板吸声结构。薄板共振吸声结构是采用薄板钉牢在靠墙的木龙骨上，薄板与板后的空气层构成了板共振吸声结构；穿孔板吸声结构是用穿孔的胶合板、纤维板、金属板或石膏等为结构主体，与板后的墙面之间的空气层构成吸声结构。该结构吸声的频带较宽，对中频的吸声能力最强。

三、建筑工程中常用的吸声材料

1. 矿棉装饰吸声板

矿棉装饰吸声板是以矿渣棉、岩棉或玻璃棉为基料，加入适量的胶黏剂、防潮剂、防腐剂后，经过加压和烘干制成的板状材料。该吸声板具有质轻、不燃、保温、施工方便和吸声效果好等优点，多用于吊顶及墙面。

2. 膨胀珍珠岩装饰吸声材料

膨胀珍珠岩装饰吸声材料是以膨胀珍珠岩为集料配合适量的胶黏剂，并加入其他辅料制成的板块材料。按所用的胶黏剂及辅料不同，其可分为水玻璃珍珠岩板、石膏珍珠岩板、水泥珍珠岩板、沥青珍珠岩板和磷酸盐珍珠岩板等。膨胀珍珠岩板具有质轻、不燃、吸声、施工方便等优点，多用于墙面或顶棚装饰与吸声工程。

膨胀珍珠岩吸声砖以适当粒径的膨胀珍珠岩为集料，加入胶黏剂，按一定配比，经搅拌、成型、干燥、烧结或养护而成。该砖材吸声、隔热、可锯可钉、施工方便，常用于墙面或顶棚的装饰与吸声工程。

3. 泡沫塑料

泡沫塑料有聚苯乙烯泡沫塑料、聚氯乙烯泡沫塑料、聚氨酯泡沫塑料和脲醛泡沫塑料、等多种。泡沫塑料的孔型以封闭为主，所以吸声性能不够稳定，软质泡沫塑料具有一定程度的弹性，可导致声波衰减，常作为柔性吸声材料。

4. 钙塑泡沫装饰吸声板

钙塑泡沫装饰吸声板是以聚乙烯树脂和无机填料，经混炼模压、发泡、成型制成的。该板一般规格为 500 mm×500 mm×6 mm，有多种颜色，可制成凹凸图案、打孔图案。钙塑泡沫装饰吸声板具有质轻、耐水、吸声、隔热、施工方便等优点，常用于吊顶和内墙面。

5. 穿孔板和吸声薄板

将铝合金或不锈钢板穿孔加工制成金属穿孔吸声装饰板。由于其强度高，故可制得较大穿孔率的微孔板，需衬多孔材料使用。金属穿孔吸声装饰板主要有饰面作用。吸声薄板有胶合板、石膏板、石棉水泥板和硬质纤维板等。通常是将它们的四周固定在龙骨上，背后由适当的空气层形成的空腔组成共振吸声结构。若在其空腔内填入多孔材料，可在很宽的频率范围内提高吸声系数。

6. 槽木吸声板

槽木吸声板是一种在密度板的正面开槽、背面穿孔的狭缝共振吸声材料。其由芯材、饰面、吸声薄毡组成，具有出色的降噪吸声性能，对中、高频吸声效果效果尤佳，常用于歌剧院、影院、录音室、录音棚、播音室、电视台、会议室、演播厅和高级别墅等对声学要求较严格的场所。

7. 铝纤维吸声板

铝纤维吸声板具有质轻、厚度小、强度高、弯折不易破裂、能经受气流和水流的冲刷、耐水、耐热、耐冻、耐腐蚀和耐候性能优异的特点，是露天环境使用的理想吸声材料。其加工性能良好，可制成多种形状的吸声体。铝纤维吸声板材质是全纯铝金属制造，不含胶黏剂，是一种可循环利用的吸声材料，对电磁波也具有良好的屏蔽作用。

8. 木丝吸声板

木丝吸声板是以白杨木纤维为原料，结合独特的无机硬水泥胶黏剂，采用连续操作工艺，在高温、高压条件下制成的。其抗菌防潮、结构结实，富有弹性，抗冲击，节能保温，经济耐用，使用寿命长。

四、隔声材料

建筑上将主要起到隔绝声音作用的材料称为隔声材料。隔声材料主要用于外墙、门窗、隔墙、隔断、地面等。

隔声可分为隔绝空气声(通过空气传播的声音)和隔绝固体声(通过撞击或振动传播的声音)。两者的隔声原理截然不同。

(1)对隔绝空气声，主要服从质量定律，即材料的体积密度越大，隔声性能越好，因此，应选用密实的材料作为隔声材料，如砖、混凝土、钢板等。如采用轻质材料时，需辅以多孔吸声材料或采用夹层结构。

(2)对隔绝固体声，主要采用具有一定柔性、弹性或弹塑性的材料。利用它们能够产生一定的变形来减小撞击声，并在构造上使之成为不连续结构。如在墙壁和承重梁之间、墙壁和楼板之间加设弹性垫层，或在楼板上铺设弹性面层。常用的弹性垫层材料有橡胶、毛毡、地毯等。

固体声的隔绝主要是吸收，这和吸声材料的原理是一致的。而空气声的隔绝主要是反射，隔声原理与材料的吸声原理不同。隔空气声材料的表面比较坚硬密实，对于入射其上的声波具有较强的反射，使投射的声波大大减少，从而起到隔声作用。而吸声材料的表面一般是多孔松软的，对射入其上的声波具有较强的吸收和投射，使反射的声波大大减少。这是吸声材料和隔声材料的主要区别，因此，吸声效果好的多孔材料的隔声效果也一定好。

➤ 本章小结

建筑绝热保温和吸声隔声是节约能源、降低环境污染、提高建筑物使用功能非常重要的措施。随着人民生活水平的逐步提高，人们对建筑物质量的要求越来越高，建筑用途的扩展，使人们对其功能方面的要求也越来越高，因此，建筑绝热材料与吸声材料的地位和作用也越来越受到人们的重视。本章主要介绍建筑中常用的绝热材料和吸声材料。

➤ 思考与练习

一、填空题

1. 将用于控制室内热量外流的材料称为_____。
2. 将阻止室外热量进入室内的材料称为_____。
3. _____是使用玻璃原料或碎玻璃经熔融后制成的一种纤维状材料。
4. 隔声可分为_____、_____和_____。

二、简答题

1. 绝热材料的作用有哪些？
2. 影响材料导热性的主要因素有哪些？
3. 纤维状无机绝热材料有哪些？
4. 多孔状绝热材料有哪几类？
5. 影响材料吸声性能的因素有哪些？
6. 建筑工程中常用的吸声材料有哪几类？

第十二章　合成高分子材料

第一节　高分子化合物的基本知识

有机高分子材料是指以有机高分子化合物为主要成分的材料。有机高分子材料分为天然高分子材料和合成高分子材料两大类。木材、天然橡胶、棉织品、沥青等都是天然高分子材料；而现代生活中广泛使用的塑料、橡胶、化学纤维及涂料、胶黏剂等，都是以高分子化合物为基础材料制成的，这些高分子化合物大多数又是由人工合成的，故称为合成高分子材料。

高分子化合物（也称聚合物）是由千万个原子彼此以共价键连接的大分子化合物，其分子量一般在 10^4 以上。虽然高分子化合物的分子量很大，但其化学组成都比较简单，一个大分子往往是由许多相同的、简单的结构单元通过共价键连接而成。

合成高分子化合物是由不饱和的低分子化合物（称为单体）聚合或含两个及两个以上官能团的分子之间的缩合而成的。其反应类型有加聚反应和缩聚反应。

（1）加聚反应。加聚反应是由许多相同或不同的低分子化合物，在加热或催化剂的作用下，相互加合成高聚物而不析出低分子副产物的反应。其生成物称为加聚物（也称为加聚树脂），加聚物具有与单体类似的组成结构。例如：

$$nCH_2{=}CH_2 \longrightarrow \left[CH_2{-}CH_2\right]_n \tag{12-1}$$

其中，n 代表单体的数目，称为聚合度。n 值越大，聚合物分子量越大。

工程中常见的加聚物有聚乙烯、聚氯乙烯、聚丙烯、聚苯乙烯、聚甲基丙烯酸甲酯、聚四氟乙烯等。

（2）缩聚反应。缩聚反应是由许多相同或不同的低分子化合物，在加热或催化剂的作用下，相互结合成高聚物并析出水、氨、醇等低分子副产物的反应。其生成物称为缩聚物（也称缩合树脂）。缩聚物的组成与单体完全不同。例如，苯酚和甲醛两种单体经缩聚反应得到酚醛树脂。

$$nC_6H_5OH + nCH_2O \longrightarrow \left[C_6H_3CH_2OH \right]_n + nH_2O \tag{12-2}$$

工程中常用的缩聚物有酚醛树脂、脲醛树脂、环氧树脂、聚酯树脂、三聚氰胺甲醛树脂及有机硅树脂等。

一、高分子化合物的分类

高分子化合物的分类方法很多，常见的有以下几种：

(1)按分子链的几何形状。高分子化合物按其链节（碳原子之间的结合形式）在空间排列的几何形状，可分为线型结构、支链型结构和体型结构（或称网状型结构）三种。

(2)按合成方法。按合成高分子化合物的制备方法分为加聚树脂和缩合树脂两类。

(3)按受热时的性质。高分子化合物按其在热作用下所表现出来的性质的不同，可分为热塑性聚合物和热固性聚合物两种。

1)热塑性聚合物。热塑性聚合物一般为线型或支链型结构，在加热时分子活动能力增加，可以软化到具有一定的流动性或可塑性，在压力作用下可加工成各种形状的制品。冷却后分子重新"冻结"，成为一定形状的制品。这一过程可以反复进行，即热塑性聚合物制成的制品可重复利用、反复加工。这类聚合物的密度、熔点都较低，耐热性较低，刚度较小，抗冲击韧性较好。

2)热固性聚合物。热固性聚合物在成型前分子量较低，且为线型或支链型结构，具有可溶、可熔性，在成型时因受热或在催化剂、固化剂作用下，分子发生交联成为体型结构而固化。这一过程是不可逆的，并成为不溶不熔的物质，因而，固化后的热固性聚合物不能重新再加工。这类聚合物的密度、熔点都较高，耐热性较高，刚度较大，质地硬而脆。

二、高分子化合物的主要性质

1. 物理力学性质

高分子化合物的密度小，导热性很小，是很好的轻质保温隔热材料。它的电绝缘性好，是极好的绝缘材料；比强度（材料强度与表观密度的比值）高，是极好的轻质高强材料。

高分子化合物的减震、消声性好，一般可制成隔热、隔声和抗震材料。

2. 化学性质

(1)老化。在光、热、大气作用下，高分子化合物的组成和结构发生变化，致使其性质也产生了变化，如失去弹性、出现裂纹、变硬、变脆或变软、发黏失去原有的使用功能等，这种现象称为老化。

目前采用的防老化措施主要有改变聚合物的结构、涂防护层的物理方法和加入各种防老化剂的化学方法。

(2)耐腐蚀性。一般的高分子化合物对侵蚀性化学物质（酸、碱、盐溶液）及蒸汽的作用具有较高的稳定性。但有些聚合物在有机溶液中会溶解或溶胀，使几何形状和尺寸改变，性能恶化，使用时应注意。

(3)可燃性及毒性。聚合物一般属于可燃的材料，但可燃性受其组成和结构的影响有很大差别。如聚苯乙烯遇明火会很快燃烧起来，而聚氯乙烯则有自熄性，离开火焰会自动熄灭。一般液体状态的聚合物几乎全部有不同程度的毒性，而固化后的聚合物多半是无毒的。

第二节　建筑塑料

塑料以合成树脂为主要原料，加入填充剂、增塑剂、稳定剂、润滑剂、着色剂等添加剂，在一定的温度和压力下具有流动性，可塑制成各式制品，且在常温、常压下制品能保持其形状不变。用于建筑工程的塑料通常称为建筑塑料。塑料制品在建筑领域的应用已有40余年的历史，具有传统建筑材料不可比拟的优良性能，其必将更多地取代部分传统的建筑材料。

一、建筑塑料的基本组成

1. 合成树脂

合成树脂是塑料中的基本组分，在单组分塑料中树脂的含量几乎为100%，多组分塑料中树脂的含量占30%～70%。树脂起着胶结其他组分的作用。由于树脂的种类、性质、数量、用量不同，故其物理力学性能、用途及成本也不同。

建筑塑料中常用的合成树脂有聚氯乙烯、聚乙烯、酚醛树脂、环氧树脂等。

2. 填料

填料又称为填充料，可改善和增强塑料的性能（如提高机械强度、硬度或耐热性等），降低塑料的成本。填料可分为有机填料和无机填料两类，在多组分塑料中常加入填料，其掺量为30%～70%，主要是一些化学性质不活泼的粉状、片状或纤维状的固体物质。

在建筑塑料中，按一定配方填料可降低成本，增加制品体积，改善加工性能，提高某些物理性能。几乎所有的填料都能改善塑料的耐热性，但会降低其力学性能，并使加工变得困难。

常用的有机填料有玻璃纤维、云母、木粉、棉布、纸张和木材单片等；无机填料有滑石粉、石墨粉、碳酸钙、陶土粉等。

3. 增塑剂

为增加塑料的柔顺性和可塑性，减小脆性而加入的化合物称为增塑剂。增塑剂为分子量小、高沸点、难挥发的液体或低熔点的固态有机化合物。增塑剂可降低塑料制品的机械性能和耐热性等，所以，在选择增塑剂的种类和加入量时应根据塑料的使用性能来决定。

常用的增塑剂有邻苯二甲酸二丁酯、邻苯二甲酸二辛酯、二苯甲酮、樟脑等。

4. 着色剂

在塑料中加入着色剂后，可使其具有鲜艳的色彩和美丽的光泽。所选用的着色剂应色泽鲜明、分散性好、着色力强、耐热耐晒，在塑料加工过程中稳定性良好，与塑料中的其他组分不起化学反应，同时，应不降低塑料的性能。

常用的着色剂有有机染料、无机染料和颜料，有时也采用能产生荧光或磷光的颜料，如钛白粉、氧化铁红、群青、铬酸铅等。

5. 润滑剂

在塑料加工时，为降低其内摩擦和增加流动性，便于脱模和使制品表面光滑美观，可加入 $0.5\%\sim1.0\%$ 的润滑剂。

常用的润滑剂有高级脂肪酸及其盐类，如硬脂酸钙、硬脂酸镁等。

6. 稳定剂

为防止塑料过早老化，延长塑料的使用寿命，常加入少量稳定剂。塑料在热、光、氧和其他因素的长期作用下，会过早地产生降解、氧化断链、交链等现象，而使塑料性能降低，丧失机械强度，甚至不能继续使用。这种因结构不稳定而使材料变质的现象，称为老化。稳定剂应是耐水、耐油、耐化学侵蚀的物质，能与树脂相溶，并在成型过程中不发生分解。常用的稳定剂有光屏蔽剂(炭黑)、紫外线吸收剂(水杨酸苯酯等)、能量转移剂(含 Ni 或 CO 的络合物)、热稳定剂(硬脂酸铅等)、抗氧剂(酚类化合物，如抗氧剂 2246、CA、330 等)。

7. 固化剂

固化剂又称为硬化剂，是调节和促进固化反应的单一物质或混合物，使合成树脂中的线性分子结构交联成体型分子结构，从而使树脂具有热固性。

固化剂的种类很多，通常随塑料的品种及加工条件不同而异，如环氧树脂常用的固化剂有胺类(乙二胺、间苯二胺)、酸酐类(邻苯二甲酸酐、顺丁烯二酸酐)，热塑性酚醛树脂常用的固化剂为乌洛托品(六亚甲基四胺)。

8. 其他添加剂

为使塑料具有某种特定的性能或满足某种特定的要求而掺入的其他添加剂，如掺入抗静电剂(季铵盐类)，可使塑料安全，不易吸尘；掺入发泡剂(异氰酸酯或某些偶氮化合物)可制得泡沫塑料；掺入阻燃剂(某些卤化物、磷化物)可阻滞塑料制品的燃烧，并使之具有自熄性；掺入香酯类物品，可制得经久发出香味的塑料。

二、建筑塑料的主要性质

建筑塑料与传统建筑材料相比，具有以下优良性能：

(1)表观密度小，比强度大。塑料的表观密度一般为 $0.9\sim2.2$ g/cm^3，约为铝的一半，混凝土的 1/3，钢材的 1/4，铸铁的 1/5，与木材相近。比强度高于混凝土和钢材，有利于减轻建筑物的质量，对高层建筑的意义更大。

(2)加工方便。塑料可塑性强，成型时的温度和压力容易控制，工序简单，设备利用率高，可以采用多种方法模塑成型。采用切削加工，生产成本低，适合大规模机械化生产，可制成各种薄膜、板材、管材、门窗及复杂的中空异型材等。

(3)化学稳定性良好。塑料对酸、碱、盐等化学品的抗腐蚀能力要比金属和无机材料好，在空气中也不会发生锈蚀。在有酸碱腐蚀作业环境的工业建筑中，其门窗、地面及墙体等构件中采用较多，同时，民用建筑的水管材和管件也大量应用。

(4)电绝缘性优良。一般情况下，塑料都是电的不良导体，因此，塑料在建筑行业中被广泛应用于电器线路、控制开关、电缆等方面。

(5)导热性低。塑料的导热系数很小，为金属的 1/600～1/500，其中，泡沫塑料的导热系数最小，是良好的隔热保温材料之一。

(6)富有装饰性。塑料可以制成完全透明状或半透明状，或掺入不同的着色剂制成各种色泽鲜亮的塑料制品，表面还可以进行压花、印花处理。

（7）功能的可设计性。通过改变组成元素和生产工艺，可在相当大的范围内制成具有各种特殊功能的工程材料。如轻质高强的碳纤维复合材料，具有承重、轻质、隔声、保温的复合板材，柔软而富有弹性的密封防水材料等。

除以上优良性能外，塑料还具有减振、吸声、耐磨、耐光等性能。

另外，塑料具有弹性模量小、刚度差、易老化、易燃、变形大和成本高等缺点，但可以通过加入添加剂、改变配方等方法进行改善。

三、常用的建筑塑料及其制品

建筑上常用的塑料可分为热塑性塑料和热固性塑料两大类。

（一）热塑性塑料

热塑性塑料是以热塑性树脂为基本成分的塑料，一般具有链状的线型或支链结构。它在变热软化的状态下能受压进行模塑加工，冷却至软化点以下能保持模具形状。其质轻、耐磨、润滑性好、着色力强；但耐热性差、易变形、易老化。

1. 聚乙烯(PE)塑料

聚乙烯塑料由乙烯单体聚合而成。单体是指能发生聚合反应而生成高分子化合物的简单化合物。单体聚合方法，可分为高压法、中压法和低压法三种。随聚合方法的不同，产品的结晶度和密度也不同。高压聚乙烯的结晶度低，密度小；低压聚乙烯的结晶度高，密度大。结晶度和密度的增加，使聚乙烯的硬度、软化点、强度等随之增加，而冲击韧性和伸长率则下降。

聚乙烯塑料具有较高的化学稳定性和耐水性，强度虽不高，但低温柔韧性大。若掺加适量炭黑，可提高聚乙烯的抗老化性能。

2. 聚氯乙烯(PVC)塑料

目前，聚氯乙烯的年产量仅次于聚乙烯。聚氯乙烯的单体为氯乙烯，它由乙炔和氯化氢加成生成。其优点是转化率高，设备简单；其缺点是耗电高、成本大。

聚氯乙烯是多组分塑料，加入30%～50%增塑剂时形成软质聚氯乙烯制品，若加入了稳定剂和外润滑剂则形成硬质聚氯乙烯。硬质聚氯乙烯的力学强度较大，有良好的耐老化和抗腐蚀性能，但使用温度较低。软质聚氯乙烯质地柔软，它的性能由加入增塑剂的品种、数量及其他助剂的情况所决定。

改性的氯化聚氯乙烯(CPVC)，其性能与聚氯乙烯相近，但耐热性、耐老化、耐腐蚀性有所提高。另外，氯乙烯还能分别与乙烯、丙烯、丁二烯、醋酸乙烯进行共聚改性，特别是引入醋酸乙烯，使聚氯乙烯塑性加大，改善了其加工性能，并减少了增塑剂的用量。

软质聚氯乙烯可挤压或注射成板片、型材、薄膜、管道、地板砖、壁纸等，还可以将聚氯乙烯树脂磨细成粉悬浮在液态增塑剂中，制成低黏度的增翅溶胶，喷塑或涂于金属构件、建筑物表面作为防腐、防渗材料。软质聚氯乙烯制成的密封带，其抗腐蚀能力优于金属止水带。

硬质聚氯乙烯力学强度高，是建筑上常用的塑料建材，它适于制作排水管道、外墙覆面板、天窗、建筑配件等。塑料管道质轻，耐腐蚀，不生锈，不结垢，安装、维修简便。

3. 聚苯乙烯(PS)塑料

聚苯乙烯塑料由苯乙烯单体聚合而成。聚苯乙烯塑料的透光性好，易于着色，化学稳定性高，耐水、耐光，成型加工方便，价格较低。但聚苯乙烯性脆，抗冲击韧性差，耐热性低，易燃，因此，其应用受到一定限制。

4. 聚丙烯(PP)塑料

聚丙烯塑料由丙烯单体聚合而成。聚丙烯塑料的特点是质量轻(密度为 0.90 g/cm^3)，耐热性较高($100 \text{ ℃}\sim120 \text{ ℃}$)，刚性、延性和抗水性均好。它的不足之处是低温脆性较显著，抗大气性差，故适用于室内。近年来，聚丙烯的生产发展较迅速，聚丙烯已与聚乙烯、聚氯乙烯等，共同成为建筑塑料的主要品种。

5. 聚甲基丙烯酸甲酯(PMMA)塑料

聚甲基丙烯酸甲酯俗称有机玻璃，是迄今为止合成透明材料中质地最优异，价格又比较适宜的品种。它由甲基丙烯酸甲酯本体聚合而成，透光率为 $90\%\sim92\%$。高透明度的无定型热塑性聚甲基丙烯酸甲酯，透光率比无机玻璃还高，抗冲击强度是无机玻璃的 $8\sim10$ 倍，紫外线透过率约 73%，使用温度为 $-40 \text{ ℃}\sim80 \text{ ℃}$。

树脂中加入颜料、染料、稳定剂等，能够制成光洁漂亮的制品并用作装饰材料；用定向拉伸改性聚甲基丙烯酸甲酯，其抗冲强度可提高 1.5 倍左右；用玻纤增强聚甲基丙烯酸甲酯，可浇注卫生洁具等。有机玻璃有良好的耐老化性，在热带气候下长期曝晒，其透明度和色泽变化很小，可制作采光天窗、护墙板和广告牌。将聚甲基丙烯酸甲酯水乳液浸渍或涂刷在木材、水泥制品等多孔材料上，可以形成耐水的保护膜。若用甲基丙烯酸甲酯与甲基丙烯酸、甲基丙烯酸丙烯酯等交联共聚，则可以提高聚甲基丙烯酸甲酯产品的耐热性和表面硬度。

(二)热固性塑料

热固性塑料是以热固性树脂为基本成分的塑料，加工成形后成为不溶不熔状态，一般具有网状体形结构，受热后不在软化，强热会分解破坏。热固性塑料耐热性、刚性、稳定性较好。

1. 酚醛树脂(PF)塑料

酚醛树脂由酚和醛在酸性或碱性催化剂作用下缩聚而成。酚醛树脂的黏结强度高，耐光、耐水、耐热、耐腐蚀，电绝缘性好，但性脆。在酚醛树脂中掺加填料、固化剂等，可制成酚醛塑料制品。这种制品表面光洁，坚固耐用，成本低，是最常用的塑料品种之一。

2. 环氧树脂(EP)塑料

凡分子结构中含有环氧基团的高分子化合物统称为环氧树脂。固化后的环氧树脂具有良好的物理化学性能，它对金属和非金属材料的表面具有优异的黏结强度，介电性能良好，制品尺寸稳定性好，硬度高，柔韧性较好，对碱及大部分溶剂稳定，因而，其被广泛应用于国防、国民经济各部门，用作浇筑、浸渍、层压料，胶黏剂，涂料等。

3. 聚氨酯(PU)塑料

大分子链上含有 NH—CO 链的高聚物，称为聚氨基甲酸酯，简称聚氨酯。由二异氰酸酯与二元醇可制得线型结构的聚氨酯，而由二元或多元异氰酸酯与多元醇则制得体型结构的聚氨酯，若用含游离羟基的低分子量聚醚或聚酯与二异氰酸酯反应则制得聚醚型或聚酯型聚氨酯。

线型聚氨酯一般是高熔点结晶聚合物，体型聚氨酯的分子结构较复杂。工业上线型聚氨酯多用于热塑性弹性体和合成纤维，体型聚氨酯广泛用于泡沫塑料、涂料、胶黏剂和橡胶制品等。聚氨酯橡胶具有很好的耐磨性、耐臭氧、防紫外线和耐油的特性。聚氨酯大量用于装饰、防渗漏、隔离、保温等，广泛用于油田、冷冻、化工、水利等。

4. 聚酯树脂(UP)塑料

聚酯树脂是不饱和聚酯胶黏剂的简称。不饱和聚酯胶黏剂主要由不饱和聚酯树脂、引发剂、促进剂、填料、触变剂等组成。其优点是胶黏剂黏度小、易润湿、工艺性好，固好后的胶层硬度大，透明性好，光亮度高，可室温加压快速固化，耐热性较好，电性能优良。其缺点是收缩率大、黏结强度不高，耐化学介质性和耐水性较差。作为非结构胶黏剂，其主要用于胶黏玻璃钢、硬质塑料、混凝土、电气罐封等。

5. 有机硅树脂(OR)塑料

有机硅树脂由一种或多种有机硅单体水解而成。有机硅树脂耐热、耐寒、耐水、耐化学腐蚀，但机械性能不佳、黏结力不高。用酚醛、环氧、聚酯等合成树脂或用玻璃纤维、石棉等增强，可提高其机械性能和黏结力。

6. 玻璃纤维增强(GRP)塑料

玻璃纤维增强塑料俗称为玻璃钢，是由合成树脂胶结玻璃纤维或玻璃纤维布(带、束等)而成的。玻璃纤维增强塑料在性能上的主要优点是轻质高强、耐腐蚀；其主要缺点是弹性模量小，变形较大。其在土木工程中主要用于结构加固、防腐和管道等。

第三节　建筑涂料

一、涂料的组成

涂料是指涂覆于物体表面，与基体材料很好地黏结并形成完整而坚韧保护膜的物质。由于在物体表面结成干膜，故又称涂膜或涂层。用于建筑物的装饰和保护的涂料称为建筑涂料。

涂料由多种不同物质经混合、溶解、分散而组成，不同的涂料其具体组成成分也各不相同，但按所起的作用，可分为主要成膜物质、次要成膜物质、辅助成膜物质三部分。

(1)主要成膜物质。主要成膜物质是涂料的基础物质，也称涂料基料或漆料。它的作用是将涂料中的其他组分黏结在一起，并能牢固地附着在基层表面，形成保护膜。同时，它具有独立成膜的能力。一般作为主要成膜物质的是油料和树脂两大类。采用油料作为主要成膜物质的叫作油性漆，采用树脂作为主要成膜物质的叫作树脂漆，采用油料和一些天然树脂作为主要成膜物质的叫作油基漆。

涂料的主要成膜物质多属于高分子化合物或成膜时能形成高分子化合物的物质。前者如天然树脂(虫胶、大漆等)、人造树脂(松香甘油酯、硝化纤维)和合成树脂(醇酸树脂、聚丙烯酸酯、环氧树脂、聚氨酯、氯磺化聚乙烯、聚乙烯醇系缩聚物、聚醋酸乙烯及其共聚物等)；后者如某些植物油料(桐油、梓油、亚麻仁油等)及硅溶胶。

(2)次要成膜物质。次要成膜物质是指涂料中的各种颜料。颜料本身不具备成膜能力，但它可以依靠主要成膜物质的黏结而成为涂膜的组成部分，起着使涂膜着色、增加涂膜质感、改善涂膜性质、增加涂料品种、降低涂料成本的作用。

颜料的品种很多，按其化学组成成分的不同，分为无机和有机颜料；按其来源的不同，分为天然与人造颜料；按照不同种类在颜料的涂料中的作用不同，可将颜料划分为着色颜料、体质颜料和防锈颜料。

(3)辅助成膜物质。辅助成膜物质不能单独构成涂膜，但对于涂料的生产、涂饰施工，及涂膜形成过程有重要影响。涂料中的辅助成膜物质有两类：一类是分散介质；另一类是助剂。

1)分散介质(稀释剂)。涂料在施工时的形态一般是具有一定稠度、黏性和流动性的液体。所以，涂料中必须含有较大数量的分散介质。这些分散介质也叫作稀释剂，在涂料的生产过程中，往往是溶解、分散、乳化主要成膜物质或次要成膜物质的原料；在涂饰施工中，使涂料具有一定的稠度和流动性，还可以增强成膜物质向基层渗透的能力。在涂膜的形成过程中，分散介质中少部分将被基层吸收，大部分将逸入大气，不保留在涂膜之内。

2)助剂。助剂是指为改善涂料的性能、提高涂膜的质量而加入的辅助材料。它们的加入量很少，但种类很多，对改善涂料性能的作用显著。涂料中常用的助剂有催干剂、增塑剂、固化剂、流变剂、分散剂、增稠剂、消泡剂、防冻剂、紫外线吸收剂、抗氧化剂、防老化剂等。

这类助剂可以吸收阳光中的紫外线、抑制、延缓有机高分子化合物的降解、氧化破坏过程，提高涂膜的保光性、保色性和抗老化性能，延长涂膜的使用年限。

二、涂料的作用

(1)保护作用。涂料具有防腐、防水、防油、耐化学品、耐光、耐温等作用。物件暴露在大气之中，受到氧气、水分等的侵蚀，造成金属锈蚀、木材腐朽、水泥风化等破坏现象。由于涂料在物体表面上固化成膜后可形成一层坚韧、耐磨、附着力强的涂膜，能够阻止或延迟这些破坏现象的发生和发展，使各种材料的使用寿命延长。所以，保护作用是涂料的一个主要功能。

(2)标志作用。由于涂料可以使物体表面变成不同颜色，而各种不同颜色又给人们的心理带来不同的感觉，因此，人们往往采用不同颜色为标记，将涂料涂装在各种器材或物品的表面上以示区别。

(3)装饰作用。最早的油漆主要用于装饰，且常与艺术品相联系。现代涂料更是将这种作用发挥得淋漓尽致。

(4)改善建筑的使用功能。建筑涂料能提高室内的高度，起到吸声和隔热的作用；一些特殊用途的涂料还能使用建筑具有防火、防水、防霉、防静电等功能。

三、涂料的分类

涂料的种类很多，分类方法也多样。一般可按建筑涂料的用途、涂料主要成膜物质的化学成分、建筑物的使用部位等进行分类。

(1)按涂料的用途分类。建筑装饰涂料按其用途可分为墙面涂料、防水涂料、地坪涂料及功能性建筑涂料四种。

(2)按主要成膜物质的化学成分分类。建筑涂料按其主要成膜物质的化学成分分为有机涂料、无机涂料。

(3)按使用部位分类。建筑涂料可以在建筑物的不同部位使用，据此可分为外墙涂料、内墙涂料、顶棚涂料、地面涂料和屋面防水涂料等。

四、常用的建筑涂料

1. 外墙涂料

外墙涂料的主要功能是装饰美化建筑物，使建筑物与周围环境达到完美和谐，同时保护建筑物外墙免受大气环境的侵蚀，延长其使用寿命。由于外墙直接与环境的各种介质相接触，因此要求外墙涂料有更好的保色性、耐水性、耐沾污性和耐候性，而且建筑物外墙面积大，也要求外墙涂料施工操作简便。外墙涂料的种类有合成树脂乳液外墙涂料、溶剂型外墙涂料、乳液型外墙涂料等。

(1)合成树脂乳液外墙涂料。合成树脂乳液外墙涂料是以合成树脂乳液为基料，与颜料、体质颜料(底漆可不添加颜料或体质颜料)及各种助剂配制而成的，施涂后能形成表面平整的薄质涂层的外墙涂料，包括底漆、中涂漆和面漆。它具有以水为分散介质、透气性好、耐候性良好、施工方便等特点。

合成树脂乳液外墙涂料主要用于一般建筑物外墙饰面，但其在太低的温度下不能形成良好的涂膜，所以必须在 10 ℃以上施工才能保证质量，故而在冬季不宜应用。

(2)溶剂型外墙涂料。溶剂型外墙涂料是以合成树脂溶液为主要成膜物质，以有机溶剂为稀释剂，加入适量的颜料、填料及助剂，经混合溶解、研磨后配制而成的一种挥发性涂料。它具有较好的硬度、光泽、耐水性、耐碱性及良好的耐候性、耐污染性等。

溶剂型外墙涂料主要用于建筑物的外墙涂饰，但施工时有大量易燃的有机溶剂挥发出来，易污染环境。同时，漆膜的透气性差，又具有疏水性，如在潮湿基层上施工容易产生气泡起皮、膜落现象。因此，国内外这类涂料的用量低于乳液型外墙涂料。

(3)水乳型环氧树脂乳液外墙涂料。水乳型环氧树脂乳液外墙涂料是另一类乳液型涂料。它是由环氧树脂配以适当的乳化剂、增稠剂、水，通过高速机械搅拌分散而成的稳定乳液为主要成膜物质，加入颜料、填料、助剂配制而成的外墙涂料。水乳型环氧树脂乳液外墙涂料的特点是与基层墙面黏结性能优良，不易脱落；装饰效果好；涂层耐老化、耐候性优良；耐久性好；无毒、无味；生产施工较安全。国外已有应用 10 年以上的工程实例，外观仍完好美观。

2. 内墙涂料

内墙涂料可用作顶棚涂料，它具有装饰和保护室内墙面和顶棚的作用。为达到良好的装饰效果，要求内墙涂料应色彩丰富、协调，色调柔和，质地平滑细腻，并具有良好的透气性，耐碱、耐水、耐风化、耐污染等性能。另外，应便于涂刷、容易维修、价格合理等。常用的内墙涂料有合成树脂乳液内墙涂料、水溶性内墙涂料、多彩花纹内墙涂料等。

(1)合成树脂乳液内墙涂料。合成树脂乳液内墙涂料也称为乳胶漆，是以合成树脂乳液为主要成膜物质，加入着色颜料、体质颜料、助剂，经混合、研磨而制得的薄质内墙涂料。其特点主要表现为两个方面：一是以水为分散介质，随着水分的蒸发而干燥成膜，施工时无有机溶剂溢出，因而无毒，可避免施工时发生火灾的危险；二是涂膜透气性好，因而可以避免因涂膜内外温度差而鼓泡，可以在新建的建筑物水泥砂浆及灰泥墙面上涂刷。其适用于内墙涂饰，无结露现象。

(2)水溶性内墙涂料。水溶性内墙涂料是以水溶性化合物为基料，加入一定量的填料、颜料和助剂，经过研磨、分散后而制成的。这种涂料的成膜机理是以开放型颗粒成膜，因此，有一定的透气性，用于室内装饰较好，对基层的湿度要求不高的内墙涂饰。此种涂料不含有机溶剂，安全、无毒、无味、不燃、不污染环境，产品分为Ⅰ类与Ⅱ类两种。Ⅰ类适用于浴室和厨房内墙的涂饰，Ⅱ类适用于一般房间内墙涂饰。

(3)多彩花纹内墙涂料。多彩花纹内墙涂料，又称多彩内墙涂料，是一种较为新颖的内墙涂料。其是由不相混溶的连续相(分散介质)和分散相组成的。其中，分散相有两种或两种以上大小不等的着色粒子，在含有稳定剂的分散介质中均匀悬浮着并呈稳定状态。在涂装时，通过喷涂形成多种色彩花纹图案，干燥后构成多彩花纹涂层。

多彩花纹内墙涂料具有涂层色泽优雅、富有立体感、装饰效果好的特点，涂膜质地较厚，弹性、整体性、耐久性好，耐油、耐水、耐腐、耐洗刷，适用于建筑物内墙到顶棚的水泥混凝土、砂浆、石膏板、木材、钢、铝等多种基面。

3. 地面涂料

地面涂料是用于装饰和保护室内地面，使其清洁美观的涂料。地面涂料应具有良好的黏结性能，以及耐碱、耐水、耐磨及抗冲击等性能。

(1)过氯乙烯水泥地面涂料。过氯乙烯水泥地面涂料是以过氯乙烯树脂为主要成膜物质，将其溶于挥发性溶剂，再加入颜料、填料、增塑剂和稳定剂等附加成分而成的。过氯乙烯水泥地面涂料，施工简便、干燥速度快，具有较好的耐水性、耐磨性、耐候性、耐化学腐蚀性。由于挥发性溶剂易燃、有毒，故在施工时应注意做好防毒、防火工作。这种涂料广泛应用于防化学腐蚀涂装、混凝土建筑。

(2)聚氨酯-丙烯酸酯地面涂料。聚氨酯-丙烯酸酯地面涂料是以聚氨酯-丙烯酸酯树脂溶液为主要成膜物质，以醋酸丁酯等为溶剂，再加入颜料、填料和各种助剂等，经过一定的加工工序制作而成的。聚氨酯-丙烯酸酯地面涂料的耐磨性、耐水性、耐酸碱腐蚀性能好，其表面有瓷砖的光亮感，因而又称为仿瓷地面涂料。这种涂料是双组分涂料，施工时可按规定的比例进行称量，然后搅拌混合，做到随拌随用。

(3)丙烯酸硅地面涂料。丙烯酸硅地面涂料是以丙烯酸酯系树脂和硅树脂进行复合的产物为主要成膜物质，再加入溶剂、颜料、填料和各种助剂等，经过一定的加工工序制作而成的。

丙烯酸硅地面涂料的耐候性、耐水性、耐洗刷性、耐酸碱腐蚀性和耐火性能好，渗透力较强，与水泥砂浆等材料之间的黏结牢固，具有较好的耐磨性。

(4)环氧树脂地面涂料。环氧树脂地面涂料是以环氧树脂为主要成膜物质，加入稀释剂、颜料、填料、增塑剂和固化剂等，经过一定的制作工艺加工而成的。

环氧树脂地面涂料是一种双组分常温固化型涂料，甲组分有清漆和色漆，乙组分是固化剂。其具有无接缝、质地坚实、防腐、防尘、保养方便、维护费用低廉等优点，可根据客户要求施行多种涂装方案，如薄层涂装、1～5 mm厚的自流平地面，防滑耐磨涂装，砂浆型涂装，防静电、防腐蚀涂装等。其产品适用于各种场地，如厂房、机房、仓库、试验室、病房、手术室、车间等。

(5)彩色聚氨酯地面涂料。彩色聚氨酯地面涂料由聚氨酯、颜色填料、助剂调制而成，具有优异的耐酸、耐碱、防水、耐碾轧、防磕碰、不燃等性能，适用于食品厂、制药厂的车间仓库等地面、墙面的涂装。它同时具有无菌、防滑、无接缝、耐腐蚀等特点，可用于医院、电子厂、学校、宾馆等地面、墙面的装饰。

第四节　建筑胶黏剂

一、建筑胶黏剂的组成

胶黏剂(又称黏合剂、黏结剂)是一种能在两个物体表面之间形成薄膜并能将它们紧密地胶结起来的材料。胶黏剂在建筑装饰施工中是不可缺少的配套材料,常用于墙柱面、吊顶、地面工程的装饰黏结。

目前使用的合成胶黏剂,大多数由多种物质组成,主要是胶料、固化剂、填料和稀释剂等。

(1)胶料是胶黏剂的基本组分,它是由一种或几种聚合物配制而成的,对胶黏剂的性能(胶黏强度、耐热性、韧性、耐老化性等)起决定性作用,主要有合成树脂和橡胶。

(2)固化剂可以增加胶层的内聚强度,它的种类和用量直接影响胶黏剂的使用性质和工艺性能,如胶结强度、耐热性、涂胶方式等。固化剂主要分为胺类、高分子类等。

(3)填料的加入可以改善胶黏剂的性能,如提高强度、耐热性等,常用的填料有金属及其氧化物粉末、水泥、玻璃及石棉纤维制品等。

(4)稀释剂用于溶解和调节胶黏剂的黏度,主要有环氧丙烷、丙酮等。为了提高胶黏剂的某些性能,还可加入其他添加剂,如防霉剂、防腐剂等。

二、建筑胶黏剂的分类

建筑胶黏剂的品种繁多,分类方法不尽相同。主要分类如下。

1. 按化学成分分类

(1)无机胶黏剂:有硅酸盐型、磷酸盐型和硼酸盐型等类型,主要用于耐高温金属、陶瓷的胶结。

(2)有机胶黏剂:分天然胶黏剂(如动物的骨胶、植物的淀粉等)和合成胶黏剂(如环氧树脂胶黏剂和聚醋酸乙烯酯胶黏剂等)两种。

2. 按强度分类

(1)结构型胶黏剂:具有较高的黏结强度,至少与被粘物体本身的强度相当;具有较好的耐热性、耐水性、耐油性和耐候性,在苛刻条件下能正常工作,如环氧树脂胶黏剂等。

(2)非结构型胶黏剂:具有一定强度,但不能承受较大的力,仅起定位作用,如聚醋酸乙烯胶黏剂等。

(3)次结构型胶黏剂:又称准结构型胶黏剂,其物理力学性质介于结构型胶黏剂与非结构型胶黏剂之间。

3. 按固化形式分类

(1)溶剂型胶黏剂:其中的溶剂从黏结端面挥发或者被吸收,形成黏结膜而发挥黏合力,如聚苯乙烯胶黏剂、丁苯胶黏剂等。

(2)反应型胶黏剂:其是由不可逆的化学变化引起固化,按照配方及固化条件不同,可分为单组分、双组分、三组分的室温固化型、加热固化型等多种形式,如环氧树脂胶黏剂、聚氨酯胶黏剂等。

（3）热熔型胶黏剂：是以热塑性高聚物为主要成分，由不含水或溶剂的粒状、圆柱状、块状、棒状、带状或线状的固体聚合物通过加热熔融粘合、冷却固化而发挥粘合力，如骨胶、丁基橡胶等。

4. 按外观形态分类

（1）溶液型胶黏剂：主要成分是树脂或橡胶，在适当的有机溶剂中溶解成为黏稠的溶液。

（2）乳液型胶黏剂：属于分散型胶黏剂，树脂在水中分散称为乳液；橡胶的分散体系称为乳胶。

（3）膏糊型胶黏剂：是一种充填型优良的高黏稠的胶黏剂。

（4）粉末型胶黏剂：属于水溶性胶黏剂，使用前先加溶剂（主要是水）调成糊状或液状。

（5）薄膜型胶黏剂：是以纸、布、玻璃纤维织物等为基材，涂敷或吸附胶黏剂后，干燥成薄膜状，通常与底胶配合使用。

（6）固体型胶黏剂：热熔型胶黏剂就属于此类。

5. 按使用功能分类

（1）通用胶：有一定的黏结强度，对一般材料都能进行黏结，如环氧树脂胶黏剂等。

（2）特种胶：是指为满足某种特殊性能和要求而研制出的一种胶黏剂。其品种很多，有高温胶、超低温胶、热熔胶、厌氧胶、光敏胶、应变胶、透明胶、快干胶、导电胶、导磁胶、导热胶、止血胶、织物胶、水下胶、防腐胶、密封胶及点焊胶等。

三、影响胶黏强度的因素

胶黏强度是指单位胶结面积所能承受的最大荷载。影响胶黏强度的因素有很多，主要有胶黏剂本身的性能（如胶黏剂的分子量、分子空间结构、极性、黏度和体积的收缩等）、被粘材料的性质（如被粘材料的组成和被粘材料表面结构等）、黏结工艺和施工环境条件（如黏结的温度、压力、环境湿度、干燥时间、被粘材料表面加工处理及胶层厚度等）等。

四、常用的建筑胶黏剂

建筑上常用的胶黏剂主要有聚醋酸乙烯胶黏剂、聚乙烯醇缩甲醛胶黏剂、丙烯酸酯胶黏剂、聚氨酯胶黏剂、环氧树脂胶黏剂等。

1. 聚醋酸乙烯胶黏剂

聚醋酸乙烯胶黏剂又称为白乳胶，是由醋酸与乙烯合成醋酸乙烯，添加钛白粉（低档的就加轻钙、滑石粉等粉料），再经乳液聚合而成的乳白色黏稠液体。白乳胶可常温较快固化，黏结强度较高，黏结层具有较好的韧性和耐久性且不易老化，无毒，不燃，清洗方便。其广泛用于印刷装订和家具制造，用作纸张、木材、布、皮革、陶瓷等的胶黏剂。

2. 聚乙烯醇缩甲醛胶黏剂

聚乙烯醇缩甲醛胶黏剂，商品名称为108胶，是以聚乙烯醇和甲醛为原料，经缩合反应而制得的一种透明水溶液。108胶具有较高的黏结强度和较好的耐水性、耐老化性，还能与水泥复合使用，可显著提高水泥材料的耐磨性、抗冻性和抗裂性，用作塑料壁纸、墙布、瓷砖等的胶黏剂。

3. 丙烯酸酯胶黏剂

丙烯酸酯胶黏剂是以丙烯酸酯树脂为基体配以合适的溶剂而成的胶黏剂，分为热塑性和热固性两大类。它具有黏结强度高，成膜性好，能在常温下快速固化，抗腐蚀性和抗老化性能优良等特点。其用作木材、纸张、皮革、玻璃、陶瓷、有机玻璃和金属等的胶黏剂。常见的501胶、502胶即属于热固性丙烯酸酯类胶黏剂。

4. 聚烯酯胶黏剂

聚氨酯胶黏剂是以多异氰酸酯和聚氨酯为黏结物质，加入改性材料、填充料和固化剂等而制得的胶黏剂，一般为双组分，具有黏附性好，耐低温性能优异，韧性好，可室温固化等特点。其用作陶瓷、木材、不锈钢、玻璃等的胶黏剂。

5. 环氧树脂胶黏剂

环氧树脂胶黏剂是由环氧树脂、硬化剂、增塑剂、稀释剂和填充料等组成，具有黏结力强、收缩小、吸水率小、耐热性和化学稳定性良好、不易老化等特点，有"万能胶"之称。其用作金属、玻璃、木材、橡胶和混凝土等的胶黏剂。

正确选用胶黏剂，是保证胶结质量的必要条件。在选用胶黏剂时应注意：

(1)根据胶接材料的种类性质，要选用与被粘材料相匹配的胶黏剂。通常对具有极性的材料要选用极性的胶黏剂，非极性的材料要选用非极性的胶黏剂。

(2)根据胶结材料的使用要求，如导热、导电、高低温等，要选用能满足特种要求的胶黏剂。

(3)根据胶结材料的环境条件，如气候、光、热、水分等，要选用耐环境性好的胶黏剂。

(4)在满足使用性能的前提下，应考虑性能与价格的均衡，尽可能使用经济的胶黏剂。

➤ 本章小结

合成高分子材料是现代工程材料中不可缺少的一类材料，在建筑工程中应用日益广泛，不仅可用作保温、装饰、吸声材料，还可用作结构材料以代替钢材、木材。本章主要介绍了常用的建筑塑料、建筑涂料及建筑胶黏剂。

➤ 思考与练习

一、填空题

1. 有机高分子材料分为_____和_____两大类。

2. 高分子化合物(也称聚合物)是由千万个原子彼此以_____连接的大分子化合物，其分子量一般在_____以上。

3. 合成高分子化合物其反应类型有_____和_____。

4. 为增加塑料的柔顺性和可塑性，减小脆性而加入的化合物称为_____。

5. 在塑料中加入_____后，可使其具有鲜艳的色彩和美丽的光泽。

6. 在塑料加工时，为降低其内摩擦和增加流动性，便于脱模和使制品表面光滑美观，可加入0.5%~1.0%的_____。

7. _____是调节和促进固化反应的单一物质或混合物，使合成树脂中的线性分子结构交联成体型分子结构，从而使树脂具有热固性。

8. 建筑上常用的塑料可分为_____和_____两大类。

9. _____是指涂覆于物体表面，与基体材料很好地黏结并形成完整而坚韧保护膜的物质。

10. 涂料中的辅助成膜物质有两类：一类是_____；另一类是_____。

11. _____是一种能在两个物体表面之间形成薄膜并能将它们紧密地胶接起来的材料。

二、判断题

1. 高分子化合物的密度小，导热性很小，是很好的轻质保温隔热材料。 （ ）

2. 一般的高分子化合物对侵蚀性化学物质（酸、碱、盐溶液）及蒸汽的作用稳定性比较差。 （ ）

3. 在建筑工程塑料中，按一定配方增塑剂可降低成本，增加制品体积，改善加工性能，提高某些物理性能。 （ ）

4. 为防止塑料过早老化，延长塑料的使用寿命，常加入少量固化剂。 （ ）

5. 热固性塑料是以热固性树脂为基本成分的塑料，加工成形后成为不溶不熔状态。 （ ）

三、选择题

1. 外墙涂料的种类不包括（ ）。
   A. 合成树脂乳液外墙涂料　　　　　B. 溶剂型外墙涂料
   C. 乳液型外墙涂料　　　　　　　　D. 地坪涂料

2. 内墙涂料不包括（ ）。
   A. 合成树脂乳液内墙涂料　　　　　B. 水乳型环氧树脂乳液涂料
   C. 水溶性内墙涂料　　　　　　　　D. 多彩花纹内墙涂料

3. （ ）将涂料中的其他组分黏结在一起，并能牢固地附着在基层表面，形成保护膜，同时，它也具有独立成膜的能力。
   A. 主要成膜物质　　　　　　　　　B. 次要成膜物质
   C. 辅助成膜物质　　　　　　　　　D. 聚酯树脂物质

四、简答题

1. 高分子化合物按受热时的性质分为哪几种？
2. 建筑塑料的基本组成有哪些？
3. 建筑塑料与传统建筑材料相比，具有哪些优良性能？
4. 什么是热塑性塑料？其具有哪些特点？
5. 按所起作用的不同，涂料可分为哪几个部分？
6. 涂料的作用有哪些？
7. 常用的建筑涂料有哪几种？
8. 建筑胶黏剂按固化形式可分为哪几种？
9. 影响胶黏强度的因素有哪些？
10. 选用胶黏剂时应注意什么？

第十三章 建筑材料试验

知识目标

1. 了解每个试验所用的仪器、材料。
2. 掌握各个试验的目的、试验原理方法及操作要领。

能力目标

能按要求对试验结果进行整理，并及时完成试验报告的填写和试验整理工作。

一、建筑材料的基本性质试验

（一）试验密度

1. 试验目的

测定材料的密度，了解密度的测定方法；进一步加深对密度概念的理解。

2. 试验仪器与工具

密度瓶（又名李氏瓶）、量筒、烘箱、干燥器、天平（称量 500 g，感量 0.01 g）、温度计、漏斗和小勺等。

3. 试验准备

（1）将试样碾磨后用孔径 0.20 mm 筛子筛分，全部通过孔筛后，放到（105±5）℃的烘箱中，烘至恒重。

（2）将烘干的粉料放入干燥器中冷却至室温备用。

4. 试验方法及步骤

（1）在李氏瓶中注入与试样不发生反应的液体至凸颈下部，记下刻度值（V_0）。

（2）用天平称取 60～90 g 试样（m_1），精确至 0.01 g，用小勺和漏斗小心地将试样徐徐送入李氏瓶（注意不能大量倾倒，会妨碍李氏瓶中空气排出或使咽喉位堵塞），直至液面上升至 20 mL 左右的刻度为止。

（3）用瓶内的液体将黏附在瓶颈和瓶壁的试样洗入瓶内，转动李氏瓶使液体中的气泡排出，记下液面刻度（V_1）。

（4）称取未注入瓶内剩余试样的质量（m_2），计算出装入瓶中试样质量 m。

（5）将注入试样后的李氏瓶中液面读数 V_1 减去未注前的液面读数 V_0，得出试样的绝对体积 V。

5. 计算

（1）按下式计算出密度（精确至 0.01 g/cm³）：

$$\rho = \frac{m}{v} \tag{13-1}$$

(2)密度测试应以两个试样平行进行，以其计算结果的算术平均值作为最后结果。如两次结果之差大于 0.02 g/cm³，则试验需重做。

(二)表观密度试验

1. 试验目的

表观密度试验的目的是测定几何形状规则材料的表观密度。

2. 试验仪器与工具

(1)天平：感量 0.1 g。

(2)游标卡尺：精度 0.1 mm。

(3)烘箱：能控温在(105±5) ℃。

(4)其他仪器：干燥器、漏斗、直尺、搪瓷盘等。

3. 试验步骤

(1)对几何形状规则的材料试件，将其放入(105±5) ℃烘箱中烘干至恒重，取出置入干燥器冷却至室温。

(2)用卡尺量出试件尺寸(每边测 3 次，取平均值)，并计算出体积 V_0(cm³)，再称出试样质量 m(g)。

4. 计算

规则形状材料表观密度按式(13-2)计算，以 5 次试验结果的算术平均值为最后结果，精确至 10 kg/m³。

$$\rho_0 = \frac{1\,000m}{V_0} \tag{13-2}$$

式中　ρ_0——表观密度(kg/m³)；

　　　m——材料质量(kg)；

　　　V_0——材料表观体积(m³)。

(三)砂的松散堆积密度及紧密堆积密度试验

1. 试验目的

本试验的目的是测定砂在自然状态下的松散堆积密度、紧密堆积密度及空隙率。

2. 试验仪器与工具

(1)天平：称量 10 kg，感量 1 g。

(2)容量筒：金属制，圆筒形，内径为 108 mm，净高为 109 mm，筒壁厚为 2 mm，筒底厚为 5 mm，容积约为 1 L。

(3)垫棒：直径为 10 mm，长为 500 mm 的圆钢。

(4)烘箱：能控温在(105±5) ℃。

(5)方孔筛：孔径为 4.75 mm 的筛一只。

(6)其他工具：小勺、漏斗、直尺、浅盘、毛刷等。

3. 试验准备

(1)试样准备：用浅盘装试样约 3 L，在温度为(105±5) ℃的烘箱中烘干至恒重，取出并冷却至室温，筛除大于4.75 mm的颗粒，分成大致相等的两份备用。

(2)容量筒容积的校正方法：以温度为(20±5) ℃的洁净水装满容量筒，用玻璃板沿筒口滑移，使其紧贴水面，玻璃板与水面之间不得有空隙。擦干筒外壁水分，然后称量，用式(13-3)计算筒的容积V。

$$V = m'_2 - m'_1 \tag{13-3}$$

式中　V——容量筒的容积(mL)；

m'_1——容量筒和玻璃板总质量(g)；

m'_2——容量筒、玻璃板和水总质量(g)。

4. 试验步骤

(1)称容量筒质量m_1，精确至1 g。

(2)松散堆积密度：将试样装入漏斗中，打开底部的活动门，将砂流入容量筒，也可直接用小勺向容量筒中装试样，但漏斗出料口或料勺距离容量筒筒口均应为50 mm左右，试样装满并超出容量筒筒口后，用直尺将多余的试样沿筒口中心线向两个相反方向刮平，称取质量m_2，精确至1 g。

(3)紧密堆积密度：取试样1份，分两层装入容量筒。装完第一层后，在筒底垫放一根直径为10 mm的圆钢，将筒按住，左右交替颠击地面各25下，然后装入第二层。

第二层装满后用同样方法颠实(但筒底所垫钢筋的方向应与第一层放置方向垂直)。两层装完并颠实后，添加试样超出容量筒筒口，然后用直尺将多余的试样沿筒口中心线向两个相反方向刮平，称取质量m_2，精确至1 g。

5. 计算

(1)松散堆积密度或紧密堆积密度按式(13-4)计算，精确至10 kg/m³。

$$\rho'_{0(L,C)} = \frac{m_2 - m_1}{V} \times 1\ 000 \tag{13-4}$$

式中　$\rho'_{0(L,C)}$——砂的松散堆积密度或紧密堆积密度(kg/m³)；

m_1——容量筒的质量(kg)；

m_2——容量筒和砂的总质量(kg)；

V——容量筒容积(L)。

(2)砂的空隙率按式(13-5)计算，精确至1%。

$$P' = \left(1 - \frac{\rho'_{0(L,C)}}{\rho_0}\right) \times 100\% \tag{13-5}$$

式中　P'——砂的空隙率(%)；

$\rho'_{0(L,C)}$——砂的松散堆积密度或紧密堆积密度(kg/m³)；

ρ_0——砂的表观密度(kg/m³)。

6. 试验报告

试验报告以两次试验结果的算术平均值作为测定值。

(四)材料的吸水率检测

材料的吸水率是指材料在吸水饱和状态下的吸水量和干燥状态下材料的质量或体积比，分别用质量吸水率和体积吸水率表示。

1. 试验目的

材料吸水饱和时的吸水量与材料干燥时的质量或体积之比，称为吸水率。材料的吸水率通常小于孔隙率，因为水不能进入封闭的孔隙。材料吸水率的大小对其堆积密度、强度、抗冻性的影响很大。

2. 试验仪器与工具

天平(称量1 000 g，感量0.1 g)、水槽和烘箱等。

3. 试验步骤

(1)将试件置于烘箱，以不超过110 ℃的温度烘至恒重，称其质量$m(g)$。

(2)将试件放入水槽。试件之间应留1～2 cm的间隔，试件底部应用玻璃棒垫起，避免槽底直接接触，使水能够自由进入。

(3)将水注入水槽，使水面至试件高度的1/3处，2 h后加入水至试件高度的2/3处，隔24 h再加入水至试件高度的3/4处，又隔2 h加入水至高出试件1～2 cm，再经一天后取出试件，这样逐次加水能使试件孔隙中的空气逐渐逸出。

(4)取出试件后，用拧干的湿毛巾轻轻抹去试件表面的水分(不得来回擦拭)，称其质量，称量后仍放回槽中浸水。

(5)以后每隔一昼夜用同样的方法称取试样质量，直到试件浸水至恒定质量为止(质量相差不超过0.05 g时)，此时称得的试件质量为$m_1(g)$。

4. 结果计算

按下式计算质量吸水率$W_质$和体积吸水率$W_体$：

$$W_质 = \frac{m_饱 - m_干}{m_干} \times 100\%\tag{13-6}$$

$$W_体 = \frac{m_饱 - m_干}{V_0\rho_水} \times 100\%\tag{13-7}$$

式中　$W_质$——质量吸水率；

　　　$W_体$——体积吸水率；

　　　$m_饱$——试样吸水饱和后的质量(g)；

　　　$m_干$——试样干燥时的质量(g)；

　　　V_0——干燥状态试样的自然体积(cm^3)；

　　　$\rho_水$——水的密度(g/cm^3)，常温时水的密度可取1 g/cm^3。

最后取三个试件的吸水率计算平均值。

二、水泥性能试验

(一)水泥性能检测的一般规定

1. 编号和取样

施工现场取样以同一水泥厂、同品种、同强度等级、同一批号且连续进场的水泥为一个取样单位。袋装不超过200 t为一批，散装不超过500 t为一批，每批抽样不少于一次。取样可以在水泥输送管道中、袋装水泥堆场和散装水泥卸料处或输送水泥运输机具上进行。取样应有代表性，可连续取，也可从20个以上不同部位抽取等量水泥样品，总数不少于12 kg。

2. 对试验材料的要求

试样要充分拌匀，通过 0.9 mm 方孔筛并记录筛余物的百分数。实验室用水必须是洁净的饮用水。

3. 养护与试验条件

养护室温度应为(20±1) ℃，相对湿度应大于 90%，养护池水温为(20±1) ℃；实验室温度应为(20±2) ℃，相对湿度应大于 50%。

水泥试样、标准砂、拌合用水及试模等温度均与实验室温度相同。

(二)水泥细度检测

1. 试验目的

通过 80 μm 筛筛析法测定水泥存留在 80 μm 筛上的筛余量，用以评定水泥的质量，现行国家标准《通用硅酸盐水泥》(GB 175—2007)和《水泥细度检验方法　筛析法》(GB/T 1345—2005)规定，普通硅酸盐水泥、矿渣硅酸盐水泥、火山灰质硅酸盐水泥和粉煤灰硅酸盐水泥，80 μm 筛筛析法的筛余量不大于 10%。

2. 试验仪器设备

(1)负压筛：采用边长为 0.080 mm 的方孔铜丝筛网制成，并附有透明的的筛盖，筛盖与筛口应有良好的密封性。

(2)压筛析仪：由筛座、负压源及收尘器组成。

(3)天平：最大称量为 100 g，感量不大于 0.05 g。

3. 试验步骤

(1)负压筛法。

1)水泥样品应充分拌匀，通过 0.9 mm 方孔筛，记录筛余物情况，要防止过筛时混进其他水泥。

2)筛析试验前，应将负压筛放在筛座上，盖上筛盖，接通电源，检查控制系统，调整负压至 4 000~6 000 Pa 范围内。

3)称取试样 25 g，置于洁净的负压筛中，盖上筛盖，放在筛座上，开动筛析仪连续筛析 2 min。在此期间，如有试样附着在筛盖上，可轻轻地敲击，使试样落下。筛毕，用天平称量筛余物。

4)当工作负压小于 4 000 Pa 时，应清理吸尘器内水泥，使负压恢复正常。

(2)水筛法。

1)同前法处理样品。

2)筛析试验前，应检查水中无泥、砂，调整好水压及水筛架的位置，使其能正常运转。喷头底面和筛网之间的距离为 35~75 mm。

3)称取试样 50 g，置于洁净的水筛中，立即用淡水冲洗至大部分细粉通过后，放在水筛架上，用水压为(0.05±0.02) MPa 的喷头连续冲洗 3 min。筛毕，用少量水将筛余物冲至蒸发皿，待水泥颗粒全部沉淀后，小心倒出清水，烘干并用天平称量筛余物。

4. 结果整理

水泥试验筛余百分数按下式计算：

$$F = \frac{R_s}{m} \times 100\%$$ (13-8)

式中 F——水泥试样的筛余百分数(%);

      R_s——水泥筛余物的质量(g);

      m——水泥试样的质量(g)。

计算结果精确至 0.1%。

注：负压筛法与水筛法或手工干筛法测定的结果不一致时，以负压筛法为准。

(三)比表面面积检测

1. 试验目的

水泥比表面面积测定原理是以一定量的空气，透过具有一定空隙率和一定厚度的压实粉层时所受阻力不同而进行测定的，并采用已知比表面积的标准物料对仪器进行校正。

2. 试验仪器

透气仪，烘干箱分析天平(分度值为 1 mg)，秒表等。

3. 试验步骤

(1)首先用已知密度、比表面面积等参数的标准粉对仪器进行校正，用水银排代法测定粉料层的体积，同时须进行漏气检查。

(2)根据所测试样的密度和试料层体积等计算出试样量，称取烘干备用的水泥试样(精确至 0.1 g)，制备粉料层。

(3)进行透气试验，开动抽气泵，使比表面仪压力计中液面上升到一定高度，关闭旋塞和气泵，记录压力计中液面由指定高度下降至一定距离时的时间，同时记录试验温度。

4. 试验结果计算

当试验时温差≤3 ℃，且试样与标准粉具有相同的孔隙率时，水泥比表面面积 S 可按下式计算(精确至 10 cm²/g)：

$$S = \frac{S_s \sqrt{T}}{\sqrt{T_s}}$$ (13-9)

式中 T，T_s——水泥试样与标准粉在透气试验中测得的时间(s)；

      S_s——标准粉的比表面面积(cm²/g)。

水泥比表面面积应由二次试验结果的平均值确定，如两次试验结果相差 2% 以上，则应重新试验。

(四)水泥标准稠度用水量试验

1. 试验目的

测定水泥标准稠度用水量是为了在进行水泥凝结时间和安定性试验时，对水泥净浆在标准稠度的条件下测定，使不同水泥具有可比性。

2. 试验仪器设备

(1)水泥净浆标准稠度与凝结时间测定仪(标准法维卡仪)，构造如图 13-1 所示。

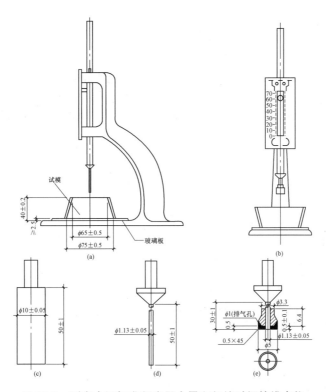

图 13-1　测定水泥标准稠度用水量和凝结时间的维卡仪

(a)初凝时间测定用立式试模的侧视图；(b)终凝时间测定用反转试模的前视图；

(c)标准稠度试杆；(d)初凝用试针；(e)终凝用试针

该仪器是由铁座和可以自由滑动的金属圆棒构成。松紧螺钉用以调整金属棒的高低。金属棒上附有指针，在量程为 0~70 mm 的标尺上可指示出金属棒的下降距离。

当测定标准稠度时，可在金属圆棒下装一试杆，有效长度为(50±1) mm，由直径为(10±0.05) mm 的耐腐蚀金属制成。盛装水泥净浆的试模由耐腐蚀的、有足够硬度的金属制成。试模为深(40±0.2) mm、顶内径(65±0.5) mm、底内径(75±0.5) mm 的截顶圆锥体。

(2)水泥净浆搅拌机。由搅拌叶和搅拌锅组成，搅拌叶宽度：111 mm；搅拌锅内径×最大深度：ϕ160 mm×139 mm；搅拌锅与搅拌叶之间工作间隙：(2±1) mm。

(3)量水器：精度为±0.5 mL。

(4)天平：感量不大于 1 g。

3. 试验步骤

(1)试验前必须做到：维卡仪的金属棒能自由滑动；调整至试杆接触玻璃板时指针对准零点；搅拌机运转正常。

(2)水泥净浆的拌制。搅拌锅和搅拌叶片先用湿棉布擦过，将拌合水倒入搅拌锅内，然后在 5~10 s 将称好的 500 g 水泥小心地加入水中，防止水和水泥溅出；拌和时，先将锅放到搅拌机锅座上，升至搅拌位置。开动机器，同时徐徐加入拌合用水，慢速搅拌 120 s，停拌 15 s，接着快速搅拌 120 s 后停机。

(3)装模测试。拌和结束后，立即取适量水泥净浆并一次性将其装入已置于玻璃底板上的试模，浆体超过试模上端，用宽约 25 mm 的直边刀轻轻拍打超出试模部分的浆体 5 次以排除浆体中的孔隙，然后在试模上表面约 1/3 处，略倾斜于试模分别向外轻轻锯掉多余净浆，再从试模边沿轻抹顶部一次，使净浆表面光滑。在锯掉多余净浆和抹平的操作过程中，注意不要压实净浆；抹平后迅速将试模和底板移到维卡仪上，并将其中心定在试杆下，降低试杆直至与水泥净浆表面接触，拧紧螺钉 1~2 s 后，突然放松，使试杆垂直自由地沉入净浆中。在试杆停止沉入或释放试杆 30 s 时记录试杆距底板之间的距离，升起试杆，立即擦净；整个操作应在搅拌后 1.5 min 后完成。以试杆沉入净浆并距底板 (6 ± 1) mm 的水泥净浆为标准稠度净浆。其拌合用水量为该水泥的标准稠度用水量，按水泥质量的百分比计。

4. 结果整理

水泥的标准稠度用水量 $P(\%)$ 按式(13-10)计算：

$$P = \frac{\rho V}{m} \times 100\% \tag{13-10}$$

式中　P——标准稠度用水量(%)；

　　　V——拌合用水量(mL)；

　　　m——水泥试样质量(g)；

　　　ρ——水的密度(设水在 4 ℃时密度为 1 g/mL)。

(五)水泥净浆凝结时间试验

1. 试验目的

测定水泥初凝时间和终凝时间，以评定水泥的凝结硬化性能是否符合标准要求。

2. 试验仪器设备

凝结时间测定仪、试针和试模、净浆搅拌机等。

3. 试验步骤

(1)调整凝结时间测定仪的试针，使之接触玻璃板时，指针对准标尺的零点，将净浆试模内侧稍涂一层机油，放在玻璃板上。

(2)以标准稠度用水量，称取 500 g 水泥按规定方法拌制标准稠度水泥浆，一次装满试模，振动数次刮平，立即放入湿气养护箱。记录水泥全部加入水中的时间作为起始时间。

(3)初凝时间的测定：试件在养护箱养护至加水 30 min 时进行第一次测定。测定时，将试模放到试针下，降低试针与水泥净浆表面刚好接触，拧紧螺钉 1~2 s 后，突然放松，试针垂直自由地沉入水泥净浆，记录试针停止下沉或释放试针 30 s 时指针的读数。在最初测定操作时应轻轻扶持金属柱，使其徐徐下降，以防试针撞弯，但结果以自由下落为准。

(4)终凝时间的测定：在完成初凝时间测定后，立即将试模连同浆体以平移的方式从玻璃板取下，翻转 180°，直径大端向上，小端向下放在玻璃板上，再放入养护箱继续养护，临近终凝时间每隔 10 min 测定一次。更换终凝用试针，用同样的测定方法观察指针读数。

(5)临近初凝时，每隔 5 min 测定一次，临近终凝时，每隔 10 min 测定一次，到达初凝或终凝时应立即重复测一次；整个测试过程中试针沉入的位置距离试模内壁大于 10 mm；每次测定不得让试针落于原针孔，每次测定完毕须将试模放回养护箱内，并将试针擦净。整个测试过程中试模不得受到振动。

4. 试验结果

从水泥全部加入水中的时间起，至试针沉至距底板 (4 ± 1) mm 时所经过的时间为初凝时间；至试针沉入试体 0.5 mm 时，即环形附件开始不能在试体上留下痕迹时所经过的时间为终凝时间。

（六）水泥安定性的测定

1. 试验目的

按《水泥标准稠度用水量、凝结时间、安定性检验方法》(GB/T 1346—2011)检验游离 CaO 危害性的测定方法是沸煮法，沸煮法又可以分为试饼法和雷氏法，有争议时以雷氏法为准。试饼法是观察试饼沸煮后的外形变化，雷氏法是测定装有水泥净浆的雷氏夹沸煮后的膨胀值。

2. 试验仪器与工具

沸煮箱（箅板与箱底受热部位的距离不得小于 20 mm）、雷氏夹（图 13-2）、雷氏夹膨胀值测定仪（图 13-3）、净浆搅拌机、标准养护箱、直尺、小刀等。

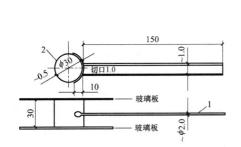

图 13-2　雷氏夹示意（单位：mm）
1—指针；2—环模

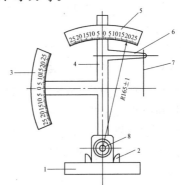

图 13-3　雷氏夹膨胀测定仪
1—底座；2—模子座；3—测弹性标尺；4—立柱；
5—测膨胀值标尺；6—悬臂；7—悬丝；8—弹簧顶扭

3. 试验步骤

（1）雷氏法。

1）每个试样须成型两个试件，每个雷氏夹须配置质量 75～85 g 的玻璃板两块，一垫一盖，将玻璃板和雷氏夹内表面稍涂一层油。

2）将已制好的标准稠度净浆一次装满雷氏夹，装浆时一手轻扶雷氏夹，另一只手用小刀插捣数次，然后抹平，盖上稍涂油的玻璃板，立即将试件移至湿气养护箱内养护(24±2) h。

3）除去玻璃板取下试件，用膨胀值测定仪测量雷氏夹指针尖端之间的距离(A)，精确至 0.5 mm，接着将试件放入沸煮箱水中的试件架上，指针朝上，然后在(30±5) min 内加热至沸腾并恒沸(180±5) min。

4）沸煮结束后试件冷却至室温，取出试件，测量雷氏夹指针尖端之间的距离(C)，当两个试件煮后增加距离(C−A)的平均值不大于 5.0 mm 时，该水泥安定性合格；当两个试件的 (C−A)值相差超过 4.0 mm 时，应用同一样品重做试验。再如此，可认为该水泥安定性不合格。

（2）试饼法。

1）将制好的标准稠度净浆一部分分成两等份，使之成球形，放在已涂过油的玻璃板上，轻轻振动玻璃板并用湿布擦过的小刀由边缘向中央抹动，做成直径为 70～80 mm、中心厚约 10 mm、边缘渐薄、表面光滑的两个试饼，将试饼放入湿气养护箱养护(24±2) h。

2)养护后，脱去玻璃板取下试饼，在试饼无缺陷的情况下，将试饼放在沸煮箱水中算板上，在(30±5)min内加热至沸腾并恒沸(180±5)min。

3)沸煮结束后，取出冷却到室温的试件，目测试饼未发现裂缝，用钢尺检查也没有弯曲(用钢尺和试饼底部靠紧，两者之间不透光为不弯曲)的试饼为安定性合格；反之为不合格。当两个试饼判别结果有矛盾时，该水泥的安定性为不合格。

(七)水泥胶砂强度检验

1. 试验目的

本试验的依据是《水泥胶砂强度检验方法(ISO法)》(GB/T 17671—1999)，测定水泥胶砂硬化到一定龄期后抗压、抗折强度的大小，是确定水泥强度等级的依据。

2. 主要仪器设备

(1)行星式水泥胶砂搅拌机：搅拌叶和搅拌锅做相反方向转动。

(2)振实台。由同步电动机带动凸轮转动，使振动部分上升定值后自由落下，产生振动，振动频率为60次(/60±2)s，振幅为(10±0.3)mm。

(3)试模。可装拆的三连模，由隔板、端板和底座组成。

(4)套模。壁高为20mm的金属模套，当从上向下看时，模套壁与试模内壁应该重叠。

(5)抗折强度试验机。

(6)抗压试验机及抗压夹具：抗压试验机的压力以200~300kN为宜，应有±1%精度，并具有按(2 400±290)N/s速率的加荷能力；抗压夹具由硬质钢材制成，受压面尺寸为40mm×40mm。

(7)两个下料漏斗、金属刮平直尺。

3. 试验制备

(1)将水加入锅里，再加入水泥，把锅放在固定架上固定。然后，立即开动机器，低速搅拌30s后，在第二个30s开始的同时均匀地将砂子加入，将机器转至高速再加拌30s。停拌90s，在第一个10s内用一胶皮刮具将叶片和锅壁上的胶砂，刮入锅中间。在高速下继续搅拌60s。各个搅拌阶段的时间误差应在±1s之内。

(2)将空试模和模套固定在振实台上，用铲刀直接从搅拌锅里将胶砂分两层装入试模，装第一层时，每个槽内约放300g胶砂，用大播料器垂直架在模套顶部沿每个模槽来回一次将料层播平，接着振实60次。再装入第二层胶砂，用小播平器播平，再振实60次。

(3)从振实台上取下试模，用一金属直尺以近似90°的角度架在试模模顶的一端，然后沿试模长度方向以横向锯割动作慢慢向另一端移动，一次将超过试模部分的胶砂刮去，并用同一直尺在近乎水平的情况下将试体表面抹平。

(4)在试模上作标记或加字条标明试件编号和试件相对振实台的位置。

4. 试件养护

(1)将成型的试件连模放入标准养护箱(室)内养护，在温度为(20±1)℃、相对湿度不低于90%的条件下养护20~24h后脱模。对于龄期为24h的应在破型前20min内脱模，并用湿布覆盖至试验开始。

(2)将试件从养护箱(室)中取出编号，编号时应将每只模中三条试件编在两个以上的龄期内，同时编上成型和测试日期，然后脱模，脱模时应防止损伤试件。硬化较慢的试件允许24h以后脱模，但需记录脱模时间。

（3）试件脱模后立即水平或竖直放入水槽中养护，水温为(20 ± 1) ℃。水平放置时刮平面朝上，试件之间应留有空隙，水面至少高出试件 5 mm，并随时加水保持恒定水位。

（4）试件龄期是从水泥加水搅拌开始时算起，至强度测定所经历的时间。不同龄期的试件，必须相应地在 24 h±15 min、48 h±30 min、72 h±45 min、7 d±2 h、大于 28 d±8 h 的时间内进行强度试验。到龄期的试件应在强度试验前 15 min 从水中取出，擦去试件表面沉积物，并用湿布覆盖至试验开始。

5. 强度检测步骤与结果计算

（1）水泥抗折强度检测。

1）将夹在抗折试验机夹具的圆柱表面清理干净，并调整杠杆处于平衡状态。

2）用湿布擦去试件表面的水分和砂粒，将试件放入夹具，使试件成型时的侧面与夹具的圆柱面接触。调整夹具，使杠杆在试件折断时尽可能接近平衡位置。

3）以(50 ± 10)N/s 的速度进行加荷，直到试件折断，记录破坏荷载。

4）保持两个半截棱柱体处于潮湿状态，直至抗压试验开始。

5）按下式计算每条试件的抗折强度（精确至 0.1 MPa）：

$$f_{折}=\frac{3PL}{2bh^2}=0.002\ 34P \tag{13-11}$$

式中　P——破坏荷载（N）；

　　　L——支撑圆柱的中心距离，为 100 mm；

　　　b,h——试件断面的宽和高，均为 40 mm。

6）取三条棱柱体试件抗折强度测定值的算术平均值作为试验结果。当三个测定值中仅有一个超出平均值的±10%时应予剔除，再以其余两个测定值的平均数作为试验结果；如果三个测定值中有两个超出平均值的±10%，则该组结果作废。

（2）水泥抗压强度检测。

1）立即在抗折后的六个断块（应保持潮湿状态）的侧面上进行抗压试验。抗压试验须用抗压夹具，使试件受压尺寸为 40 mm×40 mm。试验前，应将试件受压面与抗压夹具清理干净，试件的底面应紧靠夹具上的定位销，断块露出上压板外的部分应不少于 10 mm。

2）在整个加荷过程中，夹具应位于压力机承压板中心，以(2.4 ± 0.2)kN/s 的速率均匀地加荷至破坏，记录破坏荷载 P（单位：kN）。

3）按下式计算每块试件的抗压强度 $f_{压}$（精确至 0.1 MPa）：

$$f_{压}=\frac{P}{A}=0.625P \tag{13-12}$$

式中　$f_{压}$——受压面积，为 40 mm×40 mm（1 600 mm^2）

4）每组试件以六个抗压强度测定值的算术平均值作为检测结果。如果六个测定值中有一个超出平均值的±10%，应剔除这个结果，而以剩下五个的平均数作为检测结果。如果五个测定值中再有超过它们平均数±10%的，则此组结果作废。

根据上述测得的抗折强度、抗压强度的试验结果，按相应的水泥标准确定其水泥强度等级。

注：水泥参数检测的一般规定。

①取样方法。根据《水泥取样方法》（GB/T 12573—2008），以同一水泥厂、同品种、同标号及编号（一般不超过 100 t）的水泥为一个取样单位；取样应具有代表性，可采用机械取样器连续取样，也可随机选择

20个以上不同部位，抽取等量的样品，总量不少于 12 kg。

②将试样充分拌匀缩分成试验样和封存样。对试验样，试验前将水泥通过 0.9 mm 方孔筛，充分拌匀，并记录筛余物情况。

③试验用水必须是清洁的淡水。

④试件成型室温为(20±2) ℃，相对湿度不低于 50%；水泥恒温恒湿标准养护箱温度应为(20±1) ℃，相对湿度不低于 90%；试件养护池水温应为(20±1) ℃。

⑤水泥试样、标准砂、拌合用水及试模等的温度应与室温相同。

三、混凝土用集料试验

(一)材料取样

1. 砂的取样

(1)分批。细集料取样应分批，在料堆上一般以 400 m³ 或 600 t 为一批。

(2)抽样。在料堆抽样时，将取样部位表层铲除，于较深处铲取，从料堆不同部位均匀取 8 份砂，组成一组试样；从皮带运输机上抽样时，应用接料器在皮带运输机机尾的出料处，定时抽取大致等量的 4 份砂，组成一组试样。

(3)四分法缩取试样。可用分料器直接分取或人工四分。

1)分料器法：将样品在潮湿状态下拌和均匀，然后通过分料器，取接料斗中的其中一份再次通过分料器。重复上述过程，直至将样品缩分到试验所需量为止，如图 13-4 所示。

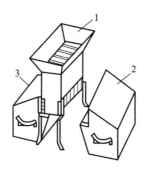

图 13-4 分料器

1—分料漏斗；2，3—接料斗

2)人工四分法：将取回的砂试样在潮湿状态下拌匀后摊成厚度约 20 mm 的圆饼，在其上划十字线，分成大致相等的 4 份，取其对角线的两份混合后，再按同样的方法持续进行，直至缩分后的材料量略多于试验所需的数量为止。

2. 石子的取样

(1)分批。粗集料取样应分批进行，一般以 400 m³ 为一批。

(2)抽样。在料堆抽样时，将取样部位表层铲除，从料堆低、中、高 3 个不同高度处，均匀分布的 5 个不同部位取大致相等的 10 份石子；从皮带运输机上抽样时，应用接料器在皮带运输机机尾的出料处，抽取大致等量的 8 份石子；从火车、汽车和货船上取样时，应从不同部位和深度抽取大致等量的 16 份石子，分别组成一组样品。

(3)四分法缩取试样。将取石子试样在自然状态下拌匀后堆成锥体，在其上划十字线，分成大致相等的4份，取其中对角线的两份重新拌匀后，再按同样的方法持续进行，直至缩分后的材料量略多于试验所需的数量为止。

3. 检验规则

砂、石检验项目主要有颗粒级配、表观密度、堆积密度与空隙率、含泥量、泥块含量。检验时，若有一项性能不合格，应从同一批产品中加倍取样，对不符合标准要求的项目进行复检。复检后，若该项指标符合标准要求，则可判该类产品合格；若仍然不符合标准要求，则该批产品判为不合格。

(二)砂的筛分试验

1. 试验目的

通过试验测定砂的颗粒级配，计算砂的细度模数，评定砂的粗细程度；掌握《建设用砂》(GB/T 14684—2011)中的测试方法，正确使用所用仪器与设备，并熟悉其性能。

2. 主要仪器和用具

(1)标准筛。

(2)天平。

(3)鼓风烘箱。

(4)摇筛机。

(5)浅盘、毛刷等。

3. 试样制备

按规定取样，用四分法分取不少于4 400 g试样，并将试样缩分至1 100 g，放在烘箱中于(105±5)℃下烘干至恒重，待冷却至室温后，筛除大于9.50 mm的颗粒并计算出其筛余百分率，分为大致相等的两份备用。

4. 试验步骤

(1)准确称取试样500 g，精确至1 g。

(2)将标准筛按孔径由大到小的顺序叠放，加底盘后，将称好的试样倒入最上层的4.75 mm筛内，加盖后置于摇筛机上，摇约10 min。

(3)将套筛自摇筛机上取下，按筛孔大小顺序再逐个用手筛，筛至每分钟通过量小于试样总量0.1%为止。通过的颗粒并入下一号筛，并与下一号筛中的试样一起过筛，按这样的顺序进行，直至各号筛全部筛完为止。

(4)称取各号筛上的筛余量，精确至1 g，试样在各号筛上的筛余量不得超过式(13-13)计算出的量。

$$G = \frac{A \times d^{\frac{1}{2}}}{200} \tag{13-13}$$

式中　G——在一个筛子上的筛余量(g)；

　　　A——筛面面积(mm^2)；

　　　d——筛孔尺寸(mm)。

5. 试验结果计算与评定

(1)计算分计筛余百分率：各号筛上的筛余量与试样总量相比，精确至0.1%。

(2)计算累计筛余百分率：每号筛上的筛余百分率加上该号筛以上各筛余百分率之和，

精确至 0.1%。筛分后，若各号筛的筛余量与筛底的量之和同原试样质量之差超过 1%，则须重新试验。

(3)砂的细度模数精确至 0.01。

(4)累计筛余百分率取两次试验结果的算术平均值，精确至 1%。细度模数取两次试验结果的算术平均值，精确至 0.1；如两次试验的细度模数之差超过 0.20，则须重新试验。

(三)石子的筛分析试验

1. 试验目的

测定粗集料的颗粒级配及粒级规格，便于选择优质粗集料，达到节约水泥和提高混凝土强度的目的，同时为使用集料和混凝土配合比设计提供了依据。

2. 试验主要仪器设备

方孔筛(孔径规格为 2.36 mm、4.75 mm、9.5 mm、16.0 mm、19.0 mm、26.5 mm、31.5 mm、37.5 mm、53.0 mm、63.0 mm、75.0 mm 和 90.0 mm)、摇筛机、托盘天平、台秤、烘箱、容器和浅盘等。

3. 试验步骤

从取回的试样中用四分法缩取略大于规定的试样数量，见表 13-1，经烘干或风干后备用。

(1)按表 13-1 规定称取烘干或风干试样质量 G，精确到 1 g。

表 13-1　石子筛分析所需试样的最小质量

最大粒径/mm	9.5	16.0	19.0	26.5	31.5	37.5	63.0	75.0
试样质量/kg	≥1.9	≥3.2	≥3.8	≥5.0	≥6.3	≥7.5	≥12.6	≥16.0

(2)按试样粒径选择一套筛，将筛按孔径由大到小顺序叠置，然后将试样倒入上层筛中，置于摇筛机上固定，摇筛 10 min。

(3)按孔径由大到小顺序取下各筛，分别于洁净的盘上手筛，直至每分钟通过量不超过试样总量的 0.1% 为止，通过的颗粒并入下一号筛中并和下一号筛中的式样一起过筛。当试样粒径大于 19.0 mm 时，筛分时允许用手拨动试样颗粒，使其通过筛孔。

(4)称取各筛上的筛余量，精确 1 g。在筛上的所有分计筛余量和筛底剩余的总和与筛分前测定的试样总量相比，其相差不得超过 1%。

4. 试验结果的计算及评定

(1)分计筛余百分率：各号筛上余量除以试样总质量的百分数(精确到 0.1%)。

(2)累积筛余百分率：该号筛上分计筛余百分率与大于该号筛的各号筛上的分级筛余百分率之总和(精确至 1%)。粗集料的各号筛上的累积筛余百分率应满足国家规范规定的粗集颗粒级配范围要求。

(四)砂的表观密度试验

1. 试验目的与适用范围

标准法试验目的是用容量瓶法测定砂(天然砂、石屑、机制砂)的表观密度，适用于含有少量大于 2.36 mm 部分的细集料。

2. 试验主要仪器和用品

(1)天平：称量 1 kg，感量 0.1 g。

(2)容量瓶：500 mL。

(3)烘箱：能控温为(105±5) ℃。

(4)其他：干燥器、浅盘、铝制料勺、温度计、洁净水等。

3. 试验准备

将缩分至约 660 g 的试样在温度为 105 ℃±5 ℃的烘箱中烘干至恒重，并在干燥器内冷却至室温，分成两份备用。

4. 试验步骤

(1)称取烘干的试样约 300 g(m_0)，精确至 0.1 g，装入盛有半瓶洁净水的容量瓶。

(2)摇转容量瓶，使试样在水中充分搅动以排除气泡，塞紧瓶塞，在恒温条件下静置 24 h，然后用滴管添水至容量瓶 500 mL 刻度线平齐，再塞紧瓶塞，擦干瓶外水分，称其总质量(m_1)，精确至 1 g。

(3)倒出瓶中的水和试样，将瓶的内外表面洗净，再向瓶内注入同样温度的洁净水(温差不超过 2 ℃)至 500 mL 刻度线，塞紧瓶塞，擦干瓶外水分，称其总质量(m_2)，精确至 1 g。

注：在砂的表观密度试验过程中应测量并控制水的温度，试验期间的温度差不得超过 2 ℃。

5. 计算

砂的表观密度按式(13-14)计算：

$$\rho_0 = \left(\frac{m_0}{m_0 + m_2 - m_1} - \alpha_t \right) \times 1\,000 \tag{13-14}$$

式中 ρ_0——细集料的表观密度(kg/m³)；

      m_0——试样的烘干质量(g)；

      m_1——试样、水及容量瓶总质量(g)；

      m_2——水及容量瓶总质量(g)；

      α_t——水温对砂的表观密度影响的修正系数，见表 13-2。

表 13-2 水温对砂的表观密度影响的修正系数

水温/ ℃	15	16	17	18	19	20
α_t	0.002	0.003	0.003	0.004	0.004	0.005
水温/ ℃	21	22	23	24	25	
α_t	0.005	0.006	0.006	0.007	0.008	

6. 试验报告

以两次平行试验结果的算术平均值作为测定值，精确至 10 kg/m³，如两次结果之差值大于 20 kg/m³，则应重新取样进行试验。

(五)卵石、碎石颗粒级配检测

1. 试验目的

本方法依据《水工混凝土砂石骨料试验规程》(DL/T 5151—2014)测定天然料场卵石或碎石的颗粒级配，供混凝土配合比设计时选择集料级配用。

2. 仪器设备

(1)筛：孔径分别为 150 mm 或 120 mm、80 mm、40 mm、20 mm、10 mm、5 mm 的方孔筛或圆孔筛。

(2)磅秤：称量 50 kg，感量 50 g。

(3)台秤：称量 10 kg，感量 5 g。

(4)铁锹、铁盘或其他容器等。

3. 检测步骤

(1)用四分法选取风干试样，试样质量应不少于表 13-3 的规定。

表 13-3　试样取样数量表

集料最大粒径/mm	20	40	80	150(或 120)
最少取样质量/kg	10	20	50	200

(2)按筛孔由大到小的顺序过筛，直至每分钟的通过量不超过试样总量的 0.1% 为止。但在每号筛上的筛余平均层厚应不大于试样的最大粒径值，如超过此值，应将该号筛上的筛余量分成两份，再次进行筛分。

(3)称取各筛筛余量(粒径大于 150 mm 的颗粒，也应称量，并计算出百分含量)。

(4)检测结果处理。

1)计算分计筛余百分率：各号筛上的筛余量除以试样总量的百分率(精确至 0.1%)，

2)计算累计筛余百分率：该号筛上的分计筛余百分率与大于该号筛的各号筛上的分计筛余百分率的总和。

3)以两次测值的平均值作为实验结果。筛分后，如每号筛上的筛余量与底盘上的筛余量之和与原试样量相差超过 1%，则应重做实验。

(六)卵石或碎石表观密度及吸水率试验

1. 试验目的

本方法依据《水工混凝土砂石集料试验规程》(DL/T 5151—2014)测定卵石或碎石表观密度、饱和面干表观密度及吸水率，供混凝土配合比计算及评定石料质量用。

2. 仪器设备

(1)天平：称量 5 kg，感量 1 g，用普通天平改装，能在水中称量。

(2)网篮：网孔径小于 5 mm，直径和高均约为 200 mm。

(3)烘箱：能控制温度在(105±5) ℃。

(4)盛水筒：直径约 400 mm，高约 600 mm。

(5)台秤：称量 10 kg，感量 5 g。

(6)搪瓷盘、毛巾等。

3. 检测步骤

(1)用四分法取样，并用自来水将集料冲洗干净，按表 13-4 中规定的数量称取试样两份。

表 13-4　表观密度检测取样数量表

集料最大粒径/mm	40	80	150(或 120)
最少取样质量/kg	2	4	6

(2)将试样浸入盛水的容器，水面至少高出试样 50 mm，浸泡 24 h。

(3)将网篮全部浸入盛水筒，称出网篮在水中的质量。将浸泡后的试样装入网篮内，放入盛水筒中，用上下升降网篮的方法排除气泡(试样不得露出水面)，称出试样和网篮在水中的总质量。两者之差即为试样在水中的质量(G_2)。

注：两次称量时，水的温度相差不得大于 2 ℃。

(4)将试样从网篮中取出，用拧干后的湿毛巾将试样擦至饱和面干状态(石子表面无水膜)，并立即称量(G_3)。

(5)将试样在温度为(105±5)℃的烘箱中烘干，冷却后称量(G_1)。

4. 检测结果处理

表观密度、饱和面干表观密度分别按式(13-15)、式(13-16)计算(精确至 10 kg/m³)；吸水率按式(13-17)或式(13-18)计算(精确至 0.01%)。

$$\rho = \frac{G_1}{G_1 - G_2} \times 1\ 000 \tag{13-15}$$

$$\rho_1 = \frac{G_3}{G_3 - G_2} \times 1\ 000 \tag{13-16}$$

$$m_1 = \frac{G_3 - G_1}{G_1} \times 100 \tag{13-17}$$

$$m_2 = \frac{G_3 - G_1}{G_3} \times 100 \tag{13-18}$$

式中 ρ——表观密度(kg/m³)；

      ρ_1——饱和面干表观密度(kg/m³)；

      m_1——以干料为基准的吸水率(%)；

      m_2——以饱和面干状态为基准的吸水率(%)；

      G_1——烘干试样质量(g)；

      G_2——试样在水中的质量(g)；

      G_3——饱和面干试样在空气中的质量(g)。

以两次测值的平均值作为试验结果。如两次表观密度试验测值相差大于 20 kg/m³ 或两次吸水率试验测值相差大于 0.2%，则应重做试验。

四、普通混凝土性能试验

(一)混凝土拌和与现场取样

1. 试验目的

本方法依据《水工混凝土试验规程》(DL/T 5150—2017)，规定了混凝土的室内拌和与取样方法，为室内试验提供混凝土拌合物。

2. 仪器设备

(1)混凝土搅拌机：

1)自落式，容量 50～100 L，转速 18～22 r/min；

2)强制式，容量 60～100 L，转速 45～48 r/min；

(2)拌合钢板：平面尺寸不小于 1.5 m×2.0 m，厚 5 mm 左右。

(3)磅秤：称量 50～100 kg，感量不大于 50 g。

(4)台秤：称量 10 kg，感量不大于 5 g。

(5)天平：称量 1 kg，感量不大于 0.5 g。

(6)其他：盛料容器和铁铲等。

3. 操作步骤

(1)人工拌和。

1)人工拌和在钢板上进行，拌和前应将钢板及铁铲清洗干净，并保持表面润湿，但无明水。

2)将称好的水泥和掺合料预先拌均匀，然后与砂料倒在钢板上，用铁铲翻拌至颜色均匀，再放入称好的集料与之拌和，至少翻拌 3 次，然后堆成锥形。将中间扒成凹坑，加入预先溶入外加剂的拌合用水，小心拌和，至少翻拌 6 次。每翻拌一次后，用铁铲将全部拌合物铲切一次。拌和从加水完毕时算起，应在 10 min 内完成。

(2)机械拌和。

1)机械拌和在搅拌机中进行。拌和前应将搅拌机冲洗干净，并预拌少量同种混凝土拌合物或水胶比相同的砂浆，使搅拌机内壁挂浆后将剩余料卸出，倒在拌合钢板上，用砂浆润湿拌合钢板。

2)将称好的集料、胶凝材料、砂料、预先溶入外加剂的拌合用水依次加入搅拌机，加料时间不应超过 2 min，开动搅拌机搅拌 2～3 min。

3)将拌好的混凝土拌合物卸在钢板上，略微刮去黏结在搅拌机上的拌合物，人工翻拌 2～3次，使之均匀。

(3)现场取样。

1)同一组混凝土拌合物应从同一盘混凝土或同一车混凝土中取样。取样量应多于试验所需量的 1.5 倍，且宜不小于 20 L。

2)取样应具有代表性，宜采用多次采样的方法。一般在同一盘混凝土或同一车混凝土中的约 1/4 处、1/2 处和 3/4 处分别取样，从第一次取样到最后一次取样不宜超过 15 min，然后人工拌和均匀。

3)从取样完毕到开始做各项性能试验不宜超过 10 min。

(二)混凝土拌合物坍落度试验

1. 试验目的

测定混凝土拌合物的坍落度，以评定混凝土拌合物的和易性，适用于集料最大粒径不超过 40 mm、坍落度不小于 10 mm 的塑性或流动性混凝土拌合物。

2. 主要仪器设备

(1)坍落度筒。用 2～3 mm 厚的薄钢板制成的截头圆锥筒，筒内壁应光滑，其上下端面应与轴线垂直。在距筒的上口约 100 mm 处的两侧装有 2 个把手，并在靠近其下口的两侧装有两个踏板，以便于试验过程中坍落度筒的固定，坍落度筒的具体形状尺寸如图 13-5 所示。

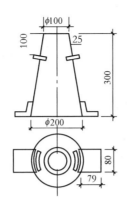

图 13-5 坍落度筒(单位：mm)

(2)捣棒。直径应为(16±0.2)mm，长度应为(650±5)mm。由圆钢制成的捣棒，表面应光滑，端部呈半球形。

(3)钢直尺。长度为 300 mm，最小刻度为 1 mm。

(4)其他：40 mm 孔径方孔筛、装料漏斗、馒刀、小铁铲、温度计等。

3. 试验步骤

(1)将坍落度筒、捣棒及钢板冲洗干净并保持湿润，然后将坍落度筒放在钢板上，双脚踏紧踏板。

(2)将混凝土拌合物用小铁铲通过装料漏斗分 3 层装入筒内，每层高度大致相等。每装一层，用捣棒在筒内从边缘到中心按螺旋形均匀插捣 25 次；在筒边插捣时，捣棒应稍有倾斜。顶层装料时，应使拌合物高出筒口，插捣过程中，如试样沉落到低于筒口，则应随时添加，使混凝土始终高于筒口。插捣深度：底层应穿透该层，中、上层应分别插进其下层 10~20 mm。

(3)上层插捣完毕，取下装料漏斗，用馒刀将混凝土拌合物沿筒口抹平，并清除筒外周围的混凝土。

(4)将坍落度筒徐徐竖直提起，轻放于试样旁边，整个提离过程应在 5~10 s 内完成。当试样不再继续坍落时，用钢尺量出试样顶部中心点与坍落度筒高度之差，即坍落度值，准确至 1 mm。

(5)整个坍落度试验应连续不间断地进行，并应在 2~3 min 内完成。

(6)若混凝土试样发生一边坍陷或剪坏，则该次试验作废，应取另一部分试样重做试验；如第二次试验仍出现上述现象，则表示该混凝土和易性不好，应予记录备查。

(7)测记试验时混凝土拌合物的温度。

4. 试验结果处理

(1)混凝土拌合物的坍落度以"mm"计，结果修约至 5 mm。

(2)在测定坍落度的同时，可目测评定混凝土拌合物的下列性质：

1)插入度：根据做坍落度时插捣混凝土的难易程度分为上、中、下三级。上表示容易插捣；中表示插捣时稍有阻滞感觉；下表示很难插捣。

2)黏聚性：用捣棒在做完坍落度的试样一侧轻打，如试样保持原状而渐渐下沉，则表示黏聚性较好；若试样突然坍倒、部分崩裂或发生浆体离析现象，则表示黏聚性不好。

3)含砂情况：根据馒刀抹平程度分多、中、少三级。多表示用馒刀抹混凝土拌合物表面时，抹 1~2 次就可使混凝土表面平整无蜂窝；中表示抹 4~5 次就可使混凝土表面平整无蜂窝；少表示抹面困难，抹 8~9 次后混凝土表面仍不能消除蜂窝。

4)析水情况：根据水分从混凝土拌合物中析出的情况分多量、少量、无三级。多量表示在插捣时及提起坍落度筒后就有很多水分从底部析出；少量表示有少量水分析出；无表示没有明显的析水现象。

(三)混凝土拌合物维勃稠度试验

1. 试验目的

本试验用维勃时间来测定混凝土拌合物的流动性，适用于集料公称最大粒径不超过40 mm及维勃稠度为5～30 s的混凝土。

2. 主要仪器设备

(1)维勃稠度仪。由振动台、坍落度筒、容器、旋转架(滑杆、圆盘和荷重块)组成。其振动频率为(50±3)Hz，装有空容器时台面振幅应为(0.5±0.1)mm。维勃稠度仪如图13-6所示。

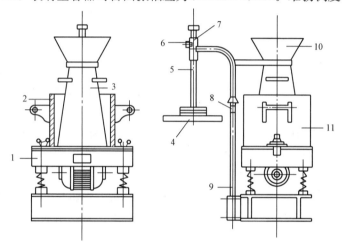

图13-6 维勃稠度仪示意
1—振动台；2—容器；3—坍落度筒；4—透明圆盘；5—滑杆；6—螺栓；
7—套筒；8—定位螺钉；9—支柱；10—漏斗；11—容量筒

(2)其他捣棒、秒表、镘刀、小铁铲等。

3. 试验步骤

(1)按(一)混凝土拌和与现场取样的规定制备试样，集料粒径大于40mm时，用湿筛法剔除，也可人工剔除。

(2)用湿布将容量筒、坍落度筒及漏斗内壁润湿。

(3)将容量筒用元宝螺栓固定于振动台台面上。把坍落度筒放入容量筒内并对中，然后把漏斗旋转到筒顶位置并将它坐落在坍落度筒的顶上，拧紧螺栓，以保证坍落度筒不能离开容量筒底部，就位后滑杆和漏斗的轴线应与容量筒的轴线重合。

(4)按混凝土拌合物坍落度试验的规定将混凝土拌合物装入坍落度筒。上层插捣完毕后将定位螺钉松开，漏斗旋转90°，用镘刀刮平顶面。

(5)将坍落度筒小心缓慢地竖直提起，让混凝土慢慢坍陷，放松螺栓，将透明圆盘转到坍陷的混凝土锥体上部，小心下降圆盘直至与混凝土面接触。此时可从滑杆上刻度读出坍落度数值。

(6)开动振动台，同时用秒表计时，当振动到透明圆盘的底面被水泥浆布满的瞬间停止计时，关闭振动台。

(7)记录秒表上的时间，精确至 0.5 s。

(8)试验结束后，需将仪器擦洗干净，以备下次使用，并在滑杆等处涂抹薄层黄油。

4. 试验结果确定

由秒表读出的时间(s)即为混凝土拌合物的维勃稠度值。

(四)混凝土的成型与养护方法

1. 试验目的

本方法依据《水工混凝土试验规程》(DL/T 5150—2017)，为室内混凝土性能试验制作试件。

2. 试验仪器设备

(1)试模：试模最小边长应不小于最大集料粒径的 3 倍。试模拼装应牢固，不漏浆，振捣时不得变形。尺寸精度要求：试模内部尺寸误差不应大于公称尺寸的 0.2%，且不大于1 mm；夹角误差不应大于 0.2°；平面度公差不应超过边长的 0.05%。

(2)振动台：振动台应产生垂直方向上的简谐振动。在空载条件下，振动台面中心点的垂直振幅应为(0.5±0.02) mm。台面振幅的不均匀度不应大于 10%。振动台满负荷与空载时，台面中心点的垂直振幅比不应小于 0.7。振动台侧向水平振幅不应大于 0.1 mm。振动台振动频率应为(50±2) Hz。

(3)捣棒：直径应为(16±0.2) mm，长度应为(650±5) mm。由圆钢制成的捣棒，表面应光滑，端部呈半球形。

(4)养护室：标准养护室温度应控制在(20±3) ℃；相对湿度应在 95% 以上。在没有标准养护室时，试件可在(20±3) ℃的不流动的 $Ca(OH)_2$ 饱和溶液中养护，但应在报告中注明。

3. 试验步骤

(1)制作试件前应将试模清擦干净，并在其内壁上均匀地刷一薄层矿物油或其他脱模剂。

(2)应按规程"混凝土拌和物室内拌和方法"规定拌制混凝土拌合物。当混凝土拌合物集料最大粒径超过试模最小边长的 1/3 时，大集料应用湿筛法筛除。

(3)试件的成型方法应根据混凝土拌合物的坍落度而定。混凝土拌合物坍落度小于 90 mm 时宜采用振动台振实；混凝土拌合物坍落度大于 90 mm 时，宜采用捣棒人工捣实。采用振动台成型时，应将混凝土拌合物一次装入试模，装料时应用抹刀沿试模内壁略加插捣并使混凝土拌合物高出试模上口，振动应持续到混凝土表面出浆且无明显大气泡溢出为止。振动时应防止试模在振动台上自由跳动，且不应过振，振动时间一般不超过 30 s。采用捣棒人工插捣时，混凝土拌合物应分两层装入试模内，每层的装料厚度大致相等。插捣应按螺旋方向从边缘向中心均匀进行，插捣底层时，捣棒应达到试模底面；插捣上层时，捣棒应穿至下层 20~30 mm。插捣时捣棒应保持垂直，同时，还应用抹刀沿试模内壁插入数次。每层的插捣次数一般每100 cm² 不少于 12 次，以插捣密实为准。插捣后应用橡皮锤轻轻敲击试模四周 10~15 下，直到插捣棒留下的空洞消失为止。成型方法需在试验报告中注明。

(4)试件成型后，在混凝土初凝前 1~2 h，需进行抹面，要求沿模口抹平。试件表面与试模边缘的高低差不宜超过 0.5 mm。

(5)根据试验目的不同，试件可采用标准养护或与构件同条件养护。确定混凝土强度等级或进行材料性能研究时，应采用标准养护。在施工过程中作为检测混凝土构件实际强度，决定构件的拆模、起吊、施加预应力等时间的试件，应采用同条件养护，即试件尽量置于构件附近，试件养护环境的温度、湿度与构件相同。

（6）采用标准养护的试件，成型后的带模试件宜用塑料薄膜覆盖，以防止水分蒸发，并在(20±5)℃、相对湿度大于50%的室内静置24~48 h，然后拆模并编号。试件在静置过程中要避免受到振动和冲击。拆模后的试件应立即放入标准养护室中养护。在标准养护室内试件应放在试架上，彼此间隔10~20 mm，试件表面应保持一层水膜，并应避免用水直接冲淋试件。

（7）采用同条件养护的试件，成型后应覆盖表面。试件的拆模时间可与实际构件的拆模时间相同。拆模后试件仍须同条件养护。

（8）混凝土终凝后8 h，试件方可搬运。在搬运过程中，应采用合适的衬垫材料保护试件免受损伤。天气寒冷时，应采用保温材料包裹试件，防止试件受冻。运输过程中应防止试件水分流失，可采用塑料薄膜包裹试件或用湿麻袋覆盖试件，也可用湿砂覆盖试件。

（五）混凝立方体抗压强度试验

1. 试验目的

本方法依据《水工混凝土试验规程》(DL/T 5150—2017)，测定混凝土立方体试件的抗压强度。

2. 仪器设备应符合的要求

（1）压力试验机或万能试验机。压力试验机应符合《液压式万能试验机》(GB/T 3159—2008)及《试验机通用技术》(GB/T 2611—2007)中的技术要求，且其测量精度应为±1%，试件的预计破坏荷载宜在试验机全量程的20%~80%之内。应具有加荷速度指示装置或加荷速度控制装置，并应能均匀、连续地加荷。试验机应定期校正，示值误差不应大于标准值的±1%。

（2）钢制垫板。钢垫板的平面尺寸应不小于试件的承压面积，厚度应不小于25 mm。钢垫板应采用机械加工，承压面的平面度公差为0.04 mm；表面硬度应不小于55 HRC；硬化层厚度宜为5 mm。当压力试验机上下压板符合钢垫板的厚度、硬度和平面度的要求时，可不需要钢垫板。

（3）试模。试模规格应视集料最大粒径按表13-5确定。

表13-5　集料最大粒径与试模规格

集料最大粒径/mm	试模规格/mm	集料最大粒径/mm	试模规格/mm
≤30	100×100×100	80	300×300×300
40	150×150×150	150(120)	450×450×450

（4）球座。球座钢质坚硬，面部平整度要求在100 mm距离内高低差值不超过0.05 mm，球面及球窝粗糙度 $Ra=0.32$ μm，研磨、转动灵活，不应在大球座上做小试件破型。当试件均匀受力后，一般不宜再敲动球座。

（5）网罩。混凝土抗压强度≥60 MPa时，试件周围应设防崩裂网罩。

3. 试验步骤

（1）按"混凝土拌合物室内拌和方法"及"混凝土的成型与养护方法"的有关规定制作试件。

（2）到达试验龄期时，取出试件，并尽快试验。试验前需用湿布覆盖试件，以保持试件的潮湿状态。

（3）试验前将试件与上下承压板面擦拭干净。测量试件尺寸，并检查其外观，当试件有严重缺陷时，应废弃。试件尺寸测量准确至1 mm，并据此计算试件的承压面积。如实测尺寸与公称尺寸之差不超过 1 mm，则可按公称尺寸进行计算。试件承压面的不平整度误差不得超过边长的 0.05%，承压面与相邻面的不垂直度不应超过±0.5°。

(4)以成型时试件的侧面为上下受压面，试件中心应与试验机下压板中心对准，上下压板与试件之间宜垫以钢垫板。开动试验机，当上垫板与上压板即将接触时如有明显偏斜，应调整球座，使试件受压均匀。

(5)以每秒 0.3～0.5 MPa/s 的速度连续而均匀地加荷。当试件接近破坏而开始迅速变形时，停止调整试验机油门，直至试件破坏，并记录破坏荷载。

4. 结果处理

(1)混凝土立方体抗压强度按下式计算(精确至 0.1 MPa)：

$$f_{ce} = \frac{F}{A} \tag{13-19}$$

式中　f_{ce}——抗压强度(MPa)；

　　　F——破坏荷载(N)；

　　　A——试件承压面积(mm²)；

(2)以 3 个试件测值的平均值作为该组试件的抗压强度试验结果。当 3 个试件中的最大值或最小值之一与中间值之差超过中间值的 15% 时，取中间值。当 3 个试件中的最大值和最小值与中间值之差均超过中间值的 15% 时，该组试验结果无效。

(3)混凝土的立方体抗压强度以边长为 150 mm 的立方体试件的试验结果为标准，其他尺寸试件的试验结果均应换算成标准值。对边长为 100 mm 的立方体试件，试验结果应乘以换算系数 0.95；边长为 300 mm、450 mm 的立方体试件，试验结果应分别乘以换算系数 1.15、1.36。当混凝土强度等级大于或等于 C60 时，宜采用标准试件；使用非标准试件时，尺寸换算系数应通过试验确定。

五、建筑砂浆性能试验

(一)拌合物取样和制备

1. 取样

建筑砂浆试验用料应从同一盘砂浆或同一车砂浆中取样，取样量不应少于试验所需量的 4 倍。在施工现场取样要遵守相关施工验收规范的规定，在使用地点的砂浆槽、运送车或搅拌机出料口，至少从 3 个不同部位取样。现场所取试样，试验前要人工略加翻拌至均匀。从取样完毕到开始进行各项性能试验不宜超过 10 min。

2. 试样制备

(1)仪器设备。钢板(约 1.5 m×2 m，厚 3 mm)，磅秤或台秤、拌铲、抹刀、量筒、盛器等，砂浆搅拌机，提前润湿与砂浆接触的用具。

(2)一般规定。所有原材料应提前 24 h 进入试验室，保证与室内温度一致，试验室温度为(20±5)℃，相对湿度大于或等于 50%，或与施工条件相同。试验材料与施工现场所用材料一致。砂应用 5 mm 的方孔筛过筛，以干质量计；称量要求：水泥、外加剂及掺合料等为±0.5%，砂为±1%。

(3)实验室搅拌砂浆应采用机械搅拌，先拌适量砂浆，使搅拌机内壁黏附一薄层水泥砂浆，保证正式搅拌时配料准确。将称好的各种材料加入搅拌机，开动搅拌机，将水逐渐加入，搅拌 2 min，砂浆量宜为搅拌机容量的 30%～70%，搅拌时间不应少于 120 s，有掺合料的砂浆不应少于 180 s。将搅拌好的砂浆倒在钢板上，人工略加翻拌，立即试验。

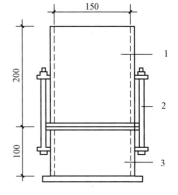

图 13-7　分层度测定仪
1—无底圆筒；2—连接螺柱；3—有底圆筒

(二)砂浆分层度试验

1. 试验目的

测定砂浆的保水性，判断砂浆在运输及停放时内部组分的稳定性。

2. 主要仪器设备

分层度测定仪(图 13-7)，其他仪器同稠度试验仪器。

3. 试验步骤

(1)将拌和好的砂浆测出稠度值后，立即将剩余部分一次注入分层度测定仪。用木槌在容器周围距离大致相等的 4 个不同地方轻轻敲击 1～2 下，如砂浆沉落到分层度筒口以下，应随时添加，然后刮去多余的砂浆，并用抹刀抹平。

(2)静置 30 min 后，去掉上层 200 mm 砂浆，然后取出底层 100 mm 砂浆重新拌和 2 min，再测定砂浆稠度值(mm)。也可采用快速法，将分层度筒放在振动台上[振幅(0.5±0.05) mm，频率(50±3) Hz]，振动 20 s 即可。

(3)两次砂浆稠度值的差值即砂浆的分层度。

4. 试验结果评定

砂浆的分层度宜为 10～30 mm，如大于 30 mm，易产生分层、离析和泌水等现象；如小于 10 mm，则砂浆过黏，不易铺设，且容易产生干缩裂缝。

以两次试验结果的算术平均值作为砂浆分层度的试验结果。

(三)砂浆的保水性试验

1. 试验目的和适用范围

砂浆保水性试验主要是测定新品种砂浆的保水性能，以掌握砂浆保水性试验的方法，了解对新品种砂浆保水性的意义及评定方法。本方法适用于测定大部分预拌砂浆的保水性能。

2. 主要仪器用品

(1)金属或硬塑料环试模：内径为 100 mm，内部高度应为 25 mm。

(2)可密封的取样容器：应清洁、干燥。

(3)2 kg 的重物。

(4)金属滤网：网格尺寸为 0.045 mm，圆形直径为(110±1) mm。

(5)超白滤纸：应采用《化学分析滤纸》(GB/T 1914—2017)规定的中速定性滤纸，直径应为 110 mm，单位面积质量为 200 g/m^2。

(6)两片金属或玻璃的方形或圆形不透水片，边长或直径应大于 110 mm。

(7)天平：量程为 200 g，感量为 0.1 g；量程为 2 000 g，感量为 1 g。

(8)烘箱。

3. 试验步骤

(1)称量底部不透水片与干燥试模质量 m_1 和 15 片中速定性滤纸质量 m_2。

(2)将砂浆拌合物一次装入试模，并用抹刀插捣数次，当装入的砂浆略高于试模边缘时，用抹刀以 45°一次性将试模表面多余的砂浆刮去，然后用抹刀以较平的角度在试模表面反方向将砂浆刮平。

(3)抹掉试模边的砂浆，称量试模、底部不透水片与砂浆总质量 m_3。

(4)用金属滤网覆盖在砂浆表面，再在滤网表面放上 15 片滤纸，用上部不透水片盖在滤纸表面，以 2 kg 重物将上部不透水片压住。

(5)静置 2 min 后移走重物及上部不透水片，取出滤纸(不包括滤网)，迅速称量滤纸质量 m_4。

(6)按照砂浆的配合比及加水量计算砂浆的含水率。当无法计算时，可测定砂浆含水率。

4. 操作注意事项

(1)取两次试验结果的算术平均值作为砂浆的含水率，精确至 0.1%。

(2)当两个测定值之差超过 2%，此组试验结果应为无效。

5. 砂浆保水率计算

砂浆保水性能用砂浆保水率表示，其计算公式如下：

$$W=\left[1-\frac{m_4-m_2}{\alpha\times(m_3-m_1)}\right]\times100\% \tag{13-20}$$

式中　W——砂浆保水率(%)；

　　　m_1——底部不透水片与干燥试模质量(g)，精确至 1 g；

　　　m_2——15 片滤纸吸水前的质量(g)，精确至 0.1 g；

　　　m_3——试模、底部不透水片与砂浆总质量(g)，精确至 1 g；

　　　m_4——15 片滤纸吸水后的质量(g)，精确至 1 g；

　　　α——砂浆含水率(%)。

不同品种砂浆的保水率应符合表 13-6 的要求。

表 13-6　砂浆的保水率

砂浆种类	保水率/%
水泥砂浆	≥80
水泥混合砂浆	≥84
预拌砌筑砂浆	≥88

6. 测定砂浆含水率

测定砂浆含水率时，应称取(100±10) g 砂浆拌合物试样，置于一干燥并已称重的盘中，在(105±5) ℃的烘箱中烘至恒重。砂浆含水率按下式计算：

$$\alpha=\frac{m_6-m_5}{m_6}\times100\% \tag{13-21}$$

式中　α——砂浆含水率(%)；

　　　m_5——烘干后砂浆样本的质量(g)，精确至 1 g；

　　　m_6——砂浆样本的总质量(g)，精确至 1 g。

(四)砂浆的立方体抗压强度试验

1. 试验适用范围

本方法适用于测定建筑砂浆立方体抗压强度。

2. 主要仪器用品

(1)试模：尺寸为 70.7 mm×70.7 mm×70.7 mm 的带底试模。

(2)钢制捣棒：直径为 10 mm，长度为 350 mm，端部应磨圆。

(3)压力试验机：精度为 1%，试件破坏荷载应不小于压力机量程的 20%，且不大于全量程的 80%。

(4)垫板：试验机上、下压板及试件之间可垫以钢垫板，垫板的尺寸应大于试件的承压面，其不平度应为每 100 mm 不超过 0.02 mm。

(5)振动台：空载中台面的垂直振幅应为(0.5±0.05) mm，空载频率应为(50±3) Hz，空载台面振幅均匀度不大于 10%，一次试验至少能固定(或用磁力吸盘)3 个试模。

3. 试验步骤

(1)采用立方体试件，每组试件 3 个。

(2)应用黄油等密封材料涂抹试模的外接缝，试模内涂刷薄层机油或脱模剂，将拌制好的砂浆一次性装满砂浆试模，成型方法根据稠度而定。当稠度≥50 mm 时，采用人工振捣成型；当稠度<50 mm 时，采用振动台振实成型。

1)人工振捣：用捣棒均匀地由边缘向中心按螺旋方式插捣 25 次，插捣过程中如砂浆沉落低于试模口，应随时添加砂浆，可用油灰刀插捣数次，并用手将试模一边抬高 5~10 mm 各振动 5 次，使砂浆高出试模顶面 6~8 mm。

2)机械振动：将砂浆一次装满试模，放置到振动台上，振动时试模不得跳动，振动 5~10 s 或持续到表面出浆为止，不得过振。

(3)待表面水分稍干后，将高出试模部分的砂浆沿试模顶面刮去并抹平。

(4)试件制作后应在室温为(20±5) ℃的环境下静置(24±2) h，当气温较低时，或者凝结时间大于 24 h 的砂浆，可适当延长时间，但不应超过两昼夜，然后对试件进行编号、拆模。试件拆模后应立即放入温度为(20±2) ℃、相对湿度为 90% 以上的标准养护室中养护。养护期间，试件彼此间隔不小于 10 mm，混合砂浆、湿拌砂浆试件上面应覆盖，以防有水滴在试件上。

(5)试件从养护地点取出后应及时进行试验。试验前将试件表面擦拭干净，测量出尺寸，并检查其外观，并据此计算试件的承压面积，如实测尺寸与公称尺寸之差不超过 1 mm，则可按公称尺寸进行计算。

(6)将试件安放在试验机的下压板(或下垫板)上，试件的承压面应与成型时的顶面垂直，试件中心应与试验机下压板(或下垫板)中心对准。开动试验机，当上压板与试件(或上垫板)接近时，调整球座，使接触面均衡受压。承压试验应连续而均匀地加荷，加荷速度应为 0.25~1.5 kN/s(砂浆强度不大于 2.5 MPa 时，宜取下限)。当试件接近破坏而开始迅速变形时，停止调整试验机油门，直至试件破坏，然后记录破坏荷载。

4. 强度计算

砂浆立方体抗压强度应按下式计算：

$$f_{m,cu} = K \frac{N_u}{A} \tag{13-22}$$

式中　$f_{m,cu}$——砂浆立方体试件抗压强度(MPa);

　　　N_u——试件破坏荷载(N);

　　　A——试件承压面积(mm^2);

　　　K——换算系数,取 1.35。

砂浆立方体试件抗压强度应精确至 0.1 MPa。

5. 试验结果处理

(1)以 3 个试件测值的算术平均值作为该组试件的砂浆立方体试件抗压强度平均值(f_2)(精确至 0.1 MPa)。

(2)当 3 个测值的最大值或最小值中有一个与中间值的差值超过中间值的 15% 时,应将最大值及最小值一并舍除,取中间值作为该组试件的抗压强度值。

(3)有两个测值与中间值的差值均超过中间值的 15% 时,则该组试件的试验结果无效。

六、砌墙砖试验

(一)尺寸偏差检测

1. 试验目的

本方法依据《砌墙砖检验方法》(GB/T 2542—2012)进行检测。

砌墙砖是指以黏土、工业废料或其他地方资源为主要原料,以不同工艺制造的、用于砌筑承重和非承重墙体的墙砖。

2. 主要仪器设备

砖用卡尺(图 13-8),分度值为 0.5 mm。

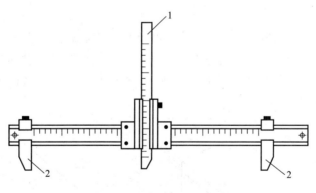

图 13-8　砖用卡尺

1——垂直尺;2——支脚

3. 测量方法

长度应在砖的两个大面的中间处分别测量两个尺寸;宽度应在砖的两个大面的中间处分别测量两个尺寸;高度应在两个条面的中间处分别测量两个尺寸,如图 13-9 所示。当被测处有缺损或凸出时,可在其旁边测量,但应选择不利的一侧。测量精确至 0.5 mm。

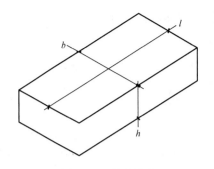

图 13-9　尺寸量法

l—长度；b—宽度；h—高度

4. 结果评定

每一方向尺寸以两个测量值的算术平均值表示。

(二)外观质量检查

1. 试验目的

通过外观质量检测，作为评定砖的产品质量等级的依据。

2. 试验原理

通过两侧试样的长、宽、高三个方向的尺寸，可求出砖试样尺寸与标准尺寸的平均偏差与最大偏差值，对照国标规定的尺寸允许偏差值可判定砖尺寸的合格性。

3. 主要仪器设备

(1)砖用卡尺，分度值为 0.5 mm。

(2)钢直尺，分度值为 1 mm。

4. 试验步骤

(1)缺损测量。缺棱掉角在砖上造成的破损程度，以破损部分对长、宽、高三个棱边的投影尺寸来度量，称为破坏尺寸，如图 13-10 所示。缺损造成的破坏面，是指缺损部分对条、顶面(空心砖为条、大面)的投影面积，如图 13-11 所示。空心砖内壁残缺及肋缺尺寸，以长度方向的投影尺寸来度量。

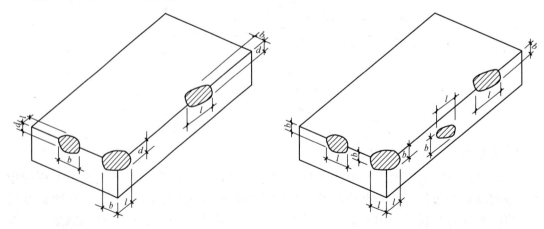

图 13-10　缺棱掉角破坏尺寸量法　　　　　**图 13-11　缺损破坏面量法**

（2）裂纹测量。裂纹分为长度方向、宽度方向和水平方向三种，以被测方向的投影长度表示，如果裂纹从一个面延伸至其他面上，则累计其延伸的投影长度，如图13-12所示。

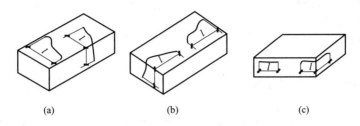

图 13-12　裂纹测量示意图

(a)宽度方向；(b)长度方向；(c)水平方向

多孔砖的孔洞与裂纹相通时，则将孔洞包括在裂纹内一并测量，如图13-13所示。裂纹长度以在三个方向上分别测得的最长裂纹作为测量结果。

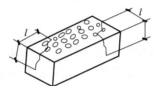

图 13-13　多孔砖裂纹尺寸测量方法

l—裂纹长度

（3）弯曲测量。弯曲分别在大面和条面上测量，测量时将砖用卡尺的两支脚沿棱边两端放置，择其弯曲最大处将垂直尺推至砖面，如图13-14所示，但不应将因杂质或碰伤造成的凹处计算在内，以弯曲中测得的较大者作为测量结果。

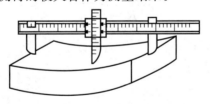

图 13-14　弯曲测量方法

（4）杂质凸出高度。测量杂质在砖面上造成的凸出高度，以杂质距砖面的最大距离表示。测量时将砖用卡尺的两支脚置于凸出两边的砖平面上，以垂直尺测量，如图13-15所示。

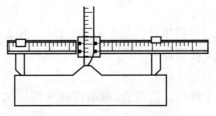

图 13-15　杂质凸出测量方法

5. 结果处理

外观测量以 mm 为单位，不足 1 mm 者按 1 mm 计。

(三)砌墙砖强度试验

1. 抗折强度试验

(1)仪器设备。

1)材料试验机。试验机的示值相对误差不大于±1%，其下加压板应为球铰支座，预期最大破坏荷载应为量程的 20%～80%。

2)抗折夹具。抗折试验的加荷形式为三点加荷，其上压辊和下支辊的曲率半径为 15 mm，下支辊应有一个为铰接固定。

3)钢直尺。分度值不应大于 1 mm。

(2)试样数量。试样数量为 10 块。

(3)试样处理。试样应放在温度为(20±5)℃的水中浸泡 24 h 后取出，用湿布拭去其表面水分进行抗折强度试验。

(4)试验步骤。

1)按规定测量试样的宽度和高度尺寸各 2 个，分别取算术平均值，精确至 1 mm。

2)调整抗折夹具下支辊的跨距为砖规格长度减去 40 mm，但规格长度为 190 mm 的砖，其跨距为 160 mm。

3)将试样大面平放在下支辊上，试样两端面与下支辊的距离应相同，当试样有裂缝或凹陷时，应使有裂缝或凹陷的大面朝下，以(50～150)N/s 的速度均匀加荷，直至试样断裂，记录最大破坏荷载 P。

(5)结果计算与评定。

1)每块试样的抗折强度(R_c)按式(13-22)计算。

$$R_c = \frac{3PL}{2BH^2} \tag{13-23}$$

式中　R_c——抗折强度(MPa)；

　　　P——最大破坏荷载(N)；

　　　L——跨距(mm)；

　　　B——试样宽度(mm)；

　　　H——试样高度(mm)。

2)试验结果以试样抗折强度的算术平均值和单块最小值表示。

2. 抗压强度试验

(1)仪器设备。

1)材料试验机：试验机的示值相对误差不超过±1%，其上、下加压板至少应有一个球铰支座，预期最大破坏荷载应在量程的 20%～80%之间。

2)钢直尺：分度值不应大于 1mm。

3)振动台、制样模具、搅拌机：应符合《砌墙砖抗压强度试样制备设备通用要求》(GB/T 25044—2010)的要求。

4)切割设备。

5)抗压强度试验用净浆材料：应符合《砌墙砖抗压强度试验用净浆材料》(GB/T 25183—2010)的要求。

(2)试样数量。试样数量为 10 块。

(3)试样制备。

1)一次成型制样。

①一次成型制样适用于采用样品中间部位切割，交错叠加灌浆制成强度试验试样的方式。

②将试样锯成两个半截砖，两个半截砖用于叠合部分的长度不得小于 100 mm，如图 13-16 所示。如果不足 100 m，应另取制备试样补足。

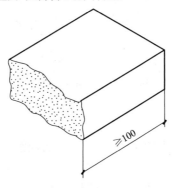

图 13-16　半截砖长度示意

③将已切割开的半截砖放入室温的净水中浸 20～30 min 后取出，在铁丝网架上滴水 20～30 min，以断口相反方向装入制样模具中。用插板控制两个半砖间距不应大于 5 mm，砖大面与模具间距不应大于 3 mm，砖断面、顶面与模具间垫以橡胶垫或其他密封材料，模具内表面涂油或脱膜剂。制样模具及插板如图 13-17 所示。

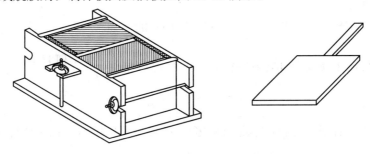

图 13-17　一次成型制样模具及插板

④将净浆材料按照配制要求，置于搅拌机中搅拌均匀。

⑤将装好试样的模具置于振动台上，加入适量搅拌均匀的净浆材料，振动时间为 0.5～1 min，停止振动，静置至净浆材料达到初凝时间(15～19 min)后拆模。

2)二次成型制样。

①二次成型制样适用于采用整块样品上下表面灌浆制成强度试验试样的方式。

②将整块试样放入室温的净水中浸 20～30 min 后取出，在铁丝网架上滴水 20～30 min。

③按照净浆材料配制要求，置于搅拌机中搅拌均匀。

④模具内表面涂油或脱膜剂，加入适量搅拌均匀的净浆材料，将整块试样一个承压面

与净浆接触，装入制样模具中，承压面找平层厚度不应大于 3 mm。接通振动台电源，振动 0.5～1 min，停止振动，静置至净浆材料初凝(15～19 min)后拆模。按同样方法完成整块试样另一承压面的找平。二次成型制样模具如图 13-18 所示。

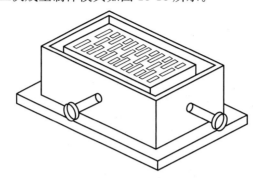

图 13-18　二次成型制样模具

3)非成型制样。

①非成型制样适用于试样无须进行表面找平处理制样的方式。

②将试样锯成两个半截砖，两个半截砖用于叠合部分的长度不得小于 100 mm。如果不足 100 mm，则应取备用试样补足。

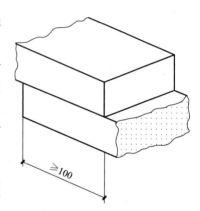

③两半截砖切断口相反叠放，叠合部分不得小于 100mm，如图 13-19 所示，即为抗压强度试样。

(4)试样养护。

1)一次成型制样、二次成型制样在不低于 10℃的不通风室内养护 4h。

2)非成型制样不需要养护，试样气干状态直接进行试验。

图 13-19　半砖叠合示意

(5)试验步骤。

1)测量每个试样连接面或受压面的长、宽尺寸各两个，分别取其平均值，精确至 1mm。

2)将试样平放在加压板的中央，垂直于受压面加荷，应均匀平稳，不得发生冲击或振动。加荷速度以(2～6)kN/s 为宜，直至试样破坏为止，记录最大破坏荷载 P。

(6)结果计算与评定。

1)每块试样的抗压强度 R_p 按下式计算：

$$R_p = \frac{P}{LB}$$ (13-24)

式中　R_p——抗压强度(MPa)；

　　　P——最大破坏荷载(N)；

　　　L——受压面(连接面)的长度(mm)；

　　　B——受压面(连接面)的宽度(mm)。

2)试验结果以试样抗压强度的算术平均值和标准值或单块最小值表示。

七、钢筋试验

(一)钢筋的拉伸性能试验

1. 试验目的

测定低碳钢的屈服强度、抗拉强度和伸长率三个指标，作为评定钢筋强度等级的主要技术依据；掌握《金属材料　拉伸试验　第1部分：室温试验方法》(GB/T 228.1—2010)和钢筋强度等级的评定方法。

2. 主要仪器用品

(1)万能试验机。

(2)钢板尺、游标卡尺、千分尺、两脚爪规等。

3. 试件制备

(1)抗拉试验用钢筋试件不得进行车削加工，可以用两个或一系列等分小冲点或细画线标出原始标距(标记不应影响试样断裂)，测量标距长度 L_0(精确至0.1 mm)，如图13-20所示。

(2)试件原始尺寸的测定。

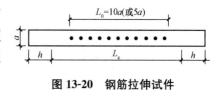

图13-20　钢筋拉伸试件

1)测量标距长度 L_0，精确至0.1 mm。

2)圆形试件横断面直径应在标距的两端及中间处两个相互垂直的方向上各测一次，取其算术平均值，选用三处测得的横截面面积中最小值，横截面面积按下式计算：

$$A_0 = \frac{1}{4}\pi d_0^2 \qquad\qquad (13\text{-}25)$$

式中　A_0——试件的横截面面积(mm^2)；

　　　d_0——圆形试件原始横断面直径(mm)。

4. 试验步骤

(1)屈服强度与抗拉强度的测定。

1)调整试验机测力度盘的指针，使其对准零点，并拨动副指针，使其与主指针重叠。

2)将试件固定在试验机夹头内，开动试验机进行拉伸。拉伸速度为：屈服前，应力增加速度每秒钟为10 MPa；屈服后，试验机活动夹头在荷载下的移动速度为不大于 $0.5L_c$ mm/min(不经车削试件 $L_c = L_0 + 2h_1$)。

3)拉伸中，测力度盘的指针停止转动时的恒定荷载，或不计初始瞬时效应时的最小荷载，即所求的屈服点荷载 P_s。

4)向试件连续施荷直至拉断由测力度盘读出最大荷载，即所求的抗拉极限荷载 P_b。

(2)伸长率的测定。

1)将已拉断试件的两端在断裂处对齐，尽量使其轴线位于一条直线上。如拉断处由于各种原因形成缝隙，则此缝隙应计入试件拉断后的标距部分长度内。

2)如拉断处到临近标距端点的距离大于 $\frac{1}{3}L_0$ 时，可用卡尺直接量出已被拉长的标距长度 L_1(mm)。

3）如拉断处到临近标距端点的距离小于或等于 $\frac{1}{3}L_0$，则可按移位法计算标距 L_1(mm)。

4）如试件在标距端点上或标距处断裂，则试验结果无效，应重新试验。

5. 试验结果处理

（1）屈服强度按下式计算：

$$\sigma_s = \frac{P_s}{A_0} \tag{13-26}$$

式中　σ_s——屈服强度(MPa)；

　　　P_s——屈服时的荷载(N)；

　　　A_0——试件原横截面面积(mm^2)。

（2）抗拉强度按下式计算：

$$\sigma_b = \frac{P_b}{A_0} \tag{13-27}$$

式中　σ_b——屈服强度(MPa)；

　　　P_b——最大荷载(N)；

　　　A_0——试件原横截面面积(mm^2)。

（3）伸长率按下式计算（精确至1%）：

$$\delta_{10}(\delta_5) = \frac{L_1 - L_0}{L_0} \times 100\% \tag{13-28}$$

式中　$\delta_{10}(\delta_5)$——分别表示 $L_0 = 10d_0$ 和 $L_0 = 5d_0$ 时的伸长率；

　　　L_0——原始标距长度 $10d_0$ 或 $5d_0$(mm)；

　　　L_1——试件拉断后直接量出或按移位法确定的标距部分长度(mm)（测量精确至0.1 mm）。

（4）当试验结果有一项不合格时，应另取双倍数量的试样重做试验，如仍有不合格项目，则该批钢材判为拉伸性能不合格。

（二）钢筋的弯曲(冷弯)性能试验

1. 试验目的

通过检验钢筋的工艺性能评定钢筋的质量。掌握《金属材料　弯曲试验方法》(GB/T 232—2010)钢筋弯曲(冷弯)性能的测试方法和钢筋质量的评定方法，正确使用仪器设备。

2. 主要仪器用品

钢筋弯曲试验机或万能试验机。

3. 试件制备

(1)试件的弯曲外表面不得有划痕。

(2)试样加工时，应去除剪切或火焰切割等形成的影响区域。

(3)当钢筋直径小于30 mm时，无须加工，直接试验；若试验机能量允许，直径不大于50 mm的试件也可用全截面的试件进行试验。

(4)当钢筋直径大于30 mm时，应加工成直径25 mm的试件。加工时应保留一侧原表面，弯曲试验时，原表面应位于弯曲的外侧。

(5)弯曲试件长度根据试件直径和弯曲试验装置而定，通常按下式确定试件长度：

$$l = 5d + 150 \text{(mm)} \qquad (13\text{-}29)$$

4. 试验方法

(1)半导向弯曲方法。

(2)导向弯曲方法。

5. 试验结果处理

按以下五种试验结果评定方法进行，若无裂纹、裂缝或裂断，则评定试件合格。

(1)完好。试件弯曲处的外表面金属基本上无肉眼可见因弯曲变形产生的缺陷时，称为完好。

(2)微裂纹。试件弯曲外表面金属基本上出现细小裂纹，其长度不大于 2 mm，宽度不大于 0.2 mm 时，称为微裂纹。

(3)裂纹。试件弯曲外表面金属基本上出现裂纹，其长度大于 2 mm 而小于或等于 5 mm，宽度大于 0.2 mm 而小于或等于 0.5 mm 时，称为裂纹。

(4)裂缝。试件弯曲外表面金属基本上出现明显开裂，其长度大于 5 mm、宽度大于 0.5 mm时，称为裂缝。

(5)裂断。试件弯曲外表面出现沿宽度贯穿的开裂，其深度超过试件厚度的 1/3 时，称为裂断。

注：在微裂纹、裂纹、裂缝中规定的长度和宽度，只要有一项达到某规定范围，即应按该级评定。

在常温下，在规定的弯心直径和弯曲角度下对钢筋进行弯曲，检测两根弯曲钢筋的外表面，若无裂纹、断裂或起层，即判定钢筋的冷弯合格，否则冷弯不合格。

八、沥青试验

(一)沥青针入度试验

1. 适用范围

本方法适用于测定沥青针入度，测定的针入度值越大，表示沥青越软，稠度越小，黏结力越差。其标准试验条件为温度 25 ℃，荷重为 100 g，贯入时间 5 s，以 0.1 mm 计。

2. 仪器和用品

(1)针入度仪：能保证针和针连杆在无明显摩擦下垂直运动，并能指示针贯入深度准确至 0.1 mm 的仪器均可使用。针和针连杆组合件总质量为(50±0.05) g，另附(50±0.05) g 砝码一只，试验时总质量为(100±0.05) g。当采用其他试验条件时，应在试验结果中注明。仪器设有放置平底玻璃保温皿的平台，并有调节水平的装置，针连杆应与平台相垂直。仪器设有针连杆制动按钮，使针连杆可自由下落。

仪器还设有可自由转动与调节距离的悬臂，其端部有一面小镜或聚光灯泡，借以观察针尖与试样表面的接触情况。当为自动针入度仪时，各项要求与此项相同，温度采用温度传感器测定，针入度值采用位移计测定，并能自动显示或记录，且应对自动装置的准确性经常校验。为提高测试精密度，不同温度的针入度试验宜采用自动针入度仪进行(图 13-21)。

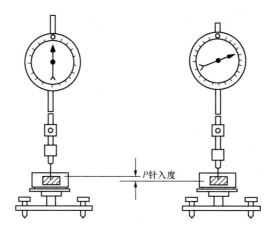

图13-21 针入度法测定黏稠沥青针入度示意

（2）标准针：由硬化回火的不锈钢制成，洛氏硬度为54～60 HRC，表面粗糙度为0.2～0.3 μm，针及针杆总质量为(2.5±0.05) g，针杆上应打印有号码标志，针应设有固定用装置盒(筒)，以免碰撞针尖，每根针必须附有计量部门的检验单，并定期进行检验，其尺寸及形状如图13-22所示。

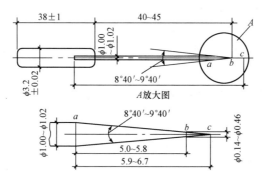

图13-22 针入度标准针(单位：mm)

（3）盛样皿：金属制，圆柱形平底。小盛样皿的内径为55 mm，深为35 mm(适用于针入度小于200)；大盛样皿内径为70 mm，深为45 mm(适用于针入度200～350)；对针入度大于350的试样需使用特殊盛样皿，其深度不小于60 mm，试样体积不少于125 mL。

（4）恒温水槽：容量不少于10 L，控温的准确度为0.1 ℃。水槽中应设有一带孔的搁架，位于水面下不得少于100 mm，距水槽底不得少于50 mm处。

（5）平底玻璃皿：容量不少于1 L，深度不少于80 mm。内设有一不锈钢三脚支架，能使盛样皿稳定。

（6）温度计：0 ℃～50 ℃，分度为0.1 ℃。

（7）秒表：分度为0.1 s。

（8）盛样皿盖：平板玻璃，直径不小于盛样皿开口尺寸。

（9）溶剂：三氯乙烯等。

（10）其他：电炉或砂浴、石棉网、金属锅或瓷坩埚等。

3. 试验准备

（1）按规定的方法准备试样。

(2)按试验要求将恒温水槽调节到要求的试验温度25℃，或15℃、30℃等，保持稳定。

(3)将试样注入盛样皿，试样高度应超过预计针入度值10 mm，并盖上盛样皿，以防止落入灰尘。盛有试样的盛样皿在15℃～30℃室温中冷却1～1.5 h(小盛样皿)、1.5～2 h(大盛样皿)或2～2.5 h(特殊盛样皿)后移入保持规定试验温度±0.1℃的恒温水槽中1～1.5 h(小盛样皿)、1.5～2 h(大试样皿)或2～2.5 h(特殊盛样皿)。

(4)调整针入度仪使之水平。检查针连杆和导轨，以确认无水和其他外来物，无明显摩擦。用三氯乙烯或其他溶剂清洗标准针并拭干。将标准针插入针连杆，用螺钉固紧。按试验条件，加上附加砝码。

4. 试验步骤

(1)取出达到恒温的盛样皿，并移入水温控制在试验温度±0.1℃(可用恒温水槽中的水)的平底玻璃皿中的三脚支架上，试样表面以上的水层深度不少于10 mm。

(2)将盛有试样的平底玻璃皿置于针入度仪的平台上。慢慢放下针连杆，用适当位置的反光镜或灯光反射观察，使针尖恰好与试样表面接触。拉下刻度盘的拉杆，使其与针连杆顶端轻轻接触，调节刻度盘或深度指示器的指针指示为零。

(3)开动秒表，在指针正指5 s的瞬间，用手紧压按钮，使标准针自动下落贯入试样，经规定时间，停压按钮使针停止移动。

注：当采用自动针入度仪时，计时与标准针落下贯入试样同时开始，至5 s时自动停止。

(4)拉下刻度盘拉杆与针连杆顶端接触，读取刻度盘指针或位移指示器的读数，精确至0.5℃(0.1 mm)。

(5)同一试样平行试验至少3次，各测试点之间及与盛样皿边缘的距离不应少于10 mm。每次试验后应将盛有盛样皿的平底玻璃皿放入恒温水槽，使平底玻璃皿中水温保持试验温度。每次试验应换一根干净标准针或将标准针取下，用蘸有三氯乙烯溶剂的棉花或布揩净，再用干棉花或布擦干。

(6)测定针入度大于200的沥青试样时，至少用3支标准针，每次试验后将针留在试样中，直至3次平行试验完成后才能将标准针取出。

(7)测定针入度指数PI时，按同样的方法在15℃、25℃、30℃3个或3个以上(必要时增加10℃、20℃等)温度条件下分别测定沥青的针入度，但用于仲裁试验的温度条件应为5个。

5. 结果整理

同一试样3次平行试验结果的最大值和最小值之差在下列允许偏差范围内时，计算3次试验结果的平均值，取整数作为针入度试验结果，以0.1 mm为单位，见表13-7。

表13-7 结果整理

mm

针入度(0.1mm)	允许差值(0.1 mm)
0～49	2
50～149	4
150～249	6
250～350	8
350～500	20

当试验值不符此要求时，应重新进行。

（二）沥青延度的检测

1. 试验目的

本方法依据《沥青延度测定法》（GB/T 4508—2010）测定沥青的延度。沥青的延度是规定形状的试样在规定温度下，以一定速度受拉伸至断开时的长度，以 cm 表示。延度是沥青塑性的指标，通过延度测定可以了解石油沥青的塑性。

试验温度与拉伸速率根据有关规定采用，通常采用的试验温度为（25±0.5）℃，非经注明，拉伸速度为（5±0.25）cm/min。

2. 主要仪器与材料

（1）模具：模具应按图 13-23 中所给样式进行设计。试件模具由黄铜制造，由两个弧形端模和两个侧模组成，组装模具的尺寸变化范围见表 13-8。

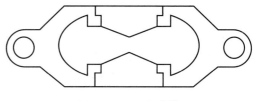

图 13-23　延度试模

表 13-8　延度试样尺寸　　　　　　　　　　　　　　　mm

两端摸环中心点距离	111.5～113.5	最小横断面宽	9.9～10.1
试件总长	74.54～75.5	端模间距	29.7～30.3
端模口宽	19.8～20.2	厚度	9.9～10.1

（2）水浴：水浴能保持试验温度变化不大于 0.1 ℃，容量至少为 10 L，试件浸入水中深度不得小于 10 cm，水浴中设置带孔搁架以支撑试件，搁架距水浴底部不得小于 5 cm。

（3）延度仪：对于测量沥青的延度来说，凡是能够满足将试件持续浸没于水中，能按照一定的速度拉伸试件的仪器均可使用。该仪器在启动时应无明显的振动。

（4）温度计：0 ℃～50 ℃，分度为 0.1 ℃和 0.5 ℃各一支。

注：如果延度试样放在 25 ℃标准的针入度浴中进行恒温时，上述温度计可用《沥青针入度测定法》（GB/T 4509—2010）中所规定的温度计代替。

（5）隔离剂：以质量计，由两份甘油和一份滑石粉调制而成。

（6）支撑板：黄铜板，一面应磨光至表面粗糙度为 $Ra0.63$ μm。

3. 试验步骤

（1）将模具两端的孔分别套在实验仪器的柱上，然后以一定的速度拉伸，直到试件拉伸断裂。拉伸速度允许误差在±5％以内，测量试件从拉伸到断裂所经过的距离，以"cm"表示。试验时，试件距水面和水底的距离不小于 2.5 cm，并且要使温度保持在规定温度的±0.5 ℃范围内。

（2）如果沥青浮于水面或沉入槽底，则试验不正常，应使用乙醇或氯化钠调整水的密度，使沥青材料既不浮于水面，又不沉入槽底。

（3）正常的试验应将试样拉成锥形或线形或柱形，直至在断裂时实际横断面面积接近于零或一均匀断面。如果三次试验得不到正常结果，则报告在该条件下延度无法测定。

4. 结果处理

若三个试件测定值在其平均值的 5％内，取平行测定三个结果的平均值作为测定结果。若三个试件测定值不在其平均值的 5％以内，但其中两个较高值在平均值的 5％之内，则弃去最低测定值，取两个较高值的平均值作为测定结果，否则重新测定。

（三）防水卷材试验

1. 试验目的

评定卷材的面积、卷重、外观、厚度是否合格。

2. 取样

以同一类型同一规格 10 000 m² 为一批，不足 10 000 m² 也可作为一批。每批中随机抽取 5 卷，进行卷重、厚度、面积、外观试验。

3. 试验内容

（1）卷重。用最小分度值为 0.2 kg 的台秤称量每卷卷材的卷重。

（2）面积。用最小分度值为 1 mm 的卷尺在卷材的两端和中部测量长度、宽度，以长度、宽度的平均值求得每卷的卷材面积。若有接头时两段长度之和减去 100 mm 为卷材长度测量值。当面积超出标准规定值的正偏差时，按公称面积计算卷重。当符合最低卷重时，也判为合格。

（3）厚度。使用 10 mm 直径接触面，单位压力为 0.2 MPa 时分度值为 0.1 mm 的厚度计测量，保持时间为 5 s。沿卷材宽度方向裁取 50 mm 宽的卷材一条在宽度方向上测量 5 点，距卷材长度边缘（100±10）mm 向内各取一点，在这两点之间均分取其余 3 点。对于砂面卷材必须将浮砂清除后再进行测量。记录测量值，计算 5 点的平均值作为卷材的厚度。以抽取卷材的厚度总平均值作为该批产品的厚度，并记录最小值。

（4）外观。将卷材立放于平面上，并将一把钢卷尺放在卷材的端面上，另一把钢卷尺（分度值为 1 mm）垂直伸入端面的凹面处，测得的数值即为卷材端面里进外出值。然后将卷材展开按外观质量要求检查，沿宽度方向裁取 50 mm 宽的一条，胎基内不应有未被浸透的条纹。

4. 判定原则

在抽取的 5 卷中，各项检查结果都符合标准规定时，判定为厚度、面积、卷重、外观合格，否则允许在该批试样中另取 5 卷，对不合格项进行复查，如达到全部指标合格，则判为合格，否则为不合格。

📺 ➤ **本章小结**

建筑材料品种繁多、形态各异，性能相差很大。建筑材料质量、性能的好坏直接影响工程质量。因此，为确保建筑物的质量，必须对建筑材料的性能进行检测。本章主要介绍建筑材料的基本性质试验、水泥性能试验、混凝土用集料试验、普通混凝土试验、钢筋试验、沥青试验等。

📺 ➤ **思考与练习**

1. 简述试验密度的试验方法及步骤。
2. 水泥安定性测定的试验方法有哪两个？
3. 混凝土用集料试验砂的材料取样有什么要求？
4. 简述混凝土拌合物坍落度试验步骤。
5. 简述砂浆立方体抗压强度试验步骤。

参 考 文 献

[1] 叶箐箐，景铎．建筑材料[M]．北京：北京建材工业出版社，2017．

[2] 陈婷．建筑材料检测与应用[M]．武汉：华中科技大学出版社，2017．

[3] 吴瑜，魏保兴．建筑材料[M]．北京：中国水利水电出版社，2017．

[4] 王秀花．建筑材料[M]．3版．北京：机械工业出版社，2020．

[5] 谭平，张立，张瑞红．建筑材料[M]．2版．北京：北京理工大学出版社，2013．

[6] 陈玉萍．建筑材料[M]．2版．武汉：华中科技大学出版社，2013．

[7] 李亚杰，方坤河．建筑材料[M]．6版．北京：中国水利水电出版社，2009．

[8] 高琼英．建筑材料[M]．4版．武汉：武汉理工大学出版社，2012．